湖北省学术著作出版专项资金资助项目

智能制造技术丛书

自适应加工技术及应用

罗 明 张定华 张 莹
王 晶 吴宝海 程云勇 著

武汉理工大学出版社
·武 汉·

内 容 提 要

本书总结了作者近年来在航空发动机叶片类零件自适应加工技术方面的最新研究成果。全书共7章，第1章介绍了自适应加工技术的需求背景、相关技术发展现状。第2～6章围绕自适应加工技术的实现流程，分别对其中涉及的测量与数据处理技术、自适应定位与余量优化、自适应工艺几何建模、自适应加工轨迹规划、自适应刀具轮廓设计等内容进行了详细介绍。第7章对自适应加工软件的基本功能进行了介绍，并以焊接整体叶盘的加工为例对自适应加工技术的应用进行了说明。

本书内容具有先进性、新颖性，对数控加工、CAD/CAM、航空制造工程等领域的科研和工程技术人员具有重要的参考价值，同时也适合作为高等院校相关专业的研究生教材或参考书。

图书在版编目(CIP)数据

自适应加工技术及应用/罗明等著. —武汉：武汉理工大学出版社，2020.5
ISBN 978-7-5629-6237-3

Ⅰ.①自… Ⅱ.①罗… Ⅲ.①航空发动机-加工 Ⅳ.①V23

中国版本图书馆CIP数据核字(2019)第297559号

项目负责人：王兆国　　**责任编辑**：王兆国
责任校对：黄玲玲　　**版面设计**：正风图文
出版发行：武汉理工大学出版社(武汉市洪山区珞狮路122号　邮编：430070)
http://www.wutp.com.cn
经销者：各地新华书店
印刷者：武汉市金港彩印有限公司
开本：787×1092　1/16
印张：9.75
字数：262千字
版次：2020年5月第1版
印次：2020年5月第1次印刷
印数：1～2000册
定价：79.00元

前　言

叶片类零件是航空发动机的关键零部件，其加工质量直接影响着发动机的性能。目前，叶片的制造技术正朝着高效、精密和多工艺复合化的方向发展。随着叶片类零件精密制坯技术的多样化发展，自适应加工技术已在航空发动机精锻叶片、焊接式整体叶盘以及叶片、叶盘修复加工中逐步应用。本书作者所在研究团队近10年来对航空发动机叶片类零件的自适应加工技术进行了系统性研究，提出了自适应加工技术的基本框架及其实施途径，取得了如下主要研究成果：

(1) 提出了面向发动机叶片的带公差约束数字样板叶型检测方法。在实物样板检测原理的基础上，分析叶型偏移、扭转与轮廓度之间的耦合关系，建立了公差约束条件；根据设计模型构造数字样板，建立了带公差约束的样板匹配数学模型，并进行非线性优化求解，在设计公差的约束条件下实现了叶片测量点与数字样板的精确匹配。

(2) 提出了加工余量自适应优化的统一数学模型。针对单个叶片的无余量、带余量表面定位以及变形叶片组的定位问题进行了深入研究，并给出了适用于不同条件的定位变换求解方法；针对无余量精锻叶片，给出了叶身配准点集的选取方法和叶片定位实现流程；针对单个带余量叶片，根据不同约束条件下的可行域包含关系，提出了层次化的叶片包容及混合包容问题求解策略，实现了叶片的精确定位和余量分布的自适应优化；针对焊接式整体叶盘，根据叶片周向对称分组原则，提出了变形叶片组逐层细分的余量分布优化方法，降低了焊接工艺引起的叶片位置偏差和余量分布不均对叶盘加工质量的影响。

(3) 提出了面向非完整测量数据的自适应工艺几何建模方法。根据设计模型存在与否，给出了两种不同形式的工艺几何建模方法：以焊接式整体叶盘的过渡区域为例，利用旋转角度插值算法建立了设计模型与测量数据间的变形映射关系，实现了基于设计模型的曲面变形映射建模；以叶尖修复区域为例，通过截面测量点集的小波分解与重构，建立了基于测量模型的截面曲线变形建模方法。

(4) 提出了自由曲面侧铣加工轨迹整体优化方法和刀具轮廓优化设计方法。建立了侧铣加工最大带宽向量场，实现了宽行侧铣加工轨迹规划；基于加工精度和刀轴光顺性，建立了侧铣加工轨迹的整体优化模型；以自由曲线母线类刀具为对象，建立了刀具轮廓与加工轨迹的同步优化模型，实现了刀具形状的优化设计。

上述研究成果相关的一系列模型和方法应用于航空发动机焊接式整体叶盘、空心风扇整体叶盘、精锻与辊轧叶片、超差压气机叶片等零件的加工中，都取得了良好的应用效果。

本书内容具有先进性、新颖性，对数控加工、CAD/CAM、航空制造工程等领域的科研和工程技术人员具有重要的参考价值，同时也适合作为高等院校相关专业的研究生教材或参考书。

在本书完成之际，作者衷心感谢各位学术前辈、师长和同事们的支持和帮助。本书是在团队所指导博士和硕士研究生研究成果的基础上综合而来，包括王晶、胡述龙、侯尧华、杨建华、韩飞燕、严冬青、王建等，在此也对他们表示谢意！

感谢“高档数控机床与基础制造装备”国家科技重大专项项目（2009ZX04014053、2011ZX04016031、2013ZX04011031）、国家自然科学基金项目（51305353）、航空科学基金项目（20141653024）、中国博士后科学基金项目（20090461311、2012M512028）、陕西省重点研发计划重点项目（2018ZDXM-GY-063）、西北工业大学中央高校基本科研业务费（JCY20130121、3102014JCS05011、31020190505002、31020190505003）等项目的支持！

由于作者水平有限，书中难免会有各种纰漏和疏忽，敬请读者批评指正。

特别声明：本书没有统一的符号表，各章的符号定义自成体系。

著　者

2019 年 10 月

目　　录

第 1 章　绪论……(1)
1.1　自适应加工技术的发展需求……(1)
1.2　自适应加工技术的发展现状……(2)
1.2.1　工艺偏差自适应……(3)
1.2.2　零件形状自适应……(4)
1.3　本书的内容编排……(5)
参考文献……(6)
第 2 章　叶片型面数字化测量与分析……(11)
2.1　叶片测量特征点选取……(11)
2.1.1　压气机叶片坐标测量采样方法……(11)
2.1.2　叶片测量的关键几何特征……(14)
2.1.3　叶片测量特征点的提取……(16)
2.2　基于数字样板的叶型检测与匹配……(18)
2.2.1　标准样板检测方法……(18)
2.2.2　数字样板检测方法……(22)
2.2.3　测量数据预处理方法……(23)
2.3　带公差约束的数字样板匹配算法……(27)
2.3.1　数字样板法匹配流程……(27)
2.3.2　数字样板匹配模型建立……(27)
2.3.3　模型求解……(31)
2.4　基于检测数据的叶片特征参数提取与误差计算……(32)
2.4.1　叶型公差定义……(32)
2.4.2　叶型误差计算……(38)
2.4.3　直接计算轮廓度法……(42)
参考文献……(43)
第 3 章　自适应定位与余量优化……(44)
3.1　加工余量自适应优化的统一数学模型……(44)
3.1.1　测量点集定位变换……(44)
3.1.2　加工余量优化模型……(45)
3.1.3　三类典型定位问题……(46)
3.2　无余量叶片零件的快速定位方法……(48)
3.2.1　无余量叶片定位数学建模……(48)
3.2.2　数学模型求解……(48)

3.2.3 叶片定位实现流程…………………………………………………………… (51)
3.2.4 算例分析…………………………………………………………………… (52)
3.3 叶片加工余量的自适应优化方法………………………………………… (55)
3.3.1 叶片余量分布特征分析…………………………………………………… (55)
3.3.2 叶片余量优化数学建模…………………………………………………… (55)
3.3.3 数学模型求解……………………………………………………………… (59)
3.3.4 算例分析…………………………………………………………………… (60)
3.4 叶盘加工余量的自适应优化方法………………………………………… (64)
3.4.1 整体叶盘制造工艺分析…………………………………………………… (65)
3.4.2 基于对称原则的叶盘加工余量自适应优化……………………………… (66)
3.4.3 算例分析…………………………………………………………………… (67)
参考文献 ……………………………………………………………………… (71)
第 4 章 自适应工艺几何建模理论 ………………………………………… (72)
4.1 基于曲面变形映射的工艺几何建模方法………………………………… (72)
4.1.1 总体思想及基本过程……………………………………………………… (73)
4.1.2 曲面变形映射方法………………………………………………………… (75)
4.1.3 曲面映射参数的优化方法………………………………………………… (77)
4.1.4 建模实例分析与讨论……………………………………………………… (79)
4.2 变形及损伤叶片的测量建模方法………………………………………… (81)
4.2.1 测量建模方法……………………………………………………………… (82)
4.2.2 基于截面曲线变形的工艺几何建模方法………………………………… (82)
4.2.3 算例分析及讨论…………………………………………………………… (85)
4.3 面向叶片加工变形控制的工艺几何建模………………………………… (86)
4.3.1 叶盆叶背曲线的几何补偿建模…………………………………………… (86)
4.3.2 前后缘曲线的几何补偿建模……………………………………………… (88)
参考文献 ……………………………………………………………………… (90)
第 5 章 超差区域自适应加工轨迹生成 …………………………………… (92)
5.1 薄壁件超差区域的自适应补加工流程…………………………………… (92)
5.1.1 超差区域的特点…………………………………………………………… (92)
5.1.2 超差区域自适应补加工流程……………………………………………… (92)
5.2 叶片测量数据的处理……………………………………………………… (93)
5.2.1 测量数据去噪与筛选……………………………………………………… (94)
5.2.2 测量数据配准……………………………………………………………… (95)
5.3 超差区域的提取方法……………………………………………………… (95)
5.4 超差区域的磨削加工轨迹规划…………………………………………… (96)
5.4.1 砂带轮定位与矢量方向确定方法………………………………………… (96)
5.4.2 磨削加工的带宽计算方法………………………………………………… (97)

5.4.3　磨削轨迹构造 …… (98)
5.4.4　首末磨削路径计算方法 …… (99)
5.5　案例 …… (100)
参考文献 …… (101)
第6章　自由曲面侧铣加工自适应刀具轮廓设计 …… (102)
6.1　圆锥曲线母线轮廓刀具设计方法 …… (102)
6.1.1　自由曲面几何模型分析 …… (102)
6.1.2　圆锥曲线母线类型刀具曲面模型 …… (104)
6.1.3　圆锥曲线母线刀具与被加工曲面的局部啮合关系 …… (106)
6.1.4　基于曲面匹配的圆锥曲线母线刀具设计方法 …… (108)
6.2　基于带宽向量场的侧铣加工轨迹规划方法 …… (113)
6.2.1　最大带宽向量场 …… (113)
6.2.2　初始加工轨迹选取 …… (116)
6.2.3　宽行侧铣轨迹规划 …… (117)
6.3　多轴侧铣加工轨迹整体光顺方法 …… (121)
6.3.1　加工轨迹整体优化模型建立 …… (121)
6.3.2　优化模型求解策略 …… (123)
6.3.3　侧铣加工轨迹整体光顺案例 …… (126)
6.4　自由曲线轮廓刀具与加工轨迹同步优化 …… (129)
6.4.1　同步优化模型建立 …… (129)
6.4.2　自由曲面多行侧铣加工分区原则 …… (131)
6.4.3　侧铣加工自由曲线母线刀具优化设计 …… (134)
6.4.4　刀具轮廓与加工轨迹同步优化案例 …… (135)
参考文献 …… (137)
第7章　叶片类零件的自适应加工工程应用 …… (138)
7.1　自适应加工软件功能介绍 …… (138)
7.2　自适应加工技术在焊接整体叶盘加工中的应用 …… (139)
7.2.1　焊接整体叶盘的自适应加工 …… (139)
7.2.2　加工结果分析 …… (143)
7.3　自适应加工技术在叶片类零件中的应用 …… (145)
参考文献 …… (145)

第 1 章 绪论

1.1 自适应加工技术的发展需求

叶片类零件是航空发动机中数量最多、加工难度最高、生产工作量最大的关键零部件之一，其加工质量直接决定着航空发动机的整体制造水平和使用性能。因此，如何保证叶片加工结果具有精确的尺寸、准确的形状、严格的表面完整性以及如何保证高效加工成为航空发动机制造领域中必须突破的一项基础科学问题，也是我国进行大飞机研制、振兴航空产业迫切需要解决的关键技术问题[1]。

目前，围绕航空发动机叶片的高效、高质加工，通常采用的加工方法有精密锻造、精密铸造、数控加工和电解加工等。其中，数控加工技术尤其是多轴数控加工技术，由于具有高的加工质量、柔性、快速响应能力而在中小批量叶片的加工中获得广泛应用[2,3]。但在大批量的叶片生产中，数控加工技术的应用存在着成本高、生产周期长等缺点。随着叶片精密制坯技术的多样化发展，复合制造工艺成为叶片类零件批量生产的主要加工方式，同时也是实现叶片、叶盘修复及再制造加工的重要方法，常见的复合制造工艺有精锻制坯＋精密数控加工，焊接制坯＋精密数控加工等。

然而，限于目前精锻工艺水平、线性摩擦焊等技术的特点，无论是叶片类零件的加工还是修复，前期工艺实现的功能相当于完成零件的粗加工过程，而更为严格的加工精度、形状、位置要求需要最终的数控加工手段保证[4-6]。因此，研究如何在前期工艺的基础上实现高效、高精和自动的数控加工成为航空发动机制造领域中的一项重要课题。与传统的数控加工工艺相比，前期精锻或焊接工艺对后期数控加工过程的影响主要表现在以下几个方面：

① 受制于前期工艺加工精度的影响和装夹方式的改变，叶片类零件的数控加工定位基准可能发生变化或者难以定位；

② 针对焊接式整体叶盘的精密加工，焊接变形的影响使得不同叶片的相对位置及变形程度存在差异，叶片焊接结果的一致性差，导致焊接毛坯数控加工过程定位困难和余量分布不均匀，从而影响整个叶盘的加工精度；

③ 在叶片类零件的修复中，由于服役后零件的部分缺失，必须通过对已有模型的延拓或重构实现对缺失部分模型的重建。同时，叶片在经过长时间运行后，其实际形状与设计模型之间存在差异，在重建缺失部分模型的过程中还必须充分考虑叶片实际模型与设计模型之间的变形，实现叶片修复部分与已有部分的光滑过渡。

可以看出，上述几种叶片类零件的数控加工定位基准、余量分布、轨迹规划以及变形误差等均依赖于当前毛坯的实际结果。因此，利用数字化检测的手段对零件毛坯进行快速测量与重构，并进一步实现数字化检测一模型重构一数控加工一体化的集成加工，是提高航空发动机叶片类零件的制造精度、加工效率和自动化水平的关键技术，称之为叶片类零件的自适应数控加工技术[6]。自适应加工技术在叶片类零件加工中的常见应用场景如图 1-1 所示。

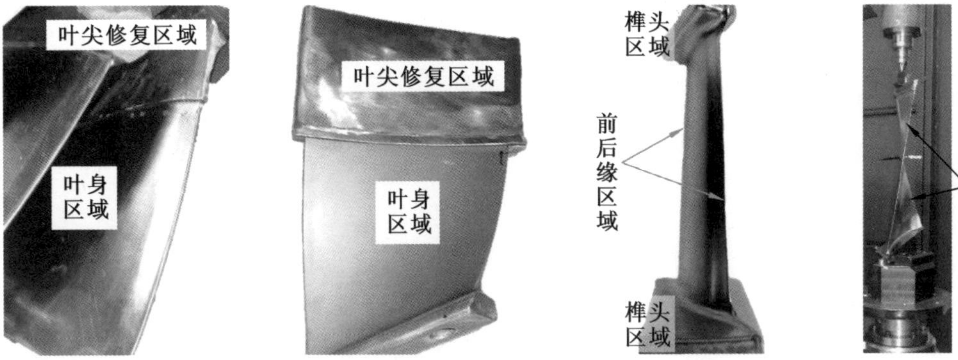

(a) (b) (c) (d)

图 1-1 自适应加工技术的应用场景

(a) 焊接叶盘加工；(b)叶片修复；(c)精锻叶片加工；(d)超差区域加工

自适应数控加工技术有机集成了数字化检测、工件定位、模型重构和数控加工等数字化制造领域中的多项技术，是实现叶片类零件复合制造工艺背景下高效精密加工的一种系统解决方案，其基本工作流程如图 1-2 所示。随着数字化检测技术的不断发展，其检测精度与速度已经能够满足现代生产流水线的需求，这为自适应加工技术的研究和应用创造了必备条件[7,8]。基于毛坯的实际检测结果，通过模型配准与重构来自动优化数控加工过程的定位基准、余量分布和刀具轨迹，并实现工艺变形和服役变形的精确控制是自适应数控加工的本质所在。目前，这一技术已发展成为先进制造技术研究与应用中不可缺少的重要组成部分[5,9-11]。

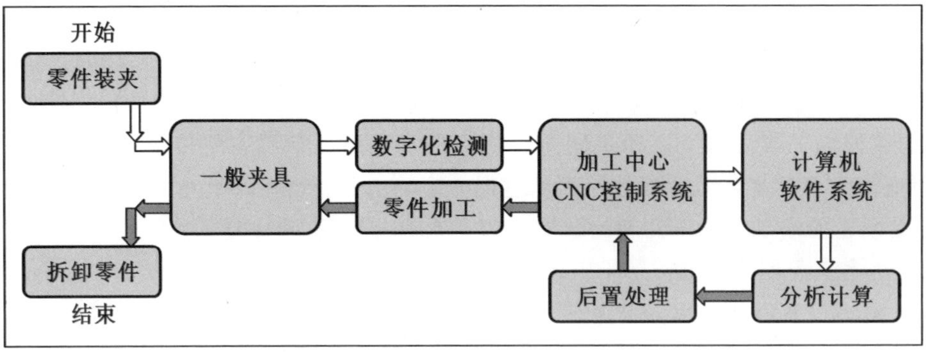

图 1-2 自适应加工的基本工作流程

1.2 自适应加工技术的发展现状

随着数控技术在现代制造业中的广泛应用，自适应加工的相关理论也获得了迅速发展。目前，广义的自适应加工按照控制时间的不同分为三种形式：一是数控编程时刀位轨迹的自适应规划[12-17]；二是与数字化检测相结合的自适应加工[5,10,11,18-23]；三是加工过程中数控系统的自适应控制[24,25]。

以上三种自适应加工形式密不可分，互相关联。其中，刀位轨迹的规划是后两种自适应加工的基础；自适应加工数控系统则是将自适应控制技术应用于切削加工过程中，使得数控机床具有根据加工状况实时、自适应性地调整切削参数的能力，并在保证系统稳定运行的前提下，尽量发挥出它的加工潜力，提高切削效率，保护刀具；而与检测相结合的自适应加工也需要借助数控系统的若干功能模块，如机床坐标系设置、NC代码转换等[5,9]。若以适应待加工零件的几何、方位、余量以及形状变形的变化，可将前两种形式统一为狭义的自适应数控加工，同时这也是本书的主要研究内容。下面简要介绍工艺偏差及零件形状自适应方面的发展现状。

1.2.1　工艺偏差自适应

从技术实现角度，自适应数控加工技术是以待加工零件的设计模型及相应的加工程序为基础，根据加工区域的实测结果获取零件模型的方位变化及形状偏差，在名义加工程序的基础上自适应地生成实际加工区域的加工代码，并保证与前期工艺加工结果的光滑过渡。该项技术是一门系统工程技术，不但涵盖了CAD/CAM中的数控加工编程技术、曲面建模技术，还涉及数字化检测、逆向工程、工件装夹定位等多项关键技术，成为先进制造技术研究与发展的重要组成部分。

为延长航空发动机零件的使用寿命，自适应加工技术越来越多地运用于复杂零件的修复加工中，包括精密的焊接加工和数控加工[22]。德国的BREMER[23]结合涡轮部件修复工作各个工艺过程的链式关系，提出了基于XML自动修复的数据管理系统，对整个产品生命周期中的数据流进行控制，实现了零件装夹位置偏差与模型偏差的自动补偿和修正。西北工业大学系统地开展了航空发动机叶片类零件自适应加工技术的研究[26-29]。鉴于自适应加工技术的广阔应用前景，各发达国家均争相开展了此项技术研究。如欧盟第六框架下优先发展的航空空间项目——航空发动机涡轮部件的自动化修复系统（AROSATEC）即为自适应加工技术应用的典型案例[23]。该系统集成了德国BCT公司的自适应加工技术，改进部件修复过程，已应用于德国MTU公司及爱尔兰SIFCO公司的叶片修复生产。

（1）数字化检测技术

数字化检测技术是自适应加工的基础，学者们发展了一系列关于测量点集采样、测量路径规划以及模型匹配算法收敛性、可靠性等方面的研究。其中，模型匹配对自适应工件定位起到关键性的作用。已有的匹配算法分为三类：迭代匹配、基于曲面描述的匹配以及基于特征的匹配。在迭代匹配算法中，以BESL[30]等提出的迭代最近点（Iterative Closest Point，简称ICP）算法最为流行。在此基础之上，学者们对其进行了许多有益的改进以提高它的运行速度和收敛性[31,32]。然而，迭代匹配的精度却在很大程度上依赖于初始变换估计以及迭代过程中对初始估计的迭代改进。在无法预知测量数据与模型曲面之间任何联系的条件下，基于曲面描述的匹配方法显现出明显的优势。近年来，基于曲面内在几何性质的匹配方法逐渐被发展起来[33,34]。但是，当处理由多个相似曲面片构成的复杂曲面时，将不可避免地产生多重对应联系，导致匹配失败。因此，可以采用更为简捷的基于曲率特征的复杂曲面匹配算法，适用于工件定位和多视数据融合[35]。

（2）工件定位与余量优化方法

传统的零件装夹与定位是采用专有的夹具和专用的对准工具，由操作人员反复调试实现。

这种定位方式不但耗时，而且成本昂贵。随着数字化检测技术与CNC控制技术的不断发展，计算机辅助定位方式在生产过程中逐渐应用起来[36-38]。工件的自适应定位主要是利用加工中心的在线检测功能，测量工件曲面的特征点集，通过定位优化算法的求解确定零件的精确位置，同时实现加工余量的自适应优化[7,36,39-42]。英国的Delcam公司于2006年推出了“零件快速装夹”的自适应加工软件，在数字化检测过程中监测零件的实际位置，并自动建立零件与加工路径的位置对应关系。在确定零件位置时，根据测量的零件形状三维数据及其加工后理论形状，通过计算使得加工前零件的毛坯形状能够适当地包容加工后的零件形状，以满足加工余量均匀分布或其他相关约束条件。常用的计算方法有对称工件混合包容问题求解方法[39]、自由曲面毛坯定位问题的最佳逼近方法等[43]。

(3) 工艺几何建模方法

变形曲面建模技术是自适应加工中的变形偏差曲面（过渡特征）构造的重要方法[44-46]。BARR[44]最早将变形思想引入到几何造型领域，通过模拟力学中常见的几种变形，如拉伸、均匀收缩、扭转和弯曲等，给出了相应变形的数学表达式，但是该方法仅用于特定的几何形体，一般称为非自由型变形。SEDERBERG[46]等假定物体有很好的弹性，基于外力作用下易于发生变形的原理，提出了自由变形方法(FFD)，并研究了连续性控制、局部变形、体积控制等相关性质。随后，学者们又进一步提出了扩展的自由变形和直接控制自由变形[47,48]，开展了自由变形造型方面的研究[49,50]，并发展了从B样条、T样条到加权T样条的自由变形造型技术[51]。Morphing变形技术与上述整体自由形状变形不同，它是指从一个物体（源物体）到另一个物体（目标物体）的连续、光滑、自然的过渡，这里的物体可以是数字图像、多边形、多面体网格等，也可以是变形几何造型的一种特殊方法[45,52]。变形主要包含两个基本问题，一是建立首末两物体的元素（如顶点、边等）之间的对应关系，二是建立首末两物体的对应元素在变形过程中所走过的路径。针对不同的形状表示方法，有基于多边形表示的二维曲线变形方法[53]，以及针对三维空间的特征点对应匹配刚体变形方法[54]。变形技术发展日趋完善，但运用到叶片工艺几何建模中，尚未有成熟的方法。基于特征约束的形状变形精确度量和连续变形过渡状态的定义还有待进一步深入研究，以满足自适应加工的需要[55]。

1.2.2 零件形状自适应

自由曲面广泛应用于航空航天、造船、汽车、能源等行业，叶片、叶盘等复杂结构零件大多也是由自由曲面所组成。由于型面复杂、精度要求高且难以采用数学表达式表示，自由曲面的加工一直是生产中的难题[16,17]。针对复杂结构零件，与零件形状的自适应主要是解决刀具与被加工曲面及相邻约束曲面的匹配问题，包括刀具类型、尺寸的优化以及刀位轨迹的自适应规划等。

(1) 刀具设计与选择方法

刀具和刀具序列的设计、选择是零件形状自适应研究的关键内容之一[56-60]。其选择的重要准则是保证刀具在切触点邻近区域无局部干涉产生的同时，刀杆也不会发生全局碰撞干涉。现有的刀具选择方法大多集中讨论单一曲面的加工，通过曲率分析，将曲面划分为若干区域，同时确定相应的刀具尺寸，以消除局部干涉[56,57]。现有的研究中，主要有通过局部曲率干涉的避免策略和加工轨迹总长度最小化等确定刀具尺寸的方式，以及三轴加工中以曲面离散点作为测试点确定复杂曲面加工的刀具尺寸计算方法[59]。但是，固定的刀具类型和尺寸较难适应曲率变化复杂的自由曲面形状要求，在刀具设计方法发展方面还不够完善。此外，针对复杂曲面的高效加工，适合曲面曲率变化的异型刀具设计也在航空发动机整体叶盘的叶片加工中被逐渐应用起来[27,61,62]。异型刀具都是应用于某个特殊的场合或者专用加工，不具有通用性，例如鼓形刀和锥形刀等，在特定场合及条件下可以提高加工效率和加工精度，不失为一种很好的加工刀具选择。但由于自由曲面的曲率不断变化，选择合适的方法设计合适的异型刀具形状对提高加工效率、减少加工误差至关重要。

(2) 自适应宽行加工方法

加工带宽是指两相邻切削行刀具轨迹之间的距离，其大小是影响曲面加工精度和效率的关键因素，与刀具方位的控制密切相关。通过刀轴方向的优化控制，有效避免刀具的干涉碰撞，并在允许的残留高度下获得最大的加工带宽，这一方法称之为宽行加工方法。环形刀刀具圆环面的切削刃包络截形曲率可以在很大范围内变化，从而更能适应被加工曲面曲率的变化，因此在五轴端铣加工中广泛应用。为实现自由曲面的环形刀宽行加工，目前的方法大多依赖于切触点处曲面的局部几何性质，如二阶泰勒逼近方法、二次曲面逼近方法、刀具包络面方法等[63-65]。但是，上述方法均基于局部几何性质优化刀具方位，难以适应被加工曲面的曲率复杂变化，所得的加工带宽较为保守且未考虑自由曲面的公差约束。为此，根据环形刀刀具特性，定义曲面可能干涉的区域为广域空间，然后将广域空间离散点集变换至刀具坐标系中，计算刀具刀刃曲面的干涉误差，从而构建刀具的实际切削轮廓，在此基础上精确计算有效加工带宽的广域空间自适应宽行加工方法也被发展出来[66]。

对于整体叶盘上的平坦叶片曲面，侧铣加工则更为合适。侧铣可以有效提高材料的去除率，降低切削力，减少后续手工抛光工作量[67]。正是由于侧铣加工的这些优点，欧盟第五框架研究计划中就有一项从 1998 年开始的为期三年的研究项目(The Flamingo Project)，专门研究压缩机、风扇以及压气机叶片等零部件的高效侧铣加工方法以及较平坦自由曲面的侧铣方法。侧铣加工也对提高叶片几何参数的均匀分布、减小应力集中及提高气动性能有一定的作用[68]，因此采用异型刀具进行自由曲面侧铣加工的方法不断涌现[69]，并在整体叶盘叶片的加工中得到了应用[70]。

1.3　本书的内容编排

本书以航空发动机的叶片类零件为对象，以复杂曲面五轴加工刀位轨迹规划为基础，系统介绍了数字化检测—模型配准与重建—自适应数控加工的流程，并给出了典型工程应用案例。本书后续内容的安排如下：

第 2 章介绍了叶片型面的数字化测量与分析方法，包括测量特征点的选取、基于数字样板的叶型检测与匹配、带公差约束的数字样板匹配、叶片特征参数提取与误差计算等内容。

第 3 章介绍了工件的自适应定位与余量优化方法，包括工件加工余量自适应优化的统一数学模型、无余量叶片零件快速定位方法、叶片加工余量自适应定位方法和叶盘加工余量自适应优化方法等内容。

第 4 章介绍了自适应工艺几何建模的相关理论，包括基于曲面变形映射的工艺几何建模方法、变形及损伤叶片的测量建模方法，以及面向叶片加工变形控制的工艺几何建模方法等内容。

第5章介绍了叶片类零件超差区域的自适应加工轨迹生成方法，包括超差区域测量数据的处理、超差区域的提取、超差区域磨削轨迹的生成等内容。

第6章介绍了自由曲面侧铣加工自适应刀具轮廓设计方法，包括圆锥曲线母线轮廓刀具设计方法、宽行侧铣加工轨迹规划方法、多轴侧铣加工轨迹整体光顺方法，以及自由曲线轮廓刀具与加工轨迹同步优化方法等内容。

第7章简要介绍了自适应加工软件的主要功能，然后以焊接式整体叶盘的加工为例介绍了自适应加工技术的应用，最后对自适应加工技术的其余应用场景进行了简要介绍。

参考文献

[1] 透平机械现代制造技术丛书编委会.叶片制造技术[M].北京：科学出版社，2002.

[2] 任军学，张定华，王增强，等.整体叶盘数控加工技术研究[J].航空学报，2004，25(2)：205-208.

[3] SHAN C W，ZHANG D H，LIU W W，et al. A novel spiral machining approach for blades modeled with four patches[J]. International Journal of Advanced Manufacturing Technology，2009，43(5-6)：563-572.

[4] WALTON P. Adaptive machining for turbine blade repair[J]. Modern Machine Shop，2007，80(6)：90-94.

[5] GAO J，CHEN X，YILMAZ O，et al. An integrated adaptive repair solution for complex aerospace components through geometry reconstruction[J]. International Journal of Advanced Manufacturing Technology，2008，36(11-12)：1170-1179.

[6] ZHANG D H，ZHANG Y，WU B H. Research on the adaptive machining technology of blisk[J]. Advanced Materials Research，2009，69-70，446-450.

[7] XIONG Z H，WANG M Y，LI Z X. A computer-aided probing strategy for workpiece localization[C]. IEEE International Conference on Robotics & Automation，2003：3941-3946.

[8] LI Y D，GU P H. Free-form surface inspection techniques state of the art review[J]. Computer-Aided Design，2004，36(13)：1395-1417.

[9] ELMARAGHY H A，BARARI A，KNOPF G K. Integrated inspection and machining for maximum conformance to design tolerances [J]. CIRP Annals - Manufacturing Technology，2004，53(1)：411-416.

[10] GAO J，CHEN X，ZHENG D T，et al. Adaptive repair approach for recovering components from defects[J]. Chinese Journal of Mechanical Engineering，2008，21(1)：57-60.

[11] MEARS L，ROTH J T，DJURDJANOVIC D，et al. Quality and inspection of iachining iperations：CMM integration to the machine tool[J]. Journal of Manufacturing Science and Engineering，2009，131(5)：051006-13.

[12] WARKENTIN A，ISMAIL F，BEDI S. Multi-point tool positioning strategy for 5-axis

mashining of sculptured surfaces[J]. Computer Aided Geometric Design,2000,17(1):83-100.

[13] DING S,MANNAN M A,POO A N,et al. Adaptive iso-planar tool path generation for machining of free-form surfaces[J]. Computer-Aided Design,2003,35(2):141-153.

[14] YANG D C H,CHUANG J J,OULEE T H. Boundary-conformed toolpath generation for trimmed free-form surfaces[J]. Computer-Aided Design,2003,35(2):127-139.

[15] CHIOU J C J,LEE Y S. Optimal tool orientation for five-axis tool-end machining by swept envelope approach[J]. Journal of Manufacturing Science and Engineering,2005,127(4):810-818.

[16] 吴宝海,罗明,张莹,等.自由曲面五轴加工刀具轨迹规划技术的研究进展[J].机械工程学报,2008,44(10):9-18.

[17] LASEMI A, XUE D, GU P. Recent development in CNC machining of freeform surfaces:A state-of-the-art review[J]. Computer-Aided Design,2010,42(7):641-654.

[18] THERRIEN R J,OUELLETTE R M. Automatic adaptive sculptured machining:US,5,288,209 [P/OL]. 1994-2-22.

[19] HUANG H,GONG Z M,CHEN X Q,et al. Robotic grinding and polishing for turbine-vane overhaul[J]. Journal of Materials Processing Technology,2002,127(2):140-145.

[20] GAO J,FOLKES J,YILMAZ O,et al. Investigation of a 3D non-contact neasurement based blade repair Integration system[J]. Aircraft Engineering Aerospace Technology,2005,77(1):34-41.

[21] GAO J,CHEN X,ZHENG D T,et al. Adaptive restoration of complex geometry parts through reverse engineering application[J]. Advances in Engineering Software,2006,37(9):592-600.

[22] BEESON W J, CAHOON C L, WEAVER G. Adaptive machining and weld repair process,US 2007/0251072 A1 [P]. 2007-11-01.

[23] BREMER C. Adaptive machining technology and data management for automated repair of complex turbine components with focus on blisk repair[EB/OL]. http://www. bct-online. de.

[24] 程涛,左力,刘艳明,等.数控机床切削加工过程智能自适应控制研究[J].中国机械工程,1999,10(1):26-31.

[25] 张定华,罗明,吴宝海,等.智能加工技术的发展与应用[J].航空制造技术,2010,2(1):40-43.

[26] 张定华,张莹,吴宝海,等.自适应加工技术在整体叶盘制造中的应用.航空制造技术,2008,(13):51-55.

[27] LUO M, YAN D, WU B, et al. Barrel cutter design and toolpath planning for high-efficiency machining of freeform surface[J]. The International Journal of Advanced Manufacturing Technology,2016,85(9):2495-2503.

[28] YANG J,ZHANG D,WU B,et al. A path planning method for error region grinding of aero-engine blades with free-form surface[J]. The International Journal of Advanced

Manufacturing Technology,2015,81(1):717-728.
[29] 张莹. 叶片类零件自适应数控加工关键技术研究 [D]. 西安:西北工业大学,2011.
[30] BESL P J,MCKAY N D. A method for registration of 3D shapes[J]. IEEE Transactions on Pattern Analysis Machine Intelligence,1992,14(2):239-256.
[31] SHARP G G,LEE S W,WEHE D K. ICP registration using invariant features[J]. IEEE Transactions on Pattern Analysis Machine Intelligence,2002,24(1):90-102.
[32] LIU Y H. Improving ICP with easy implementation for free-form surface matching[J]. Pattern Recognition,2004,37(2):211-226.
[33] KO K H,MAEKAWA T,PATRIKALAKIS N M. An algorithm for optimal free-form object matching[J]. Computer-Aided Design,2003,35(10):913-923.
[34] KO K H,MAEKAWA T,PATRIKALAKIS N M,et al. Shape intrinsic properties for free-form object matching [J]. Journal of Computing and Information Science in Engineering,2003,3(4):325-333.
[35] 徐金亭,刘伟军,孙玉文. 基于曲率特征的自由曲面匹配算法[J]. 计算机辅助设计与图形学学报,2007,19(2):193-197.
[36] XIONG Z H,CHU Y X,LIU G F,et al. Workpiece localization and computer aided setup system [C]. Proceedings of the 2001 IEEE/RSJ International Conference on Intelligent Robots and Systems,2001:1141-1146.
[37] SUN Y W,XU J T,GUO D M,et al. A unified localization approach for machining allowance optimization of complex curved surfaces[J]. Precision Engineering,2009,33(4):516-523.
[38] SUN Y W,MING W X,MING G D,et al. Machining localization and quality evaluation of parts with sculptured surfaces using SQP method [J]. International Journal of Advanced Manufacturing Technology,2009,42(11):1131-1139.
[39] LI Z X,GOU J B,CHU Y X. Geometric algorithms for workpiece localization[J]. IEEE Transactions of robotics and automation,1998,14(6):864-878.
[40] XIONG Z H,LI Z X. Error compensation of workpiece localization [J]. IEEE International Conference on Robotics & Automation,2001:2249-2254.
[41] CHATELAIN J F. A level-based optimization algorithm for complex part localization [J]. Precision Engineering,2005,29(2):197-207.
[42] XIONG Z,WANG M Y,LI Z. A near-optimal probing strategy for workpiece localization[J]. IEEE Transactions on robotics,2004,20(4):668-676.
[43] SHEN B,HUANG G Q,MAK K L,et al. A best-fitting algorithm for optimal location of large-scale blanks with free-form surfaces [J]. Journal of Materials Processing Technology,2003,139(1-3):310-314.
[44] BARR A H. Global and local deformation of solid primitives[J]. Computer Graphics (SIGGRAPH'1984),1984,18(3):21-30.
[45] LAZARUS F,VERROUST A. Three-dimensional metamorphosis: a survey[J]. The Visual Computer,1998,14(8-9):373-389.

[46] SEDERBERG T W,PARRY S R. Free-form deformation of solid geometric models[J]. Computer Graphics(SIGGRAPH'1986),1986,20(4):151-160.

[47] COQUILLART S. Extended free-form deformation:A sculpturing tool for 3D geometric modeling[J]. Computer Graphics(SIGGRAPH'1990),1990,24(4):187-196.

[48] HSU W M,HUGHES J F,H K. Manipulation of free-form deformation[J]. Computer Graphics(SIGGRAPH'1992),1992,26(2):177-184.

[49] FENG J Q,MA L Z,PENG Q S. A new free-form deformation through the control of parametric surfaces[J]. Computers & Graphics,1996,20(4):531-539.

[50] 冯结青,马利庄,彭群生. 嵌入参数空间的曲面控制自由变形方法[J]. 计算机辅助设计与图形学学报,1998,10(3):208-215.

[51] SONG W H,YANG X N. Free-form deformation with weighted T-spline[J]. The Visual Computer,2005,21(3):139-151.

[52] GUO H, FU X Y, CHEN F, et al. As-rigid-as-possible shape deformation and interpolation[J]. Journal of Visual Communication & image representation,2008,19(4):245-255.

[53] SEDERBERG T W, GREENWOOD E. A physically based approach to 2D shape blending[J]. Computer Graphics(SIGGRAPH'1992),1992,26(1):25-34.

[54] ALEXA M,COHER-OR D,LEVIN D. As rigid as possible shape interpolation[J]. Computer Graphics(SIGGRAPH'2000),2000,34(1):157-164.

[55] 韩飞燕. 多态演化工序模型建模方法及其应用研究 [D]. 西安:西北工业大学,2016.

[56] LO C C. Two-stage cutter-path scheduling for ball-end milling of concave and wall-bounded surfaces[J]. Computer-Aided Design,2000,32(10):597-603.

[57] JENSEN C G,RED W E,PI J. Tool selection for five-axis curvature matched machining [J]. Computer-Aided Design,2002,34(3):251-266.

[58] D'SOUZA R M,SEQUIN C,WRIGHT P K. Automated tool sequence selection for 3-axis machining of free-form pockets[J]. Computer-Aided Design,2004,36(7):595-605.

[59] CHEN Z C,LIU G. An intelligent approach to multiple cutters of maximum sizes for three-axis milling of sculptured surface parts[J]. Journal of Manufacturing Science and Engineering,2009,131(1):1-5.

[60] LI L L,ZHANG Y F. Cutter selection for 5-axis milling of scupltured surfaces based on accessibility analysis[J]. International Journal of Production Research,2006,44(16):3303-3323.

[61] URBIKAIN G,OLVERA D,DE LACALLE L N L. Stability contour maps with barrel cutters considering the tool orientation[J]. The International Journal of Advanced Manufacturing Technology,2017,89(9):2491-2501.

[62] WANG J,LUO M,DINGHUA Z. A global space based approach for wide strip flank milling of freeform surface with a barrel cutter[J]. International Journal of Computer Integrated Manufacturing,2019,32(1):92-104.

[63] CHIOU C J,LEE Y S. A machining potential field approach to tool path generation for

multi-axis sculptured surface machining[J]. Computer-Aided Design, 2002, 34(5): 357-371.

[64] ENGELI M, WALDVOGEL J, SCHNIDER T. Method for processing work pieces by removing material, US 6,485,236 B1 [P]. Nov. 26, 2002.

[65] FAN J, BALL A. Quadric method for cutter orientation in five-axis sculptured surface machining[J]. International Journal of Machine Tools & Manufacture, 2008, 48(7-8): 788-801.

[66] 吴宝海,张莹,张定华. 基于广域空间的自由曲面宽行加工方法[J]. 机械工程学报,2011,47(15):181-187.

[67] TÖNSHOFF H K, GEY C, RACKOW N. Flank milling optimization-The Flamingo Project[J]. Air & Space EUROPE, 2001(3): 60-63.

[68] WU C. Arbitrary surface flank milling of fan, compressor, and impeller blades[J]. Journal of Engineering for Gas Turbines and Power, 1995, 117(3): 534-539.

[69] ZHU L, DING H, XIONG Y. Simultaneous optimization of tool path and shape for five-axis flank milling[J]. Computer-Aided Design, 2012, 44(12): 1229-1234.

[70] WU C Y. Arbitrary surface flank milling & flank SAM in the design and manufacturing of jet engine fan and compressor airfoils [C]. ASME Turbo Expo 2012: Turbine Technical Conference and Exposition, 2012: 21-30.

第 2 章　叶片型面数字化测量与分析

对零件的几何尺寸、位置等进行测量是进行自适应加工的基础，在获得测量数据之后，才能进行零件的自适应定位、工艺几何建模、加工误差分析等工作。叶片型面属于典型的自由曲面，往往缺少明确的参考基准，型面上的测量点和工件之间没有明确的对应关系，如何检测型面的成型质量一直是生产实际中的难点。目前主要依靠有经验的师傅使用一系列的测具和样板来测量加工叶片型面的质量。该方法测量结果准确可靠，误差显示直观，一直是叶片制造企业主导的叶型检测手段。但是，该方法的测量精度容易受到人为因素的影响，测量过程费时费力，且受到测具和样板的设计制作周期的限制，测量效率不高。

随着数字化检测技术的发展，三坐标测量在叶片质量控制部门得到越来越广泛的应用，大大缩短了测量时间。目前，三坐标测量技术已经广泛应用于航空发动机叶盘零件的检测中。但是，在航空发动机叶片的数字化检测工作中，由于叶片种类繁多、型面复杂，检测流程不规范导致叶型检验周期长、误差评定不一致；同时，由于型面精度要求高、公差控制严格，导致数据处理复杂[1-2]。本章详细介绍了航空发动机叶片测量过程中的特征点选取方法，以及一种基于数字样板的误差评定方法，以提高其评定结果的准确性和可靠性[3]。

2.1　叶片测量特征点选取

2.1.1　压气机叶片坐标测量采样方法

(1) 等截面法

叶片是典型的自由曲面工件。在自由曲面上测量采样时，通常要求采样点均匀分布并且覆盖整个曲面，采样点能够完整地反映曲面形状。等截面法是叶片检测中常用的采样方法。叶片曲面是由叶片截面线沿一条指定的积叠轴叠加获得的。叶片建模时，初始数据为叶片截面线上离散点的三坐标信息，通过曲线拟合构造截面线，然后根据截面线拟合叶片曲面。叶片模型的默认坐标系为 Z 轴与积叠轴重合，即 Z 轴为叶高方向，叶片截面为 XOY 平面的平行面。在进行叶片测量路径规划时，按照检测要求，沿叶高构建一系列平行于 XOY 平面的基准平面。基准平面与叶片曲面的交线就是需要检测的叶片截面。最后，将截面线按照给定要求离散获得测量点，如图 2-1 所示。由于每个检测截面上的测量点都在同一截面上，具有相同的 Z 坐标，因此等截面法又称为等高法或等 Z 法。

叶片检测截面的选取由叶片检测的规定截面确定，一般与叶片设计截面保持一致。在没有特定截面数量要求下，可以根据经验公式 $m=c\cdot L$ 确定，其中 m 为理论测量截面数，L 为叶片长度(单位 mm)，c 为比例系数(根据叶片弯扭程度取 1/15～1/8)，实际的测量截面应不小

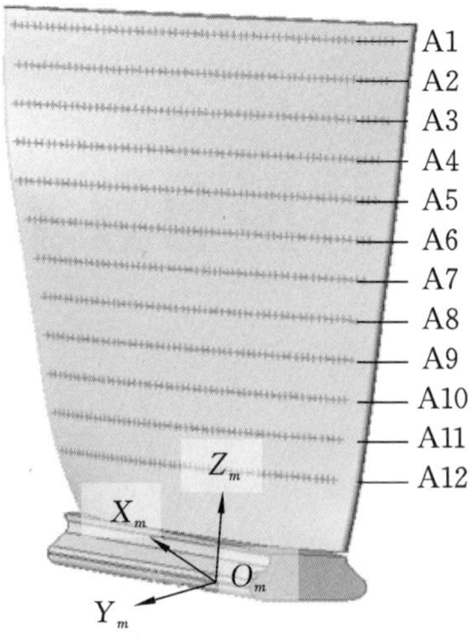

图 2-1 叶片测量的等截面法

于 3 个。

等截面法在叶片三坐标测量采样中应用广泛，主要原因有以下几点：

① 叶片设计数据由等截面数据给出，采用等截面的测量采样方法能够保持测量点与设计数据的一致性。

② 目前叶片公差标准主要是基于等截面的二维公差，采用等截面的测量采样和路径规划方法有利于进行数据处理和误差评估。

③ 传统图纸和样板检测都是基于等截面的叶型曲线，采用等截面的方法可以保持与传统方法的衔接，保持与样板检测结果的一致性，提高测量结果的可信度。

等截面法的不足之处是：在叶尖和叶根部位截面线不完整，且在叶根处测头容易与榫头的过渡圆弧发生干涉。因此会导致叶尖和叶根部位的部分几何信息缺失，对模型重建有一定的影响。

（2）流道线法

流道线是指叶片工作时气流流经叶片型面的近似路线，如图 2-2 所示。与等截面法相比，流道线法确定的每条测量路径都是封闭的，每条路径上的测量点不在同一个平面截面内。流道线法适用于三维的面轮廓度误差评价，其测量数据为叶片型面的点数据，可通过离散点与设计模型配准获得三维的扭转误差和平移误差，也可通过直接计算离散点到曲面的距离计算曲面的面轮廓度误差。该方法在逆向工程的三维造型上更有优势。

流道线法更接近于一般的自由曲面检测采样方法，在通过流道线法进行测量点采样时，要求测量点覆盖整个曲面且测量点密度满足曲线曲面的分析需要。通常根据测量线的曲率分布测量点密度——曲率较大时增大测量点密度，尤其在前后缘处；曲率小时则适当减小测量点密度。叶片流道线法测量点取样过程通常包括以下步骤：

① 提取叶片型面（对于不包含榫头的叶片模型，不需要进行此操作）。

② 对叶片型面进行参数化。参数化的样条曲面用 S 表示，沿弦向定义为 u 参数方向，沿叶高定义为 v 参数方向。则有：

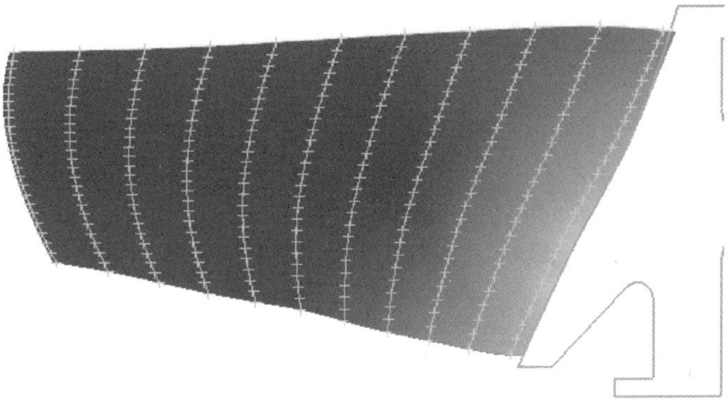

图 2-2　叶片测量的流道线法

$$\boldsymbol{S}=f(u,v)\quad u,v\in[0,1] \tag{2-1}$$

③ 在 S 上构造等 v 的参数线族 $\boldsymbol{C}_i(i=0,1,2,\cdots,n)$，$n$ 为选定的流道线数。

④ 离散每条参数线，获得测量点坐标和法矢信息。

流道线法进行测量点采样和路径规划时，由于测量点不在同一截面内，因此不能计算公差要求的叶片二维截面参数。测量数据能够用于对理论曲面的整体配准，从而计算整体扭转和偏移误差以及曲面的面轮廓度误差，因此在实际生产中得到了一定的应用。

(3) 叶片截面线离散方法

根据流道线法或等截面法的采样方式获得的都是样条曲线，为获得测量点坐标，需要对曲线进行离散。目前，叶片截面线的离散方法主要有三种：等参数法、等弧长法和等弦高法。

等参数法是最简单的曲线离散方法。对于样条曲线 $\boldsymbol{C}(u)(u\in[0,1])$，给定测量点数 n，则可获得 n 个测量点，即：

$$\boldsymbol{P}_i=\boldsymbol{C}\left(\frac{i}{n-1}\right) \tag{2-2}$$

其中，$i=0,1,2,\cdots,n-1$，$\boldsymbol{P}_i$ 为第 $i+1$ 个测量点，其坐标形式为 $\boldsymbol{P}_i=(x_i,y_i,z_i)$。这种方式获得的测量点沿曲线等参数分布，不能根据曲线的曲率特征调整局部测量点密度。

等弧长法是按照给定的弧长条件离散测量点，使相邻两点间的弧长相等。其测量点沿曲线均匀分布。对于要求获得 n 个测量点的曲线 $\boldsymbol{C}(u)(u\in[0,1])$，首先计算曲线的总长度 L：

$$L=\int_0^1\sqrt{[\boldsymbol{C}'_x(u)]^2+[\boldsymbol{C}'_y(u)]^2+[\boldsymbol{C}'_z(u)]^2}\,\mathrm{d}u \tag{2-3}$$

则两相邻测量点弧长间隔 $l=L/(n-1)$，设第 $i+1$ 个点处的参数为 u_i，则第 $i+1$ 个测量点与首点之间的弧长满足下列关系：

$$\begin{aligned}L_{i+1}&=\int_0^1\sqrt{[\boldsymbol{C}'_x(u_i)]^2+[\boldsymbol{C}'_y(u_i)]^2+[\boldsymbol{C}'_z(u_i)]^2}\,\mathrm{d}u\\&=i\cdot l\\&=\frac{i}{n-1}\cdot L\end{aligned} \tag{2-4}$$

其中 $i=0,1,2,\cdots,n-1$。将式(2-3)代入式(2-4)中，通过求解方程可获得第 $i+1$ 个测量点处的参数为 u_i，代入原曲线方程便可获得第 $i+1$ 个测量点坐标：

$$\boldsymbol{P}_i=(x_i,y_i,z_i)=(\boldsymbol{C}_x(u_i),\boldsymbol{C}_y(u_i),\boldsymbol{C}_z(u_i)) \tag{2-5}$$

等弦高法是通过指定相邻测量点间的弦高来控制曲线的离散。弦高定义为曲线到相邻两离散点连线的最大距离。这种方法获得的离散点密度与局部曲线的曲率密切相关。曲率越大，离散点密度越高。

上述三种方法为叶片截面曲线离散中的常用方法，在自由曲线离散的过程中用户可以根据实际曲线的要求采用不同的方法或方法组合，以满足测量点离散的需求。

2.1.2 叶片测量的关键几何特征

(1) 压气机叶片叶型气动设计和叶型参数

叶片是由一系列叶型沿积叠轴叠加形成的，叶型是叶片气动性能的基本单元。但在气动设计过程中，平面叶栅是压气机气动设计的基本单元。平面叶栅是由一个与压气机同轴的圆柱面剖切压气机的一级形成的基元级展开的平面。平面叶栅是由多个几何形状相同的叶型按照一定的要求和间隔排列起来的。典型压气机叶片叶型如图 2-3 所示，由叶盆、叶背、前缘、后缘四段曲线构成，其主要几何参数有以下几项。

① 中弧线：叶片叶型内同时与叶盆叶背曲线相切的内切圆圆心连接成的曲线。

② 弦长 b：中弧线与前后缘分别相交于 A、B 两点，A 点称为前缘点，B 点称为后缘点；A、B 两点的连线称为弦长，用参数 b 表示。弦长是叶片叶型的重要尺寸参数。

③ 最大相对厚度 $\bar{c}$ 和最大厚度相对位置 $\bar{e}$：叶型的最大相对厚度等于叶型最大内切圆的直径，用 c_{max} 表示。最大内切圆圆心到前缘点在弦线上的投影距离为 e。从空气动力学的角度来看，更具有研究意义的是其相对值，即最大相对厚度 $\bar{c}=c_{max}/b$ 和最大厚度相对位置 $\bar{e}=e/b$。

④ 最大挠度 f_{max} 和最大挠度相对位置 $\bar{a}$：中弧线到弦线的最大距离称为中弧线的最大挠度，用 f_{max} 表示。最大挠度位置处的点到前缘点在弦线上的投影距离为 a，则最大挠度相对值 $\bar{f}=f_{max}/b$，最大挠度相对位置 $\bar{a}=a/b$。

⑤ 叶型前缘角 χ_1 和后缘角 χ_2：前缘角和后缘角是指中弧线在前后缘处的切线与弦线的夹角。

⑥ 叶型弯角 θ：叶型弯角表示叶型的弯曲程度，其值为前缘角和后缘角之和，即 $\theta=\chi_1+\chi_2$。θ 越大，则叶型越弯曲。

⑦ 叶型型面：叶型的型面一般用 X-Y 坐标来表示。叶型的凸面为吸力面，称为叶背；叶型的凹面为压力面，称为叶盆。

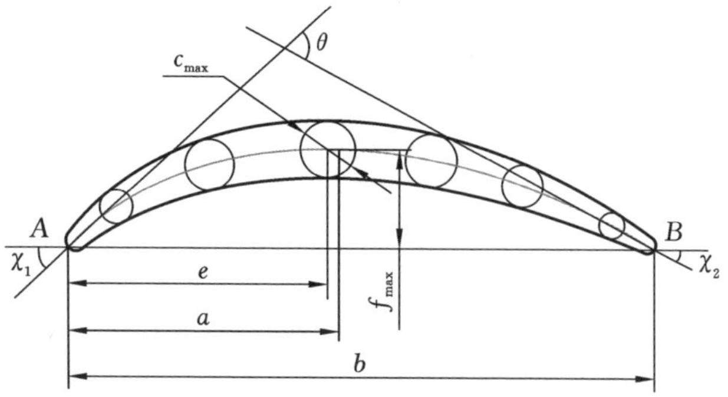

图 2-3 叶型主要几何参数

将叶型排列成叶栅时，根据安装要求，叶栅具有如图 2-4 所示的几何参数。

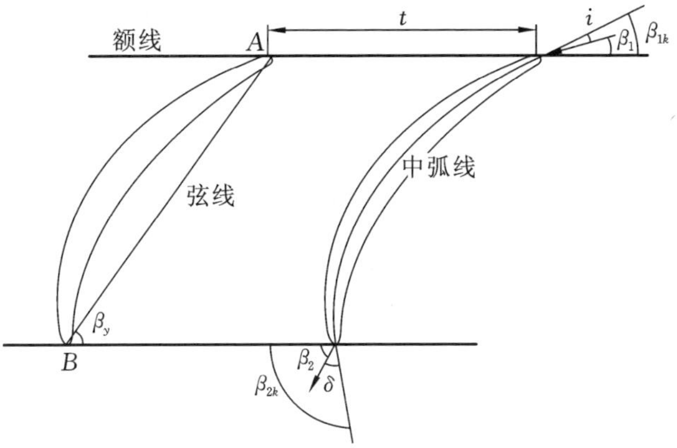

图 2-4　叶栅主要几何参数

① 叶型安装角 β_y：平面叶栅中连接所有叶型前缘点 A 和连接所有叶型后缘点 B 的直线称为额线。叶型安装角定义为叶型弦线与额线的夹角，表示叶型在叶栅中的倾斜程度。

② 叶距(或栅距)t：两相邻叶型对应点在额线上的距离。

以上两个参数确定以后，叶栅的几何造型也就确定了。但是，在实际应用中，更常用的是以下两个参数：

① 叶栅稠度 τ：稠度定义为叶型弦长与栅距的比值，即 $\tau=b/t$，它反映了叶片的稀疏程度。

② 几何进口角 β_{1k} 和几何出口角 β_{2k}：几何进出口角分别为中弧线在前后缘点处的切线与叶栅的额线之间的夹角。其值可以通过前缘角 χ_1、后缘角 χ_2 和安装角 β_y 确定。这两个参数是气流进出叶栅的参考基准。

在叶栅几何参数气动设计时，涉及空气在叶栅中的流动，因此就存在叶栅气动参数的计算。其中与叶栅和叶型几何参数相关的气动参数包括进气角、出气角、攻角、落后角和气流转折角。

① 进气角 β_1：叶栅进口处气流来流方向与叶栅额线的夹角。

② 攻角 i：进气角 β_1 与叶栅几何进气角 β_{1k} 之间的夹角，因此有 $i=\beta_{1k}-\beta_1$。

③ 出气角 β_2：出气口处气流方向与叶栅额线的夹角。

④ 落后角 δ：出气角 β_2 与叶栅几何出气角 β_{2k} 之间的夹角，$\delta=\beta_{2k}-\beta_2$。

⑤ 气流转折角 $\Delta\beta$：气流流过叶栅后流动方向改变的角度，根据上述角度间的关系可知：

$$\Delta\beta=\beta_2-\beta_1=(\beta_{2k}-\delta)-(\beta_{1k}-i)=\beta_{2k}-\beta_{1k}+i-\delta=\theta+i-\delta$$

(2) 基于气动性能的关键几何特征

压气机叶片通过气动设计确定基元级叶型，不同径向上的所有基元级叶栅叠加后得到单级动叶叶轮和静叶叶轮。单个叶片上所有叶型沿积叠轴叠加就得到整个叶片的造型。气动设计后的叶片造型通过结构设计过程转化为工程图，经过制造过程转化为三维实体。在整个设计过程中，叶片气动参数通过叶型气动设计、结构设计转变为叶片的几何参数。制造过程通过保证叶片的几何外形来保证叶片的气动性能。

加工后的叶片保留了叶型的全部几何参数，可以通过测量和提取加工后叶片与气动性能相关的关键几何特征，进而分析和计算判断加工误差造成的气动损失，以指导设计和制造过程。

根据大量风洞实验数据，叶型几何参数中对气动性能影响较大的几何参数包括以下几项。

① 叶型最大相对厚度 $\bar{c}$ 和最大厚度相对位置 $\bar{e}$

从气动的角度出发，最大相对厚度越大，叶栅的临界马赫数就越低。因此在满足结构强度的要求下，较薄的叶片能够提供更大的临界马赫数。动叶叶尖气流速度高，承受应力较小，可采用较小的相对厚度；动叶根部要承受较大的拉伸应力，因此需要采用较大的相对厚度以保证叶片的强度。最大厚度相对位置越偏后，即 $\bar{e}$ 值较大，其临界马赫数就越高。因此通过计算加工后叶片截面叶型的最大相对厚度及其相对位置，能够校核加工后叶片的气动性能。

② 中弧线最大相对挠度 $\bar{f}$ 及其相对位置 $\bar{a}$

最大相对挠度是与叶型弯角 θ 紧密相关的，叶片最大相对挠度越大，则叶型弯角越大。根据上述气动原理，弯角越大，临界马赫数则越小。最大挠度相对位置对气动的影响与 $\bar{e}$ 相同。因此最大相对挠度及其位置也是校核叶片加工后气动性能的重要几何参数。

③ 叶型厚度分布

叶型的厚度分布对叶型的气动有较大的影响，其厚度分布是由选定的原始叶型经过优化后决定的。因此为保证叶片的气动性能，必须保证叶型轮廓度，即控制轮廓度误差。

④ 弦线

叶型几何参数对气动的影响是通过大量的吹风实验和实践经验总结的。在对叶型几何参数定义和计算时，叶型弦长是前缘角 χ_1 和后缘角 χ_2 的一条基准边，同时又是叶栅叶型安装角 β_y 的一条边，决定了叶型的多个几何角度。同时，弦长参数又是最大相对厚度及其相对位置、最大挠度及其相对位置参数的约数，是多个关键几何参数计算的共同因子。因此弦线是决定叶型的重要几何参数，是衡量叶片气动性能的重要因子。根据气动设计过程可知，弦长是叶型气动设计的主要参数之一，因此检测加工后叶片截面叶型弦长具有重要意义。

⑤ 中弧线

中弧线是气动设计的一个重要参数，其设计关系到叶型的弯角和前后缘角。几何进气角和几何出气角也可通过前、后缘角与叶型安装角确定，其关系为 $\beta_y=\chi_1+\beta_{1k}=\chi_2+\beta_{2k}$。几何进气角和几何出气角也分别由中弧线前后缘点处的切线决定。同时中弧线还决定了叶型的最大挠度及其位置。中弧线是叶片气动性能的重要表征，因此准确地提取中弧线有利于分析加工后叶片的气动性能。

综上所述，进行加工后叶片气动性能分析时，首先要提取截面叶型弦线和中弧线；然后根据这两项特征，确定叶型的最大相对厚度 $\bar{c}$ 及其相对位置 $\bar{e}$、中弧线最大相对挠度 $\bar{f}$ 及其相对位置 $\bar{a}$；最后控制叶型的轮廓度，计算叶型厚度变化。获得这些几何参数可以为气动分析计算提供数据，从而评价叶片的气动性能。

2.1.3 叶片测量特征点的提取

测量特征点的提取要充分考虑应用对象的几何特点和数据处理、分析的需要。较多的测量点能够提高数据处理过程中配准和几何参数计算的精度，但过多的测量点会引起测量时间的增加、数据处理和计算效率的降低以及噪声的增加。对于接触式在位测量，测量点的增加将严重影响测量的效率。本书中重点介绍面向气动性能的叶片测量特征点提取方法，并给出了优化的叶片测量点提取策略。

根据气动几何特征计算的需要，测量点要首先能够准确提取叶型的弦线，即获得精准的前缘点 A 和后缘点 B。前后缘点是由中弧线与前后缘圆弧相交获得的。因此，提取的测量点必须能够准确拟合前后缘圆弧并能够准确提取中弧线。加工后的叶片中弧线是通过叶盆、叶背曲线的计算获得的。综上所述，气动几何特征的计算关键在于测量点对前缘、后缘、叶盆和叶背四段曲线的准确拟合。

一般情况下，航空发动机叶片的前后缘圆弧半径和弧长值都很小，其圆弧最大半径不超过0.5 mm。根据叶片气动原理，沿叶高方向向叶尖移动时其前后缘半径值减小。小弧长、大曲率给测量带来极大的困难。根据实际CMM测量经验，前后缘处的数据质量较差，拟合计算困难。传统的测量方法是测量整个封闭的叶片截面，并将前后缘作为封闭曲线的一段进行离散，因此测量数据在拆分成前后缘和叶盆、叶背四段时误差较大。为解决上述问题，本书中首先根据设计数据，将叶型准确地拆分为前缘、后缘、叶盆和叶背四段曲线，并提取 P_1、P_2、P_3、P_4 四个分界点作为四段曲线中必须包含的测量点，如图2-5所示。根据设计叶型提取 A 点和 B 点作为前后缘中必须包含的测量点。则前缘包含 A、P_1、P_4 三个点，后缘包括 B、P_2、P_3 三个点，前后缘包括了拟合圆弧所需的信息。在此基础上，分别离散前后缘、叶盆和叶背曲线，使离散的测量点能够准确拟合加工后的叶片截面四段曲线。

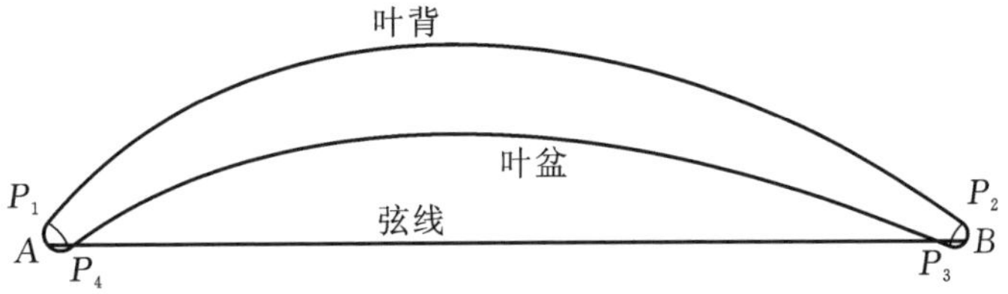

图2-5　叶型曲线分界点

叶片型面曲率大，气流加速快，因此面向气动性能进行曲线离散时就必须考虑曲线曲率条件，并以此作为曲线离散和特征点提取的基准。面向叶片气动性能需求，一般可以从两个方面优化测量点选取方法，即分段等间距截面法和带距离约束的等弦高截面线离散方法。

（1）分段等间距截面法（等截面法）

叶片工作时，根部叶型设计弯角大，向叶尖方向叶型弯角小、叶片较平直。在等截面法测量时，除规定了检测截面的叶片外，检测截面通过经验公式 $m=c\cdot L$ 确定。采用等间距构造测量截面时，截面间距 $d=L(m_{\text{real}}-1)$。其中，m_{real} 是根据理论测量截面数 m 选定的实际测量截面数。分段等间距截面，就是根据叶长将叶片沿长度方向适当分成 n 段，在每一段根据叶型的平均弯角 $\bar{\theta}$，选定不同的系数 c_i，在每一段采用等间距确定测量截面。这一方法适用于长度较长的叶片，能够有效减少测量截面数量。

（2）带距离约束的等弦高截面线离散方法（等弦高法）

等弦高法是截面线离散方法中与曲线曲率特征紧密相关的曲线离散方法。截面线曲率越大，测量点越密集。对于叶片截面线这种曲率变化较大的曲线，其拟合精度高于等弧长和等参数的方法。等弦高的离散是一个迭代计算过程，其控制参数为曲线到两离散点连线的最大距离 h。等弦高法能够很好地满足叶片测量点密度在局部稀疏分布的要求。根据叶片的气动设计，叶片叶型从叶根到叶尖，其厚度逐渐变薄，曲线曲率逐渐变小。由单一参数 h 控制的等弦高离散方法在曲率较小的曲线离散时会得到稀疏的测量点分布，不能满足检测需要，如图2-6(b)所示。为提高这类区域的测量点密度，就要减小控制参数 h，但这会导致曲面其他区域测量点大量增加，从而引起测量时间增加并引入了大量冗余信息。

为解决等弦高法在小曲率位置离散点稀疏的问题，引入了最大距离控制参数 d_{max}，其定义为两离散点之间的容许最大距离。引入 d_{max} 约束的等弦高离散计算如下（弦高控制参数为 $h_{control}$）：

步骤 1：对于曲线 $\boldsymbol{C}(u)$（$u\in[0,1]$），计算其曲线首点及末点 $\boldsymbol{P}_{start}=\boldsymbol{C}(0)$，$\boldsymbol{P}_{end}=\boldsymbol{C}(1)$，定义两相邻点 $\boldsymbol{P}_{pre}$、$\boldsymbol{P}_{next}$，其对应的 u 参数分别为 u_{pre}、u_{next}，令 $u_{pre}=0$，$u_{next}=1$。

步骤 2：计算 $\boldsymbol{P}_{pre}=\boldsymbol{C}(u_{pre})$，$\boldsymbol{P}_{next}=\boldsymbol{C}(u_{next})$。

步骤 3：计算曲线上 $\boldsymbol{P}_{pre}$ 和 $\boldsymbol{P}_{next}$ 两点的弦高 h，若 $h\leqslant h_{control}$ 则进入下一步；否则 $u_{next}=(u_{pre}+u_{next})/2$ 并返回步骤 2。

步骤 4：计算 $\boldsymbol{P}_{pre}$ 和 $\boldsymbol{P}_{next}$ 两点的距离 d。若 $d\leqslant d_{max}$，记录点 $\boldsymbol{P}_{pre}$，并令 $\boldsymbol{P}_{pre}=\boldsymbol{P}_{next}$，$\boldsymbol{P}_{next}=\boldsymbol{P}_{end}$，判断：若 $\boldsymbol{P}_{pre}\neq\boldsymbol{P}_{end}$ 则返回步骤 3，若 $\boldsymbol{P}_{pre}=\boldsymbol{P}_{end}$，转到步骤 5；若 $d>d_{max}$ 则 $u_{next}=(u_{pre}+u_{next})/2$，返回步骤 2 并跳过步骤 3。

步骤 5：将记录下的全部数据点导出，即为离散后的测量点。

引入距离约束的等弦高法在保证曲线拟合精度的前提下，实现了测量点局部密度优化，解决了曲线离散过程中自适应测量点密度分布的问题。图 2-6 给出了某叶片叶盆截面线 $h=0.01$ mm 时带 $d_{max}=2$ mm 的距离约束和不带距离约束的等弦高离散测量点分布。

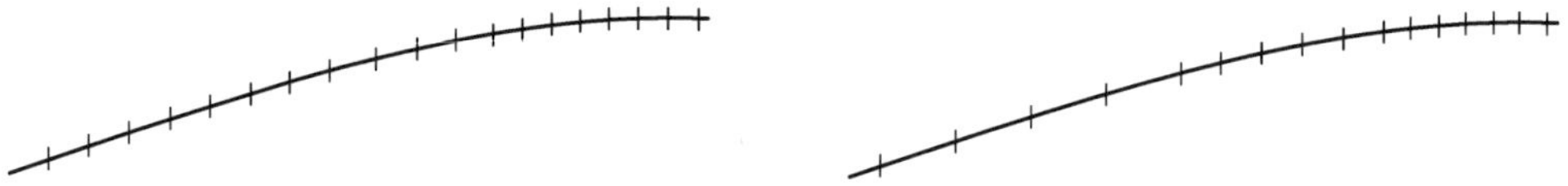

(a)　　(b)

图 2-6　等弦高离散测量点分布

(a) 带距离约束；(b) 不带距离约束

2.2　基于数字样板的叶型检测与匹配

2.2.1　标准样板检测方法

标准样板检测方法作为单个叶片检测最传统的手段，其操作方便、结果直观、便于现场使用，一直是叶片生产企业主要采用的检测手段，也是目前国内叶片生产现场主要采用的检验方法。专用测具是针对待检测叶片的特点而专门设计制造的，它是专门用来检测某一种叶片的检测工具。样板测具就是专用测具的一种，样板测量型面虽然是一种比较原始的检测方法，但在特定的应用场合，该方法仍有广泛的应用。

(1) 样板的设计制作

标准样板检测方法需要专用的测具和大量的样板，在叶片生产过程中，往往耗费较长的设计制作时间。通常根据叶片检测剖面和叶型设计数据，筛选叶盆设计数据、叶背设计数据，并构造叶盆理论型线、叶背理论型线；根据叶盆、叶背理论型线以及测具的基准要素，绘制样板设计图纸；最后依据图纸，通过精密加工方法保证样板的型面尺寸和形状精度，批量生产叶片标准样板；检验合格后方可投入生产现场使用。

标准样板是根据叶片的理论型线设计制造的与叶型截面对应的母模量具，使用叶片固定座(即型面测具)把叶片固定后,用处于理想位置的叶盆标准样板和叶背标准样板检查叶盆、叶背型面间隙,并反复调整叶片空间位置,以型线的吻合度作为衡量其是否合格的依据。叶型设计图多以透光度,或相对误差来表示,如±0.15 mm。这个相对误差实际上并不是单纯的形状误差,而是形状误差、尺寸误差、位置误差三者的综合体。根据叶片的种类和结构特点,有立式型面测具和卧式型面测具,能实现叶片叶身型面各截面理论位置的测量及叶片偏移、扭转后型面的测量。这类测具可实现一次定位夹紧,多项检测,避免了重复定位给叶片带来的累积误差。

对于榫头和型面上的一些关键尺寸,由于其本身公差就很小,这就对测具的设计和制造提出了很大的考验,既要满足设计需要,又要保证能加工出来且成本不能过高。因此,在新产品试制准备中,测具的设计、制造和计量鉴定都是耗时较长、难度较大的一个环节(在一台 36 级压气机叶片的试制中,测具的设计、制造周期近 4 个月)。

(2) 样板检测过程

叶片叶身精度的检验是为了判定对于给定公差的超差,此给定公差决定了叶片叶身各部分(进气和排气边缘、叶背和叶盆面等)名义尺寸的容许误差。目前,采用叶身截面轮廓的综合误差作为叶片叶身精度的主要指标,包括型面误差、对名义扭角的误差和叶身相对于 X 和 Y 轴的偏移。标准样板法检测是通过比对工作样板与叶型截面之间的透光率来衡量叶型形状误差,其原理如图 2-7 所示。

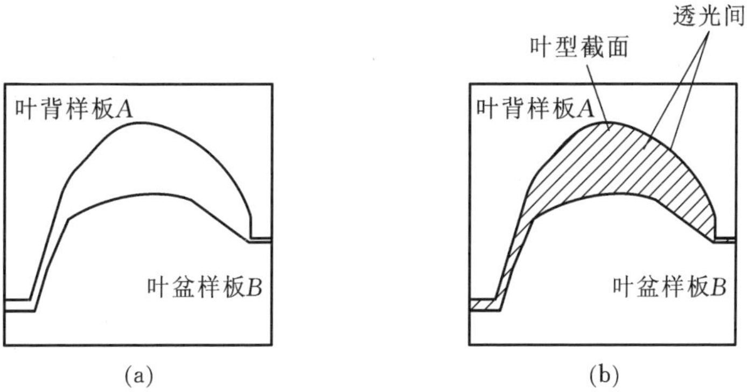

图 2-7　标准样板法测量原理

(a) 标准样板 ;(b) 标准样板法测量原理

标准样板检测过程如下:

① 叶片装夹定位,采用六点定位原理,使其在测具上以基准定位,固定在理想的理论位置。有两个定位点分别在上、下缘板排气边端面,采用小平面定位,有两个定位点在背向榫头平面,采用球头销定位,还有一个定位点在叶片给定截面上,采用刃口样板定位。另一轴向定位点在叶冠内侧曲面上,用球销定位、压紧,采用光面压块通过螺钉旋合来调整压在上、下缘板的表面,使叶片定位压紧力比较稳定,如图 2-8 所示。

② 用工作样板插入定距板对应的型面定位销中,工作样板的两个基准面均应靠紧测具的两个基准面。

③ 比对工作样板和加工叶片,进行透光检查。工作样板分为叶背工作样板和叶盆工作样板。为了方便叶型的检验,一般按叶型厚度尺寸在最大实体情况下设计工作样板(法向增厚);检验过程中,保持样板与测具板条定位面及梳板销定位面接触,然后用各截面的标准型线的样

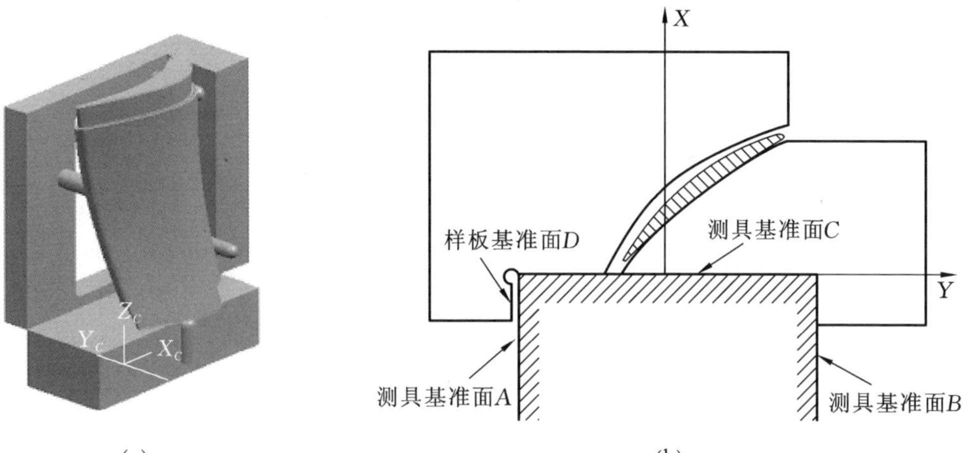

(a) (b)

图 2-8 叶片的叶身检验过程

(a) 叶身样板检验专用测具；(b) 利用样板进行叶片叶身检验简图

板，分别与各截面实际型线作比较，测出型线误差（样板型线与叶片型线的透光间隙，如图 2-8(b)所示）。

当加工叶片存在均匀余量时，通过调整可以测出型线透光率，同时能够测出样板基准面 D 与测具基准面 A 的间隙（肋下间隙），即为叶型余量最大点的余量。此时的型线透光率在允许的范围内，叶型的实际型线即为合格。叶盆或叶背截面轮廓对于样板的偏差以目测透光度或借助于塞尺确定。

如图 2-9 所示，根据叶身坐标系确定叶型截面坐标系 XOY，O 为叶型积叠点，样板只能在测具基准面 C 上沿着 Y-Y 轴线方向移动，实际叶片在测具上可以绕着 Z 轴旋转，但是仅限于在一定的范围内，该范围由叶型的扭转误差决定。

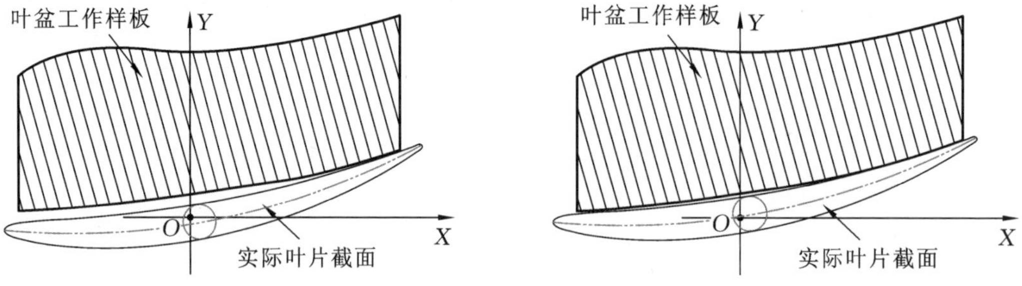

(a) (b)

图 2-9 叶盆检测过程中的调整

(a) 样板比对初始位置；(b) 样板比对最终位置

在工作样板与实际叶型轮廓对比过程中，需要不断调整叶片的扭转和样板的偏移，使得工作样板型线与叶型轮廓之间的间隙最小。将叶片安装固定在测具上，叶盆工作样板基准面对齐测具的基准面，初始比对位置如图 2-9(a)所示，叶型与样板之间透光率不均匀，靠近前缘的轮廓透光率较大，靠近后缘的透光率基本为 0，需要进行调整。调整测具的扭转旋钮，叶片绕着理论 Z 轴使前缘透光率变小的方向旋转，同时将样板靠近被测叶型，当达到叶盆整个型线透光率基本为0的状态时(如图2-9(b)所示),满足轮廓度最小的要求,即为叶型轮廓度最终的评定结果。此时的测具平台基准面A与样板基准面D之间的间隙即为Y-Y理论轴线的偏移位置(如图2-8(b)所示)。

当叶片工作样板按照叶型理论数据进行设计制作时(未按照法向增厚),通过样板和测具的调整,叶型不能达到图2-9所示的比对状态,始终存在着较大的透光率,如图2-10所示。此时的透光率均匀,满足叶型轮廓误差的最小条件评价要求。叶身在Y-Y轴线方向的偏移由塞尺检测的叶身表面和样板工作表面之间的间隙确定,设透光率最大处的塞尺厚度为H_{max},透光率最小处的塞尺厚度为H_{min},两者之差即为叶盆型线的轮廓度$h=H_{max}-H_{min}$。同时,样板测具也确定了叶身在空间相对于Y-Y理论轴线的偏移位置,偏移量为H_{min}。

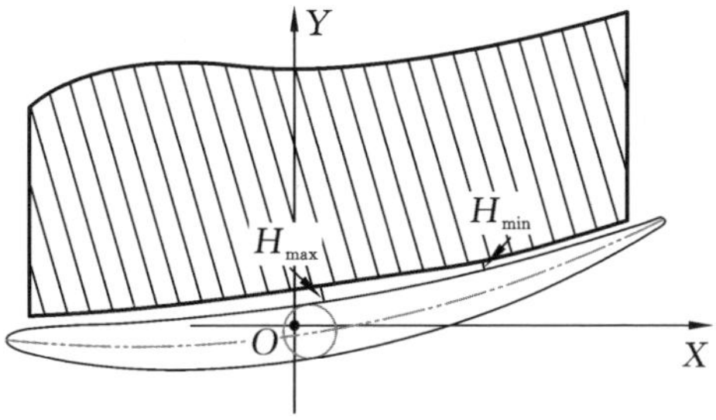

图2-10　叶盆检测过程中透光率的调整

保证叶型轮廓误差在各种比对状态下是最合理的,通常需要熟练的操作和成熟的经验,不断调整叶片扭转和样板移动,使得实际叶型与样板间的间隙为最小或者均匀,才能进行误差评判。

实际应用中,样板检测方法原理简单、应用方便,将其判定原则归纳如下:反复调整待测叶片的扭转和样板移动,观察样板与叶型之间的透光率,当透光率最小时的叶片空间位置才是进行叶型误差评定的依据,此时的评定结果才是最终的判定结果,反映的是实际的叶型误差。当叶片本身不合格时,通过调整使得叶身型面与样板间的透光率达到最小,此时对叶型误差进行评定,得到的误差超出了设计公差带,即为不合格;当叶片本身合格时,通过调整使得叶身型面与样板间的透光率达到最小,此时对叶型误差进行评定,得到的误差满足设计公差带要求,即为合格。透光率最小是作为误差最终评定的依据,在这种状态下得到的误差可能超差,也可能在公差内,只能根据此时的误差来判断叶片合格与否。

(3) 样板检测优缺点

基于以上分析可知,样板测具结构简单、体积小,检测时方便易行,不需要附加仪器仪表,尤其适用于加工现场使用,检测费用低。

从样板设计制作到检测过程,可将样板法的缺点和不足总结如下:

① 样板检测法对样板尺寸的精度要求高,导致测具的设计、制造较为困难。

② 检测速度慢、效率低,并且工作样板的定位条件(样板的偏斜、样板压向叶片叶身力量的大小等)对测得结果有影响。

③ 样板送进方向与叶型各处法线方向不一致,肋下余量与叶型法向余量有误差,样板检测的精度不高,一般用于工序间的型面检测。

④ 对于扭角太大,尤其是型线曲率大的叶片,样板测量困难,当曲率大到一定程度时,就

无法用样板进行测量。

⑤ 对于叶片种类特别多的场合不适合用样板进行检测。因为一个样板对应某叶片截面的一条型线，它们是一一对应的关系，叶片种类多造成样板数量也多，加上样板制造困难，不利于提高检测效率。

⑥ 采用这种检测方法很难得出叶盆和叶背轮廓在 Y-Y 轴线方向上的实际偏移值，因为叶背和叶盆轮廓在 X-X 轴线方向上的偏移、叶身扭角误差和被检验轮廓的形状误差也影响叶身在 Y-Y 轴线方向的偏移值。同时，样板检测法不能显示叶身扭转误差、X-X 轴线偏移量。

2.2.2 数字样板检测方法

针对标准样板法的不足，本书在其检测原理基础上，提出了一种数字样板检测方法。首先，在叶片 CAD 设计模型中提取数字样板，并建立数字样板与测量点之间确定的数学模型关系，模拟标准样板比对过程，最终评定叶型形位误差。

数字样板检测方法是参照实物样板检测原理，将实物样板数字化，手动匹配过程模型化，并赋予公差约束条件，最终由计算机自动优化求解，完成精确匹配的过程。其中，手动匹配过程的模型化即为数字样板匹配模型的建立和求解，是数字样板检测方法的核心。下文将数字样板检测方法归纳为三个主要过程：实物样板数字化、匹配过程模型化、误差评定过程自动化。

(1) 实物样板数字化

实物样板数字化是将传统的实物样板转换为 CAD 模型，以数字模型的方式进行样板比对和误差评定。由叶片设计模型构造的三维 CAD 模型包括了加工叶片完整的截面几何信息、基准信息，是数字样板法误差评定的模型基础，可以进行表面轮廓度分析、叶型特征参数和形位误差的分析和评定。

通常数据处理过程中不可避免会产生测量点补偿误差，为减少补偿带来的误差，可以采用测量点不补偿、叶身型面进行补偿的方法来建立叶片数字样板的特征型面。首先，基于叶片设计模型 Q 上提取叶盆 S_p、叶背曲面 S_b，沿曲面法矢 $\boldsymbol{n}$ 进行偏置处理(偏置距离为测头半径值 r)，得到叶盆叶背对应的补偿曲面 S_p' 和 S_b'，并在前后缘处延长 1～2 mm。然后，以曲面过渡连接前后缘，最终形成包含叶盆曲面特征和叶背曲面特征的一个片体模型 P，称为叶片的数字样板，如图 2-11 所示。

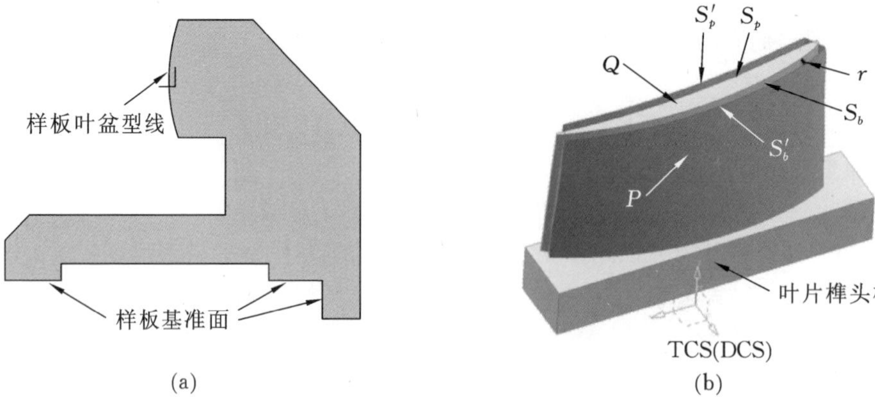

图 2-11 叶片的数字样板构造

(a) 实物样板模型；(b) 叶片的数字样板

实物样板数字化过程包含样板基准建立、数字样板构造、匹配型面选择、测量点集选择。

① 样板基准是建立数字样板的基础，也是叶片型面误差评定的前提条件。通常以检测图纸为准，参考设计模型坐标系 DCS，保证数字样板的坐标系 TCS 与叶片的设计坐标系 DCS 一致。

② 数字样板构造。导入叶盆与叶背设计数据点，采用拟合和延拓的方法构造封闭的截面自由曲线，通过蒙皮法得到理论型面；法向偏置构造样板型面，该片体模型即为叶片的数字样板 CAD 模型，如图 2-11 所示。

③ 匹配型面是数字样板匹配的理论参考型面。叶盆、叶背曲率变化缓慢，分布区域远大于前后缘区域，因此选择数字样板的叶盆面、叶背面为匹配型面。

④ 测量点集的选择影响着样板匹配的可靠性和准确性。由于叶片前后缘尺寸微小、曲率变化剧烈，测量容易出现跳点、重叠点和尖边点等畸变数据，使测得的叶片型面实际轮廓失真，严重影响叶型误差评定；叶盆、叶背曲率变化缓慢，测量点准确可靠。因此选取叶盆面、叶背面测量点作为样板检验测量输入数据。同时相邻截面间叶型的偏移和扭转控制着叶身型面的整体变形误差，要求所有检验截面上的叶盆叶背测量点参与匹配。

(2) 匹配过程模型化

在数字样板构造的基础上，通过匹配过程的模型化对测量数据和数字样板自动进行调整。目前大部分坐标配准方法会依据叶型参数选择特征点来实现。数字样板是包含叶盆、叶背曲面特征的片体模型，其坐标系与叶片 CAD 模型坐标系一致，在此基础上通过样板匹配获得叶型误差。

数字样板匹配过程如下：

① 首先依据原始设计模型提取叶盆、叶背特征曲面，构造数字样板模型；

② 对原始截面测量数据进行预处理，保证测量坐标系和数字样板坐标系一致；

③ 提取测量数据中的叶盆、叶背数据，并向对应的检验截面进行投影，获得匹配点集；

④ 求取数字样板与检验截面的截线，即为样板叶型或样板型线；

⑤ 建立样板匹配数学模型；

⑥ 求解模型并计算最终的叶型误差。

(3) 误差评定过程自动化

利用特征点提取算法提取叶型测量的特征点，并对关键尺寸进行误差评定。其中，叶型检测项目有弦长、弦角、安装角、叶片最大厚度、叶片前后缘的厚度、前缘到坐标轴距离、后缘到坐标轴距离、叶型轮廓度、积叠点的位置度误差、叶型扭转误差等。

2.2.3　测量数据预处理方法

针对数字样板法中的原始测量数据，通常需要进行数据预处理，获取真实有效的型面测量数据参与数字样板检测。数据预处理包括测量点去噪、测头半径补偿、坐标变换、测量点与曲面的配准、测量点排序等。数据处理的第一步，就是对得到的型面测量点进行去噪，筛选有效的测量数据。其次，CMM 测量得到的数据是测头球心数据，必须进行测头半径补偿。对于叶片测量时由装夹引起的系统误差，在样板匹配前必须通过坐标系对齐来消除。

(1) 数据去噪

在叶片 CMM 测量过程中，由于受测量方式、设备精度、叶片质量等因素的影响，极易造成测量数据噪声点的产生，尤其在叶身截面线进气边、排气边等曲率变化剧烈的部位，测量数据相当不可靠。这些数据点集中区域偏差较大的点或存在于屏幕上的孤点，一般称为噪声点。

噪声点对构造叶型型线影响很大，直接影响着误差结果的评定。从样板检测方式来看，是用其透光情况来检测型面的偏移和轮廓度，这一过程实际检测的是型线总体的质量，型面上局部位置透光状况不好可能对检测结果的影响不大，也不容易发现。但三坐标检测却不同，型面的三坐标检测是通过在型面上不同的位置采点来拟合整个型线，因此叶片型面上局部采点位置不好，就会使拟合后整个型线和叶片的真实型线相差很大，导致检测结果偏离真实值。因此，必须进行数据去噪。数据去噪就是针对型面原始测量数据，选择合适的去噪精度，筛选出异常数据，保证有效的测量数据。

最简单的去噪方法是通过人机交互删去带有明显尖峰的“坏点”。这种“坏点”幅值大、数量少，人机交互可以剔除它们。对于大范围的“数据云”的噪声过滤常用程序判断滤波、N 点平均滤波、区域平滑滤波、自适应滤波等方法。

目前叶片检测中为提高测量效率，普遍采用三维扫描测头。在前后缘区域进行扫描测量时，由于边缘探测要求，不可避免会引入冗余测量点，如图 2-12 所示。

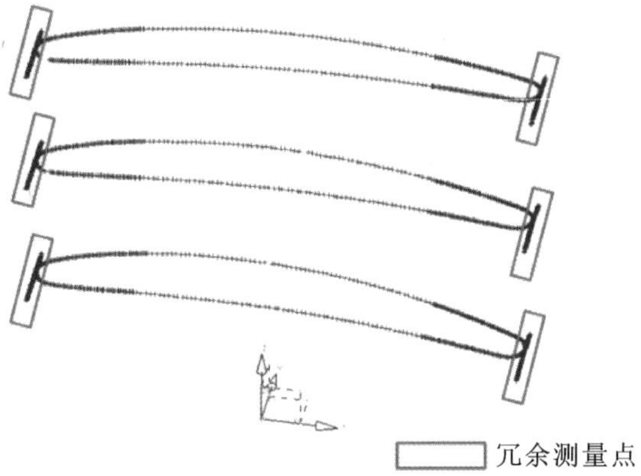

图 2-12　某叶片三个截面的扫描测量

为了分离叶型有效测量数据和冗余点数据，可以根据前后缘测量时的探针运动轨迹，采用直线求交，分离前后缘点。如图 2-13 所示，扫描测头沿着 $A—B—C—D—E$ 路径得到的扫描点是叶盆侧的测量数据，沿着 $F—D—G—B—H$ 路径得到的是叶背侧测量数据。

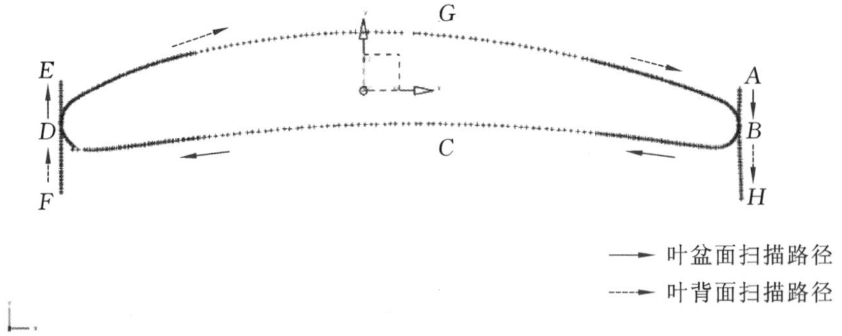

图 2-13　某截面的扫描测量路径

根据前后缘扫描测量路径，可知 AB、BH、FD、DE 四段为直线段，因此根据对应扫描点拟合直线求交，即可得到前后缘分界点 D 和 B，如图 2-14(a)所示。

然而，由于前后缘处尺寸微小，容易出现跳点、重叠点和尖边点等畸变数据，使测得的叶片型面实际轮廓失真，筛选出的边缘点不准确。因此结合扫描测量时的等距测量特性及前后缘曲率变化情况，采用一种距离约束的实测点搜索算法，如图 2-14(b)所示。搜索步骤如下：

① 选择扫描测量路径 A—B—C 为距离搜索的方向，记起始点 A 为搜索第一点 P_1，等距测量值为 d；

② 计算周围距离最近的点，记为搜索第二点 P_2，记录此时 P_1 与 P_2 间距离 d_1；

③ 计算 P_2 周围最近的点，且要满足 P_1 与 P_3 间距离 $|d_2-d_3|<0.3d$，记该点为搜索第三点 P_3；

④ 依次进行搜索得到路径 A—B—C 在后缘区域的测量点 P_1、P_2、…、P_k；

⑤ 插值计算过 P_1、P_2、…、P_k 的曲线 S_{abc}；

⑥ 同理，得到路径 G—B—H 在区域的测量点；

⑦ 插值计算得到曲线 S_{gbh}；

⑧ 两曲线求交所得交点即为后缘有效数据分界点 B。

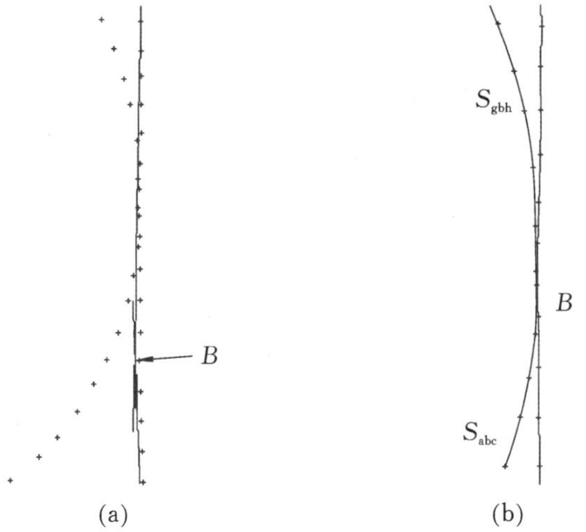

图 2-14　后缘点的筛选方法

(a) 拟合直线求交法；(b) 距离搜索法

(2) 坐标系对齐

测量坐标系的建立通常分为专用测具和通用测具。专用测具保证了测量基准与检测基准一致，无须进行坐标对齐；通用测具的原始测量坐标系与检测要求往往不一致，则需要通过配准方法使得对应的基准元素对齐，保证最终的测量坐标系与设计坐标系重合。测量坐标系建立时，首先分析叶身的三个基准面(榫头两侧面、榫头端面)的方向和位置，分清第一基准、第二基准、第三基准，顺序不能颠倒。根据基准顺序建立测量坐标系，保证测量基准与设计基准重合。

在测量叶片时，由于叶片测具误差，或叶片在测具上的装夹误差，导致实际检测坐标系与理论坐标系不重合，这样就会使计算的叶片叶型误差存在一个系统误差。这时需要先将测量坐标系下得到的测量数据转换到 CAD 坐标系下，再进行后续处理。常用方法是找出测量坐标系到 CAD 坐标系的转换矩阵，然后将测量坐标系 MCS 下的坐标数据通过与转换矩阵相乘得到 CAD 坐标下的测量数据。

已知测量点集为 **P**,所在的测量坐标系为 MCS,设计模型为 Q,所在的设计坐标系为 DCS,如图 2-15 所示。则坐标变换定义为测量坐标系到工件坐标系的刚体旋转变换和平移变换(R,T),其变换参数 $x=(\alpha,\beta,\gamma,\Delta x,\Delta y,\Delta z)^{\mathrm{T}}$。其中,$\alpha$、$\beta$、$\gamma$ 分别为绕 X_w、Y_w、Z_w 坐标轴的坐标分量,Δx、Δy、Δz 分别为沿 X_w、Y_w、Z_w 坐标轴方向的平移分量。

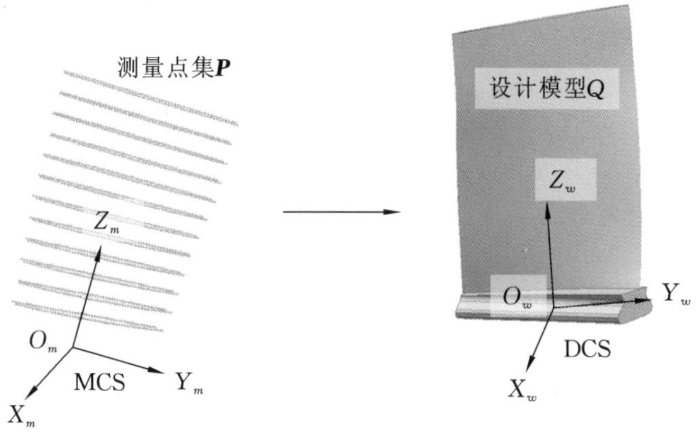

图 2-15 测量坐标系到设计坐标系下的坐标变换关系

旋转变换由旋转矩阵 **R** 表示:

$$\boldsymbol{R}=\boldsymbol{R}_z(\gamma)\cdot\boldsymbol{R}_y(\beta)\cdot\boldsymbol{R}_x(\alpha)=\begin{pmatrix}\cos\beta\cos\gamma & \sin\alpha\sin\beta\cos\gamma-\cos\alpha\sin\gamma & \cos\alpha\sin\beta\cos\gamma+\sin\alpha\sin\gamma\\ \cos\beta\sin\gamma & \sin\alpha\sin\beta\sin\gamma+\cos\alpha\cos\gamma & \cos\alpha\sin\beta\sin\gamma-\sin\alpha\cos\gamma\\ -\sin\beta & \sin\alpha\cos\beta & \cos\alpha\cos\beta\end{pmatrix} \tag{2-6}$$

平移变换由平移矢量 **T** 表示:

$$\boldsymbol{T}=(\Delta x,\Delta y,\Delta z)^{\mathrm{T}} \tag{2-7}$$

设 MCS 中的测量点集合为 $\boldsymbol{P}_i$,对其作坐标变换:

$$\boldsymbol{P}_i'=\boldsymbol{R}(x)\cdot\boldsymbol{P}_i+\boldsymbol{T}(x) \tag{2-8}$$

获得 DCS 下的测量点集合 $\boldsymbol{P}'=\{P_i'|i=1,\cdots,N\}$。

(3) 测头半径补偿

用一般的三坐标测量机进行测量时,得到的数据并不是测头所触及的表面点的坐标,而是测头球心的坐标值。在平面曲线中,除直线和圆之外的一切函数曲线,其测头圆心轨迹不再是同类型的函数曲线;在曲面中,除圆柱面、圆锥面、球面和平面之外的许多曲面,其测头球心轨迹曲面 S_0 也不再是同类型的曲面。因此评定复杂曲面和曲线与四项形状误差(直线、圆、平面、圆柱)不同,需要对这些数据进行测头半径补偿,转换为被测叶片表面的坐标值。

叶片由于受到曲面特征和结构的严格限制,检测精度受探测方向的制约,尤其是曲率变化剧烈的区域,如图 2-16 所示,探测方向直接影响着补偿曲面的精度。因此,选取测点的法向方向作为探测方向,通过法向进行补偿得到实际测量型面。

自由曲面的三维半径补偿通常是通过获取测量点的空间法线方向,或通过测量多截面,然后计算出三维半径补偿值。目前对三坐标测量机测量数据进行测头半径补偿的方法有:微平面法、平均矢量法、二次补偿采点法、三点共圆法、点距法、等距面法等。其中微平面法是在目标点的附近测量几个点来进行补偿的方法。

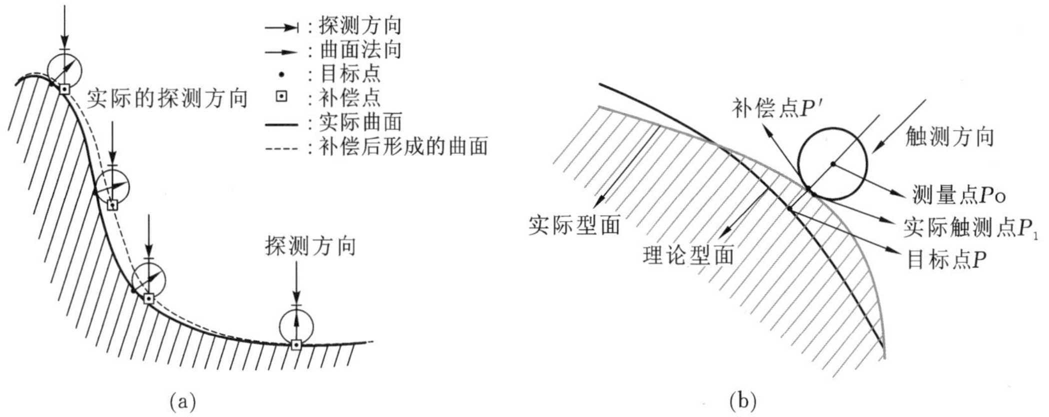

图 2-16　探测方向不同引起的半径补偿误差

(a) 沿探测方向补偿得到的实测曲面；(b) 沿理论法矢补偿得到近似真实值

2.3　带公差约束的数字样板匹配算法

在叶片型面误差的评定方面，由于叶型曲线本身的复杂性及多项形位误差的约束要求，使得各项形位误差评定无法使用统一的模型求解。目前，对于叶片曲面形状误差的评估，通常采取最佳拟合方法近似求解。这种方法缺少公差信息，只是数学模型上最小二乘函数的极值求解，并非最优解。ICP 算法作为形状误差评定中匹配算法的经典之一，算法简单、运算快，在此基础上发展的算法较多。然而，叶型的扭转、偏移、轮廓度三项误差间的相互耦合，使得叶型形位误差评定按照常用的 LSQ 方法得到的结果与标准样板方法并不完全一致。

2.3.1　数字样板法匹配流程

匹配过程的模型化是数字样板检测方法的核心，其基本流程如图 2-17 所示。在样板匹配前必须进行数据预处理，这是叶片型面误差评定的前提条件。因为在叶片测量过程中，测量坐标系的建立与叶片测量模式、叶片装夹角度以及定位精度等因素有关，叶身测量点与 CAD 模型之间不可避免地存在空间位置和角度上的差异，即测量坐标系与检测要求的坐标系不能完全一致。因此，需要对测量点与 CAD 模型之间的偏差进行校正，即对测量数据进行初定位，来保证测量坐标系 MCS 与数字样板坐标系 TCS 一致。

2.3.2　数字样板匹配模型建立

为限制所有截面测量点绕数字样板 Z 轴的扭转误差、在等 Z 截面内的偏移误差，本节提出了带约束的最小二乘目标函数以评定叶型形状误差，通过迭代求解，获得最终的匹配结果。

(1) 公差约束建立

公差约束条件是样板匹配数学模型的前提。由于叶型形状误差的评定是无基准误差评定，受到测量数据与数字样板的空间相对位置的影响，决定叶型测量数据空间位置的公差项都会影响轮廓度的评定。因此，分析叶型各项公差的相互影响机理，及对数字样板评定结果的影响，依据叶型设计公差和检测要求，建立合理的公差约束条件。

① 叶型关联公差分析

叶型检测图纸上绘制的叶型几何要素与榫头基准元素之间都是互相关联、互相制约、互相

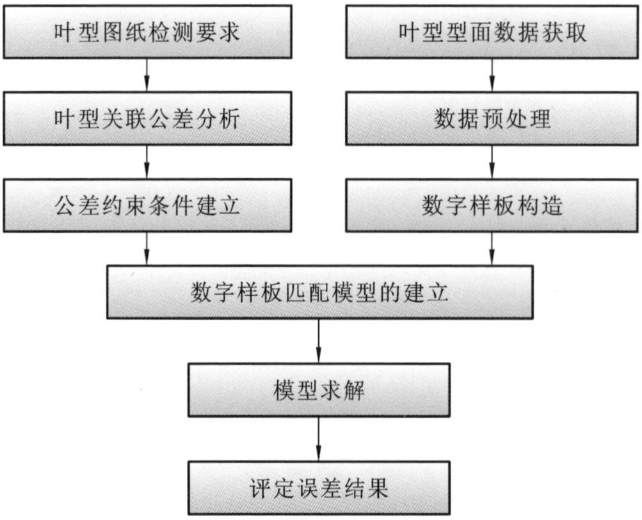

图 2-17　叶片数字样板匹配流程

补偿的，因此叶型误差检测的前提是保证叶型几何要素与榫头基准要素之间的理论正确位置，使得测量数据转换到图纸规定的检测基准上。

叶片型面公差包括叶型截面参数和截面形位公差，如图 2-18 所示。其中，截面形位公差项包括叶型的位置度公差、扭转公差、叶型轮廓度公差。叶型截面参数只反映叶型本身的尺寸，与叶型的空间位置无关，不会影响数字样板的检测过程；截面形位误差的评定通常利用测量点集与理论模型的最佳拟合运算来实现，与拟合算法的合理性密切相关，直接影响数字样板的检测结果。因此依据标准样板检测的原理，结合叶型公差设计意图，可知叶型轮廓度公差、扭转公差、位置度公差这三项形位公差相互影响，互相制约。

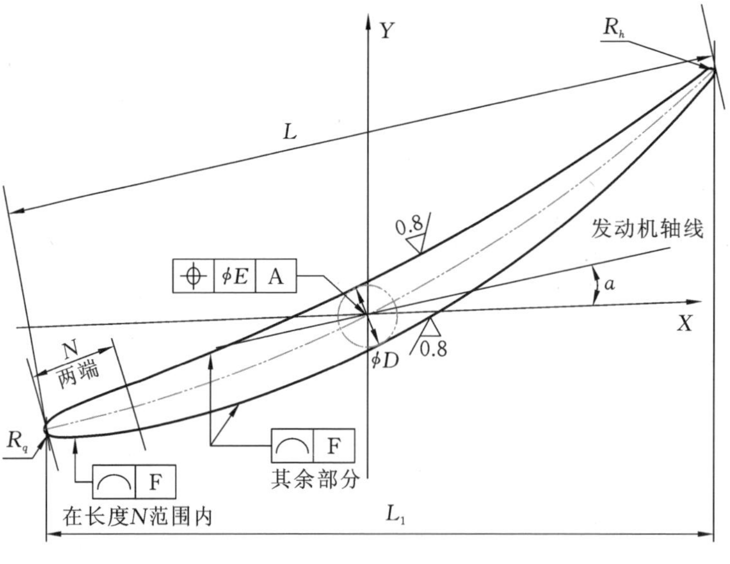

L—叶片弦长；L_1—叶片水平方向弦长；D—叶片最大厚度；R_q—前缘半径；R_h—后缘半径；a—叶片方向角
技术要求：允许各截面型线相对理论型线因变形而扭转在±H范围内。

图 2-18　叶型公差设计示意图

② 约束条件建立

根据叶片型面公差设计的各项要求，建立形位误差的协调约束条件，是数字样板匹配模型建立的基础，直接影响着样板评价的准确性。

数字样板法通过限制样板绕 Z 轴的整体扭转以及垂直于 Z 轴截面内的偏移量，来模拟标准样板的比对过程。扭转量对应于理论叶型的扭转公差；偏移量对应于理论叶型的位置度公差。数字样板法最终比对得到的误差结果，是以满足扭转和位置度公差条件下的叶型轮廓线最佳匹配状态为依据的。

假设在匹配过程中，测量点绕样板等 Z 截面内的扭转量为 γ，在检验截面内的偏移总量为 $\Delta\delta$，轮廓度误差为 μ。其中 λ 为叶型位置度公差(圆形公差带)，决定着叶型 X 与 Y 向偏移；θ 为扭转公差，h 为轮廓度公差(有多种类型，这里仅选取对称的叶型轮廓度表示方法)。公差设计要求如下：

$$\begin{cases} \Delta\delta^2 \leqslant \left(\dfrac{\lambda}{2}\right)^2 \\ -\dfrac{\theta}{2} \leqslant \gamma \leqslant \dfrac{\theta}{2} \\ -\dfrac{h}{2} \leqslant \mu \leqslant \dfrac{h}{2} \end{cases} \tag{2-9}$$

根据以上分析，以叶型轮廓度为最终检测目标、扭转和偏移作为约束条件来评价叶身型面质量，则建立如下公差约束条件：

$$\begin{cases} \Delta\delta^2 \leqslant \left(\dfrac{\lambda}{2}\right)^2 \\ -\dfrac{\theta}{2} \leqslant \gamma \leqslant \dfrac{\theta}{2} \end{cases} \tag{2-10}$$

(2) 数学模型建立

根据样板评定原则，数字样板比对过程中需要控制所有截面测量数据绕 Z 轴的扭转量，以及在等 Z 截面内的偏移量，以满足叶片检测时形位公差的相互要求。扭转量要限制在扭转公差带内，偏移量要限制在位置度公差带内。最终依据以上限制条件，寻找样板匹配后的最小轮廓度，即为最终评定的叶型轮廓误差。因此，依据样板叶型与匹配点集，参照公差约束条件，建立样板匹配数学模型。目标是在叶型的位置度公差和扭转公差范围内，尽可能把所有测量点都约束在叶片轮廓度公差带内。为此利用带约束条件的最小二乘方法建立数学模型，并对模型匹配参数进行优化求解，最终得到符合设计意图的叶型误差评定结果。

① 建立数字样板匹配模型

叶片截面测量数据与数字样板通过匹配，使得匹配点集与样板叶型在约束条件下达到最佳拟合状态，即叶盆叶背的叶型轮廓度误差为最小。其核心是在公差约束条件下的最佳拟合算法，通过求解匹配点集到样板叶型的最近点，计算匹配点集与对应最近点间的距离平方和，并不断调整匹配点集的空间位置，迭代计算两者的距离平方和，达到最小时即为最佳匹配状态，输出此时变换的平移量和扭转量。

已知预处理后的测量点集 $\boldsymbol{P}$ 和数字样板特征曲面 $\boldsymbol{Q}$。$\boldsymbol{P}_i$ 为第 i 个截面的测量点集(不全部位于同一个截面上)，$\boldsymbol{P}_i'$ 为 $\boldsymbol{P}_i$ 到第 i 个检验截面 $\boldsymbol{H}_i$ 上的投影点集，$\boldsymbol{P}'$ 为所有截面投影点的集合，即为匹配点集。q_i 为特征曲面 $\boldsymbol{Q}$ 与截面 $\boldsymbol{H}_i$ 形成的交线，即为样板叶型。q_i' 为 $\boldsymbol{P}_i'$ 到 q_i 距离最近的点，$\boldsymbol{Q}'$ 为所有截面 q_i' 的集合，即为目标匹配点集。数字样板匹配模型如图 2-19 所示。

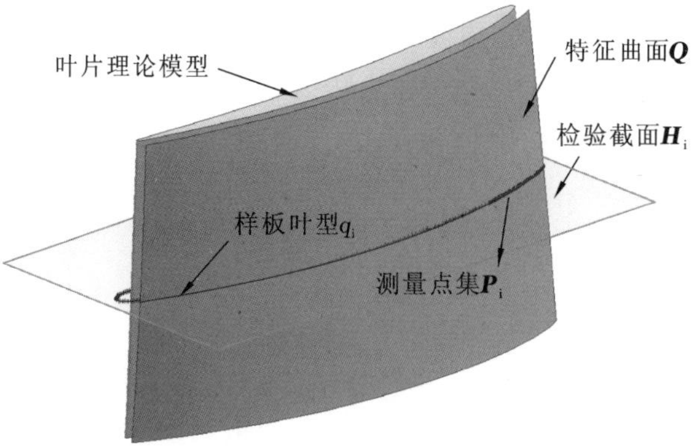

图 2-19　数字样板匹配模型

其中 $\boldsymbol{P}'_i=\{p_i^j\mid j=1,2,\cdots,N_i\}$，$p_i^j$ 为第 i 个检验截面中的第 j 个匹配点；$\boldsymbol{P}'=\{\boldsymbol{p}'_i\mid i=1,2,\cdots,M\}$；$\boldsymbol{q}'_i=\{\boldsymbol{q}_i^j\mid j=1,2,\cdots,N_i\}$，$q_i^j$ 为第 i 个样板叶型 q_i 上的第 j 个目标匹配点，该点为 p_i^j 对应于样板叶型 q_i 上的距离最近点；$\boldsymbol{Q}'=\{\boldsymbol{q}'_i\mid i=1,2,\cdots,M\}$；$\boldsymbol{n}_i^j$ 为点 q_i^j 在样板叶型 q_i 上的单位法矢。匹配点集与目标匹配点集如图 2-20 所示。

图 2-20　匹配点集与目标匹配点集

则定义距离函数：

$$d_i^j(x)=[\boldsymbol{R}(x)\cdot\boldsymbol{p}_i^j+\boldsymbol{T}(x)-\boldsymbol{q}_i^j)]\cdot\boldsymbol{n}_i^j \tag{2-11}$$

将上述距离函数的平方和定义为样板匹配的目标函数：

$$\min f(x)=\sum_{i=1}^{M}\sum_{j=1}^{N_i}d_i^{j2}(x)=\sum_{i=1}^{M}\sum_{j=1}^{N_i}[\boldsymbol{R}(x)\cdot\boldsymbol{p}_i^j+\boldsymbol{T}(x)-\boldsymbol{q}_i^j]^2 \tag{2-12}$$

其中 M 为检验截面个数，N_i 为第 i 个检验截面上的匹配点个数，坐标系变换矩阵 $\boldsymbol{R}$ 和 $\boldsymbol{T}$ 分别表示匹配点集绕 Z 轴的旋转矩阵及在 XOY 面内的平移矩阵：

$$\boldsymbol{R}(x)=\begin{pmatrix}\cos\gamma & -\sin\gamma & 0\\ \sin\gamma & \cos\gamma & 0\\ 0 & 0 & 1\end{pmatrix}$$

设模型匹配参数 $x=(\gamma,\Delta x,\Delta y)$，平移矢量 $\boldsymbol{T}(x)=(\Delta x,\Delta y,0)^{\mathrm{T}}$，匹配点 $\boldsymbol{p}_i^j=(x_i^j,y_i^j,z_i^j)^{\mathrm{T}}$，目标匹配点 $q_i^j=(x_i^{j\prime},y_i^{j\prime},z_i^{j\prime})^{\mathrm{T}}$，则目标函数为

$$\begin{aligned}\min f(x)&=\sum_{i=1}^{M}\sum_{j=1}^{N_i}(\boldsymbol{R}(x)\cdot\boldsymbol{p}_i^j+\boldsymbol{T}(x)-\boldsymbol{q}_i^j)^2\\&=\sum_{i=1}^{M}\sum_{j=1}^{N_i}\left(\begin{pmatrix}\cos\gamma & -\sin\gamma & 0\\ \sin\gamma & \cos\gamma & 0\\ 0 & 0 & 1\end{pmatrix}\cdot\begin{pmatrix}x_i^j\\ y_i^j\\ z_i^j\end{pmatrix}+\begin{pmatrix}\Delta x\\ \Delta y\\ 0\end{pmatrix}-\begin{pmatrix}x_i^{j\prime}\\ y_i^{j\prime}\\ z_i^{j\prime}\end{pmatrix}\right)^2\end{aligned} \tag{2-13}$$

$$= \sum_{i}^{M}\sum_{j=1}^{N_i}[(x_i^j \cdot \cos\gamma - y_i^j \cdot \sin\gamma + \Delta x - x_i^{j\prime})^2 + (x_i^j \cdot \sin\gamma + y_i^j \cdot \cos\gamma + \Delta y - y_i^{j\prime})^2]$$

② 建立约束条件

样板匹配以样板型线与匹配点集的最佳拟合为目标，建立如下约束条件 $C(x)$：

$$\begin{cases} \Delta r^2 \leqslant \left(\dfrac{\lambda}{2}\right)^2 \\ -\dfrac{\theta}{2} \leqslant \gamma \leqslant \dfrac{\theta}{2} \end{cases} \tag{2-14}$$

其中 $\Delta r^2 = \Delta x^2 + \Delta y^2$，$\Delta x$、$\Delta y$ 分别为匹配点集在等 Z 截面内的 X 向和 Y 向平移量，Δr 为等 Z 截面内的综合平移量。

③ 建立数学模型

依据约束条件和目标函数，建立样板匹配的数学模型：

$$\min f(x) = \sum_{i=1}^{M}\sum_{j=1}^{N_i}[(x_i^j \cdot \cos\gamma - y_i^j \cdot \sin\gamma + \Delta x - x_i^{j\prime})^2 + (x_i^j \cdot \sin\gamma + y_i^j \cdot \cos\gamma + \Delta y - y_i^{j\prime})^2]$$

$$\text{s. t.} \begin{cases} \Delta x^2 + \Delta y^2 \leqslant \left(\dfrac{\lambda}{2}\right)^2 \\ -\dfrac{\theta}{2} \leqslant \gamma \leqslant \dfrac{\theta}{2} \end{cases} \tag{2-15}$$

当目标函数在条件约束下达到最小值时，得到的定位变换称为最佳匹配变换(R^*，T^*)，对应的参数 $x^* = (\gamma^*, \Delta x^*, \Delta y^*)$ 则称为最佳匹配参数。

2.3.3　模型求解

该模型属于非线性规划中的优化求解问题，计算带约束条件的目标函数最小。算法流程如下：

步骤 1：根据 $\boldsymbol{P}'$ 和样板模型，求解匹配点到对应样板叶型的最近点，得到 M 个截面对应的目标匹配点集 $\boldsymbol{Q}'$。

步骤 2：求解初始匹配参数

$$X_0 = (\gamma_0, \Delta x_0, \Delta y_0) \tag{2-16}$$

并计算 $f(X_0)$。设计算误差极限 $\varepsilon > 0$；令 $k = 0$，$X_k^* = X_0$。

步骤 3：$k = k + 1$。

步骤 4：利用 DFP 或者 BFGS 算法求解带约束的匹配数学模型，得到第 k 次迭代的最优解 $X_k^* = (\gamma_k, \Delta x_k, \Delta y_k)$，判断 $|f(X_k^*) - f(X_{k-1}^*)| \leqslant \varepsilon$；若满足，则停止迭代，得到最优解 $x^* \approx X_k^*$，否则继续。

步骤 5：依据坐标变换式

$$(\boldsymbol{p}_i^j)_{k+1} = \boldsymbol{R}(X_k^*) \cdot (\boldsymbol{p}_i^j)_k + \boldsymbol{T}(X_k^*) \tag{2-17}$$

求解 $k+1$ 次迭代计算所需的匹配点 $(p_i^j)_{k+1}$，并计算对应的目标匹配点 $(q_i^j)_{k+1}$。

步骤 6：根据式

$$\begin{cases} \Delta\delta^2 \leqslant \left(\dfrac{\lambda}{2} - \sqrt{\Delta x_k^2 + \Delta y_k^2}\right)^2 \\ -\left(\dfrac{\theta}{2} - \gamma_k\right) \leqslant \gamma \leqslant \dfrac{\theta}{2} - \gamma_k \end{cases} \tag{2-18}$$

更新约束条件 $C(x)$，返回步骤 3。算法流程图如图 2-21 所示。

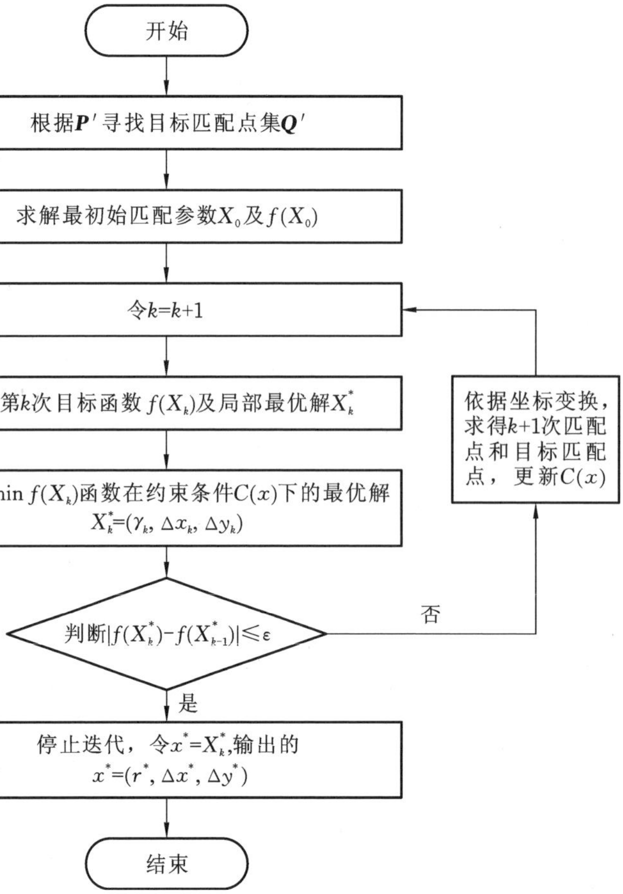

图 2-21　算法流程图

2.4　基于检测数据的叶片特征参数提取与误差计算

2.4.1　叶型公差定义

叶片型面包含前缘、后缘、叶盆、叶背四个区域。当叶片处于工作位置时，前缘是迎着气流的叶身边缘部分，后缘是顺着气流流出的边缘部分，叶背是叶身的吸力面，叶盆是压力面，如图2-22(a)所示。本书的叶型型线定义为连接前缘、叶盆型线、后缘、叶背型线的闭合曲线。

中弧线是指由叶身截面线内切圆圆心构成的连续曲线，是叶身截面线的关键参数之一。叶身截面的多个参数，如几何进口角、几何出口角、安装角等，都是由中弧线确定。在叶身的高质量造型中，以中弧线定义了四个特征点：前缘点(T_3)、后缘点(T_1)、叶盆最厚点(T_2)、叶背最厚点(T_4)。其中，后缘点为延拓后的中弧线与后缘区域交点，前缘点为延拓后的中弧线与前缘区域的交点，叶盆、叶背最厚点分别为叶身截面线最大内切圆与叶盆、叶背型线的切点，如图2-22(b)所示。

叶片型面的形状误差检测一般采用三坐标测量机沿着截面设计曲线进行，其叶型公差设计严格按照航空行业标准规定。根据设计图纸要求，目前的叶型设计公差采用等截面的方法给出，分别规定了叶身各个截面的特征参数和形位误差。其中，叶型特征参数包括弦长、最大厚度、前后缘半径等；形位误差包括叶型轮廓度误差和位置度误差，位置度误差又分为扭转误差和偏移误差。叶片型面公差设计如图2-23所示。

(a)

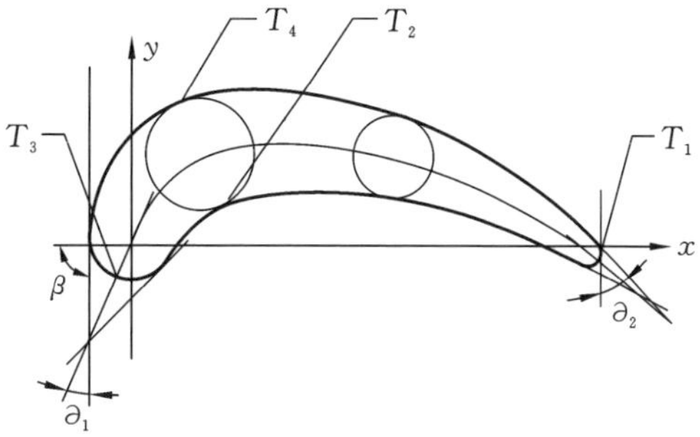

(b)

图 2-22　叶型特征及中弧线

(a) 叶型四部分特征;(b) 叶型截面型线及中弧线

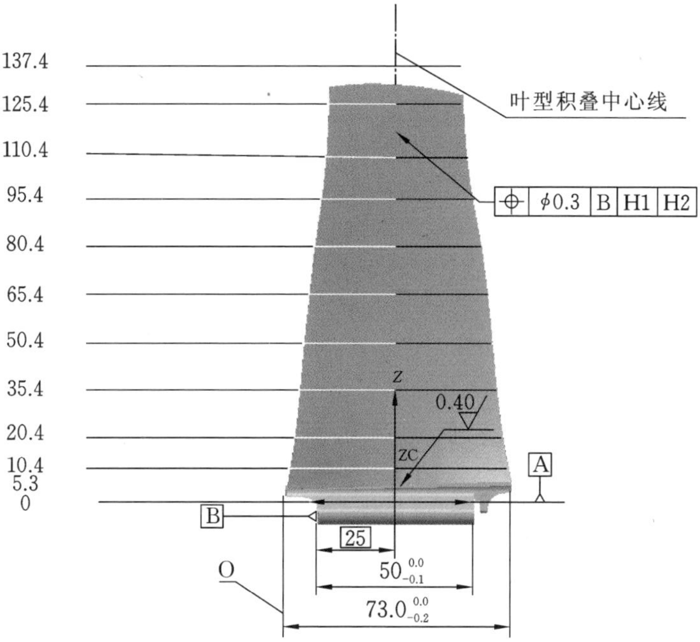

(a)

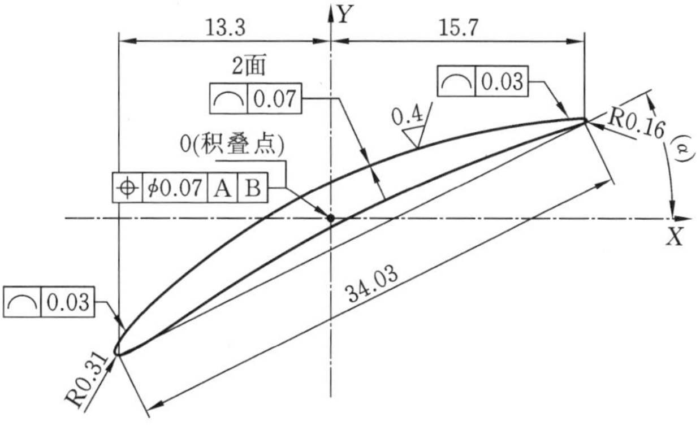

(b)

图 2-23　叶型公差设计实例

(a) 叶片叶型检测要求;(b) 叶型截面公差设计

在目前的检测图纸规定中，截面参数误差和叶型形位误差都进行了限定，需要根据每项公差的定义方法分别进行计算和分析。这种方法层次清晰、分明，可分析单项误差的变化规律，更加贴近检测要求。企业利用CMM测量机软件进行叶型检测，可以输出分项误差报告，报告形式如表2.1所示，其中，* 号部分为未超差部分。

表2.1 某叶片的测量报告

	实测值	理论值	偏差	上公差	下公差	超差
弦线角	−2:52:01	−3:33:18	+0:40:17	+0:15:00	−0:15:00	+0:25:17
弦长	34.093	34.043	0.05	0.4	−0.4	— * -------
前缘半径 R_1	0.291	0.261	0.03	0.04	−0.04	— * -------
后缘半径 R_2	0.118	0.131	−0.013	0.04	−0.04	— * -------
最大厚度 C	3.005	2.997	0.029	0.1	−0.1	— * -------
指定厚度 C_2	2.176	2.197	0.021	0.05	−0.03	— * -------
前缘距离 X_1	13.791	15.328	−1.538	0.2	−0.2	−1.338
后缘距离 X_2	20.302	18.715	1.587	0.2	−0.2	1.387
积叠点 X	−0.54	0	−0.54	0.1	−0.1	−0.44
积叠点 Y	0.09	0	0.09	0.1	−0.1	— * -------
扭转角	−0:25:50	+0:00:00	−0:25:50	+0:12:00	−0:12:00	−0:13:50
轮廓度	0.07	0.07	0	0	0	— * -------

在等高法测量叶片时，测量坐标系与叶片理论截面线数据坐标系重合，当测量数据点直接与理论截面线比较得出的误差是一个综合误差，包括截面线轮廓度误差、扭转误差、偏移误差。由于叶片图纸给出的是多项误差，要判断叶片是否合格，必须对各项误差分别进行评判。而在计算误差项之前，需要充分理解叶型特征参数的定义和形位公差的公差带。

(1) 叶型厚度

1)边缘厚度

边缘厚度是指叶片截面上某一点的厚度，通常是从边缘沿中线取某一距离处的厚度，如图2-24所示。

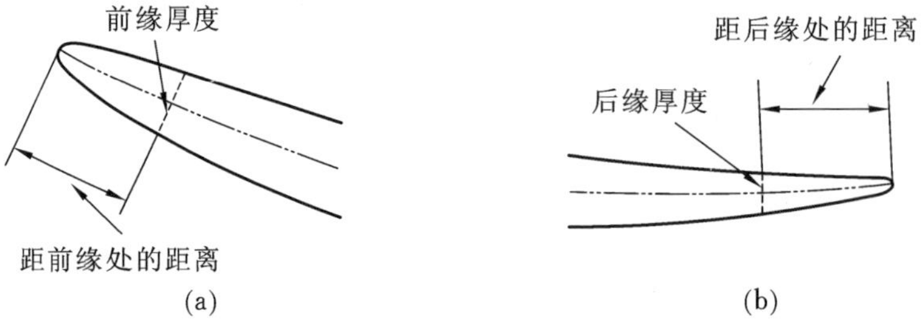

图2-24 边缘厚度

(a) 前缘厚度；(b)后缘厚度

2）最大厚度

最大厚度是指叶片截面的最大厚度，通常是通过计算截面的最大内切圆的直径得到最大厚度，如图 2-25 所示。

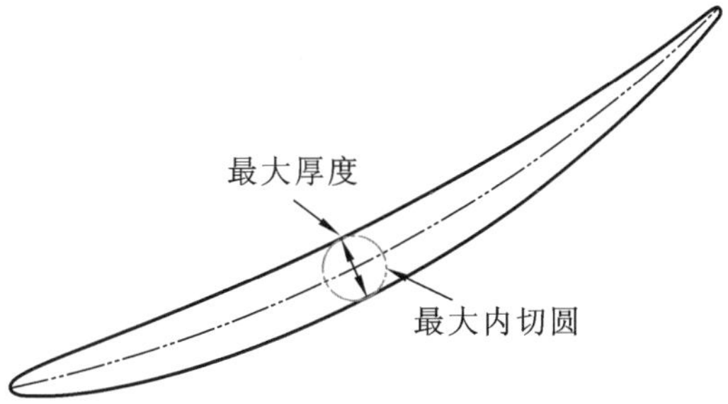

图 2-25　最大厚度

（2）弦长

1）基本弦长（Basic Chord）

粗略地可以看作是前缘点与后缘点之间的距离，这叫基本弦长或真实弦长，如图 2-26 所示。

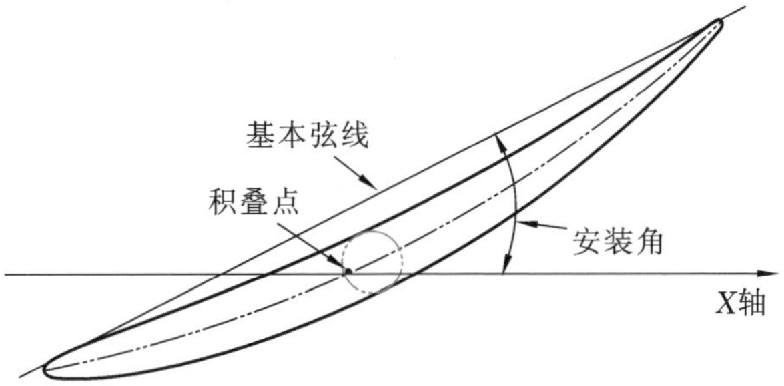

图 2-26　基本弦长

2）投影弦长

通过前缘极点与后缘极点，分别向基本弦线作垂线，基本弦线上两个垂足间的距离，为投影弦长，如图 2-27 所示。

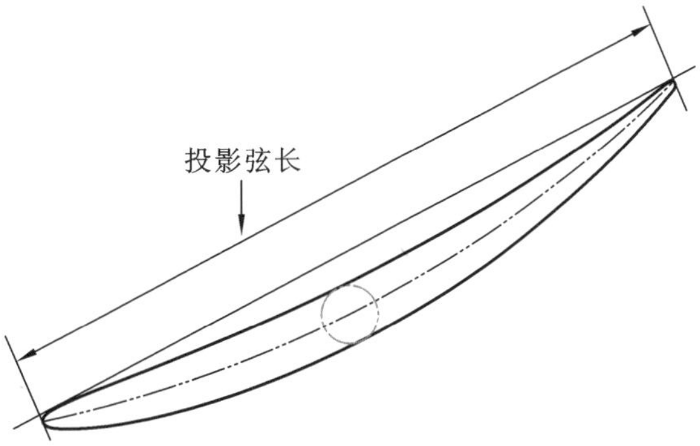

图 2-27　投影弦长

3）最大弦长

最小包容叶片截面的圆，其直径是最大弦长，如图 2-28 所示。

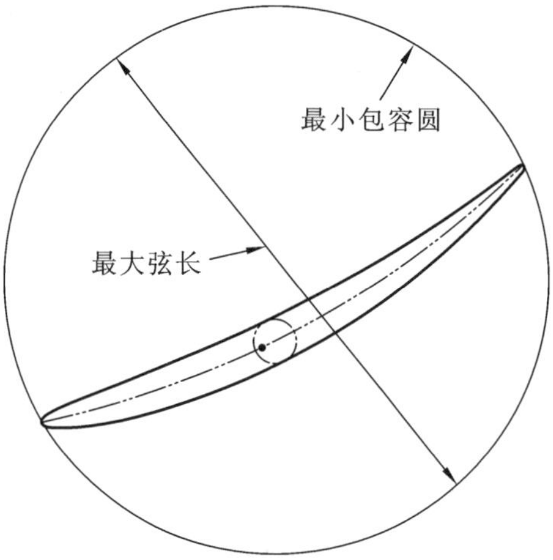

图 2-28 最大弦长

4）切线弦长

一条线与叶盆上只有两个接触点，一个点靠近前缘点，一个点靠近后缘点，两点之间的距离叫切线弦长或 CALIPER 卡钳弦长，如图 2-29 所示。

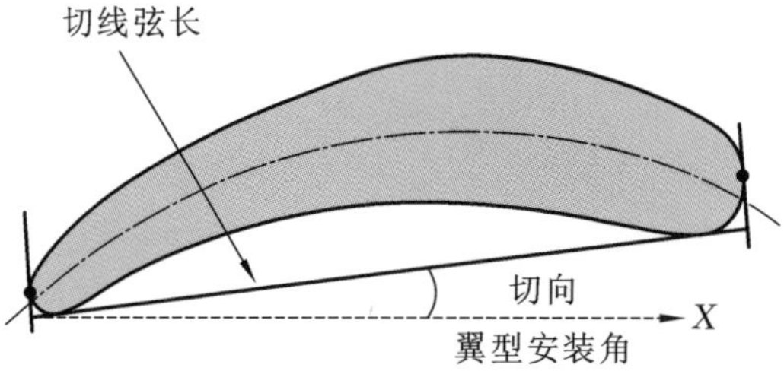

图 2-29 切线弦长

（3）边缘半径

边缘半径包括前缘半径、后缘半径，如图 2-30 所示。

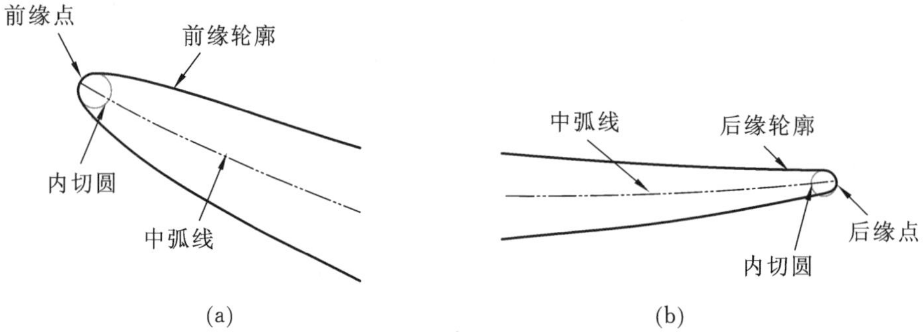

图 2-30 前后缘半径

(a) 前缘半径；(b) 后缘半径

(4) 线轮廓度

截面线轮廓度是指叶片实际截面型线对理想型线所允许的变动全量，控制叶片截面形状精度，即如果测量点在公差带内，叶片截面线轮廓度合格；如果有测量点在公差带外，叶片截面线轮廓度超差。轮廓度有恒值轮廓度和变值轮廓度，视叶片精度决定。变值轮廓度一般针对前缘和后缘，轮廓度误差要求更小；有的叶片对轮廓度有正负之分，负轮廓度要求实际加工叶片只能比理论叶片薄，而正轮廓度要求实际加工叶片只能比理论叶片厚。

根据叶片轮廓度的不同要求其公差带也是不同的，图 2-31(a)所示是一般叶片截面线轮廓度公差带，上偏差线与下偏差线分别与理论截面线等距，距离为轮廓度公差的一半；图 2-31(b)所示是叶片截面线正轮廓度公差带，下偏差线是理论截面线，上偏差线是理论截面线向外等距线，距离为轮廓度公差；相应地，叶片截面线负轮廓度公差带，上偏差线是理论截面线，下偏差线是理论截面线向内等距线，距离为轮廓度公差。有的叶片截面线轮廓度是变公差带，如图 2-31(c)所示，在轮廓度要求变化的位置有一段过渡区域。

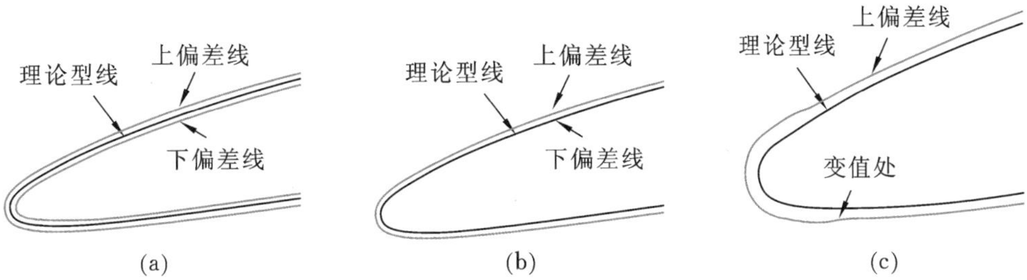

图 2-31　叶型轮廓度公差带示意图

(a) 对称轮廓度公差带；(b) 正轮廓度公差带；(c) 变值轮廓度公差带

(5) 位置度

叶片截面积叠点的位置度控制叶片的弯曲变形，以测量点与叶片模型对齐时测量点沿坐标轴的 X 向、Y 向偏移来表示。图 2-32 中位置度 ϕE，它的公差带是直径为 ϕE 的圆，即叶片弯曲变形后，控制每个截面积叠点不能超出直径为 ϕE 的圆，如图 2-32(a)所示。当图纸给出的位置度公差是不带直径符号 ϕ 时，其位置度公差带为正方形，即控制每个截面积叠点不能超出边长为 E 的正方形，如图 2-32(b)所示。

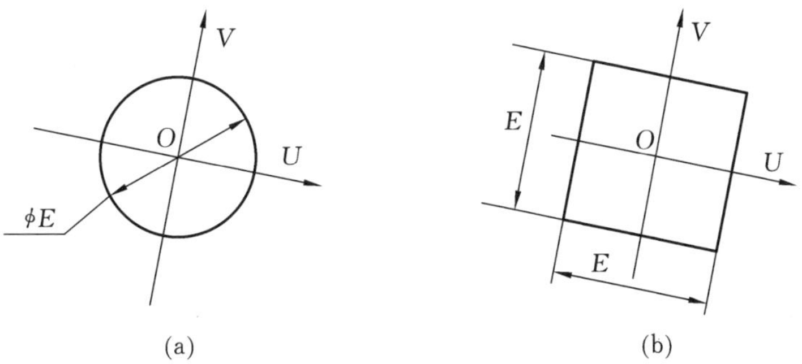

图 2-32　叶片截面积叠点位置度公差带

(a) 圆形公差带；(b) 方形公差带

（6）扭转公差

为了降低根部截面的离心拉应力，通常将长叶片设计成大扭曲度变截面叶片，叶片沿叶高按要求扭曲成型以适应沿径向速度的变化。由于叶型厚度从叶片根部到顶部逐渐减小，其扭曲变形量也沿叶高方向变化，即叶片的根部扭曲变形量最小，顶部扭变量最大，因此必须对各个截面的扭曲进行严格控制。

叶片扭转公差控制叶片扭转变形，以测量点与叶片模型对齐时测量点沿积叠轴的旋转量来表示。这种要求一般在技术条件中给出，通常允许各截面型面对理论型面因变形而扭转的范围为对称的。

2.4.2　叶型误差计算

叶型误差包括特征参数和形位误差，其中特征参数提取算法较成熟，而形位误差相互耦合、互相影响，评定复杂，主要采用最小二乘方法。测量直接得到的数据点，直接导入 CAD 模型后计算的叶型误差一般偏大，必须进行配准计算，才能得到合理的叶型轮廓度误差、扭转度误差、位置度误差。叶型误差一般定义为 CAD 模型上面理论点到实际测量模型上对应点的法线方向上的距离。但事实上，很难知道 CAD 模型上面哪个点是与测量点相对应的，所以该定义并不准确。在计算误差过程中，将测量点用样条函数进行拟合，比较该样条函数曲线与实际截面线之间的误差最大值，然而在计算过程中仍然需要离散取得样条函数曲线上的点，然后才能计算该点与理论截面的距离。因此，出现反复离散和拟合，导致叶型误差累积。针对叶型各项误差的计算，常用的方法有叶型面轮廓度的综合误差评价方法、叶型特征参数提取方法、形位误差计算方法。

（1）面轮廓度评价

自由曲线的形状误差检测一般采用面轮廓的方法评价，采用数据对齐的方法保证测量模型与理论模型的最佳拟合，以此分析曲面偏差。根据国家标准 GB/T 1958—2004 和国际 ISO 1101 的规定，最小条件是评定线轮廓度、面轮廓度误差的基本原则。但在实际执行中，为了测量方便，在满足轮廓要求前提下，允许采用指定若干截面内的线轮廓度来代替面轮廓度误差。面轮廓度误差测量常用的方法有仿形法、截面法和坐标测量法，前两者的测量精度都不高。目前自由曲面零件的精度检测多利用坐标测量法，再使用三坐标测量机进行质量评定。

面轮廓度是限制空间曲面轮廓形状的一项指标。其公差带是包容一系列直径为公差值 E 的球的两包容面之间的区域，且球心在理想轮廓面上，如图 2-33 所示。面轮廓度有两种情况：无基准要求的面轮廓度和有基准要求的面轮廓度。故其公差带有大小和形状要求，位置可能固定，也可能浮动。无基准要求时，理想轮廓面（线）用尺寸并加注公差来控制，这时理想轮廓面（线）的位置是不定的（形状公差），有基准要求的理想轮廓面（线）用理论正确尺寸并加注基准来控制，这时理想轮廓面（线）的位置是唯一的，不能移动（位置公差）。

叶片型面面轮廓度评定属于无基准要求，因此目前大部分采用的是用最佳拟合的方法实现数据定位。利用最近点求解距离的方法，对叶片型面测量点进行误差计算，求出最大最小误差值，其和即为面轮廓度。其实质是计算曲面外一点到曲面距离最小的点。

下面给出叶片曲面的面轮廓度的计算公式：

如图 2-34 所示，测量点 $\boldsymbol{P}_i\ (X_i, Y_i, Z_i)$ 投影到叶片理论型面上的点为 $\boldsymbol{P}_i'(X_i, Y_i, Z_i)$，$\boldsymbol{P}_i'$在曲面 $\boldsymbol{S}$ 上的法矢为 $\boldsymbol{N}_i(I_s, J_s, K_s)$，则根据 $\boldsymbol{P}_i\boldsymbol{P}_i'$ 与 $\boldsymbol{N}_i$ 的点积 $\boldsymbol{S}_{p,n}$ 的正负可以判定测量点在理论

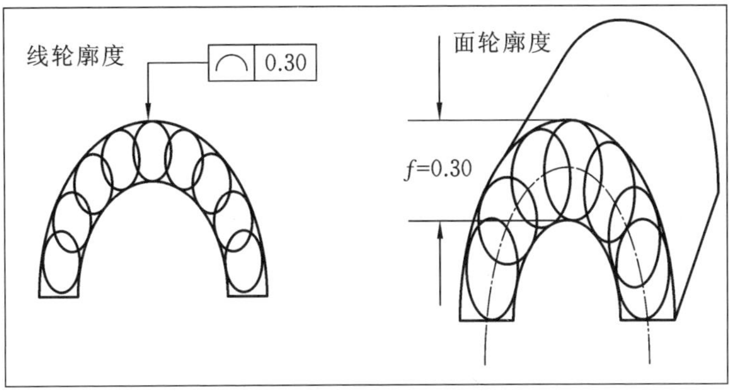

图 2-33　轮廓度评定示意图

曲面外部或内部，从而得到各测量点的误差符号 δ。

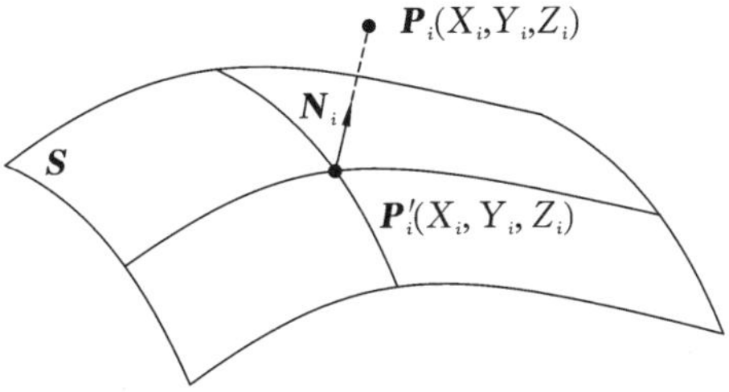

图 2-34　点到曲面距离示意图

测量点的点乘关系如下：

$$S_{p,n}=\boldsymbol{P}_i\boldsymbol{P}_i' \cdot \boldsymbol{N}_i \tag{2-19}$$

则测量点的误差符号

$$\delta=\begin{cases}-1,当\ S_{p,n}>0\\0,当\ S_{p,n}=0\\1,当\ S_{p,n}<0\end{cases} \tag{2-20}$$

求出测量点到曲面的距离 d_i，则各测量点的误差值 E_i 为 $E_i=d_i\times\delta$，最后的面轮廓度即为 $\varepsilon=E_{\max}-E_{\min}$。

(2) 截面特征参数提取

叶型截面特征参数决定着叶型的各项特征尺寸要求，目前国内对特征参数的提取算法研究较多。从航空发动机叶片尺寸检验的需求出发，基于测量数据的叶片截面参数分析，一般有弦线、前后缘半径、最大厚度、中弧线等参数的提取方法。

1) 弦线提取

弦线为叶型截面上与叶盆前缘、后缘相切的一条直线。在弦线提取的基础上，可以计算各种弦长。叶身截面 CMM 测量数据为有序数据，可以通过多边形凸包算法来提取弦线。弦线提取技术的关键是获取弦线与叶盆前缘、后缘的切点，经过预处理的叶型轮廓测量点为有序的二维点，且无自交，故可视为多边形，而叶盆即为这个多边形上最大的“凹包”。

根据叶片的特性，该“凹包”的端点可视为待求的切点。为了判断出所有“凹包”中跨度最大的那个，计算轮廓凸包中相邻两点的距离，距离最大的点即为跨度最大的“凹包”端点，该端点就是弦线与叶片轮廓的切点，具体提取方法如下：

① 采用多边形凸包算法获取轮廓测量点的凸包，将凹点作一标记，连续的凹点称为凹陷。

② 逐个计算轮廓凸包点中相邻两点的距离，获取距离最大的相邻两凸包点。

③ 过这两点作直线即为弦线，并计算弦倾角。首先计算弦线与坐标轴的夹角，再通过变换得到弦线与发动机轴线的夹角，即为弦倾角。

④ 将轮廓测量点向弦线投影，投影长度即为弦线长度。

2）缘头提取

叶片缘头为叶型截面上两段与叶盆、叶背曲线相切的对应圆弧，缘头尺寸对叶片的气动性能有着重要的影响。因此，在叶片检测过程中，对该区域的形状和位置误差的评定要求十分严格，但叶盆、叶背曲线为两条自由曲线，精确确定叶片缘头的准确位置和范围非常困难。针对常用的圆弧形缘头，目前已有研究采用基于半径误差的方法，给出了针对测量数据的缘头提取方法。近年来越来越多的实验和数值研究显示，采用非圆弧形前缘（例如椭圆形前缘）可以明显改善叶片的气动性能，对椭圆形缘头的提取技术研究也较多。

在提取缘头半径方面，首先需要判断是用圆拟合还是用椭圆拟合，然后采用合适的拟合方法；得到合适的拟合方法后，确定缘头的边界，得到缘头的精确参数和范围，并将截面轮廓分割为叶盆、叶背、前缘、后缘四个部分。

3）最大厚度提取

截面最大厚度为截面中弧线上最大内切圆的直径。该直径与叶盆上一点到叶背曲线距离的最大值或叶背上任意一点到叶盆曲线距离的最大值是一致的。

在计算最大厚度时，要求叶盆、叶背数据点较密，使得提取精度能够满足要求。如果只要求提取最大厚度，而不要求提取前后缘，则不用得到前后缘的精确范围后再提取最大厚度。此时可直接利用坐标极值点，将叶片截面轮廓大致分成叶背所在部分以及叶盆所在部分，即可进行最大厚度的提取计算。叶片最大厚度是指一系列叶身截面内切圆中的最大内切圆的直径，但提取最大厚度并不需要计算这一系列的叶身截面内切圆。因为根据简单的数学关系可知，该最大内切圆的直径就是叶盆曲线与叶背曲线的最大间隙。而在数据较密的情况下，曲线可以用一系列的离散点来表示。

(3) 形位误差计算

叶型形位误差实际包括叶型轮廓度误差与位置误差的累积。轮廓度误差，即形状误差，通常根据这些测量点，拟合出测量型线，然后与理论型线进行对比，在一定的匹配原则下计算得到。叶型位置误差则是通过提取相关辅助要素，并与理论位置进行比对得到。而叶型空间位置的变化直接影响着叶型形状误差的大小，叶型形状误差与位置误差是相互关联的，不能单独进行评定，可以在样板匹配模型基础上进行评定。

1）叶型轮廓度计算

叶型轮廓度决定着叶型的形状误差，通常计算测量点到截面设计曲线的法向距离。但三坐标测量机测量叶片型面时，触测点不可能正好对应于设计点上。所以，首先必须搜索与测量点距离最近的设计曲线，然后在测量点附近的曲线区域寻找与测量点距离最近的点。因此叶片型面形状误差的评定可归结为点到截面设计曲线距离的计算。

目前，叶型轮廓度的计算方法主要是依据检测图纸规定的检测剖面位置，将测量点投影到该剖面上，然后将投影点数据拟合成一条闭合的实际型线，通过对比实际型线与理论型线之间的位置关系，使得两者间的偏差最小，此时的型线偏差就是叶型轮廓度，即投影法计算轮廓度。这种计算方法受叶身曲面的曲率变化影响很大。

假设叶身曲面 $\boldsymbol{S}$，测量点为 $\boldsymbol{P}_i$，对应截面的曲面点为 $\boldsymbol{Q}_i$，曲面点 $\boldsymbol{Q}_i$ 的切平面为 $\boldsymbol{P}_t$，测量点 $\boldsymbol{P}_i$ 在检验剖面上的投影点为 $\boldsymbol{P}_i'$，如图 2-35 所示。根据叶身曲面 $\boldsymbol{S}$ 的曲率变化情况，投影法得到的测量点误差可能与实际的误差值近似相等[如图 2-35(a)]，可能比实际的大[如图 2-35(b)]，也可能比实际的小[如图 2-35(c)]，投影结果直接影响最终线轮廓度的评定结果。$\boldsymbol{P}_i\boldsymbol{Q}_i$ 为测量点的实际轮廓误差，$\boldsymbol{P}_i'\boldsymbol{Q}_i'$ 为测量点投影后的轮廓误差。

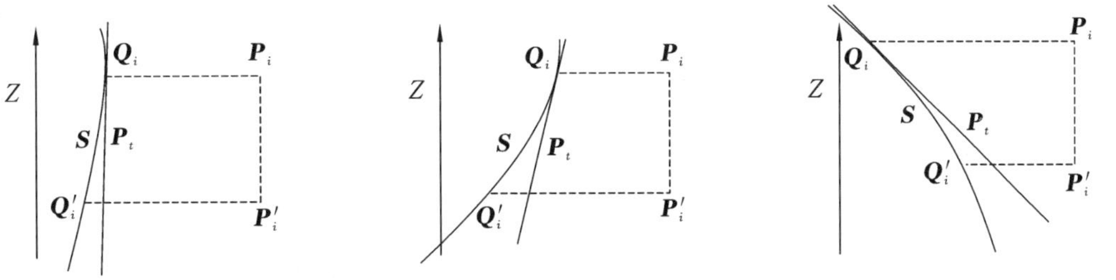

图 2-35　投影法计算叶型轮廓度

(a) 曲面法矢与 Z 轴垂直；(b) 法矢与 Z 轴呈负夹角；(c) 法矢与 Z 轴呈正夹角

2）扭转误差计算

通常将叶型单个截面看作一个刚体来计算扭转量和平移量，认为弯扭变形对叶片的截面形状不产生影响。下面介绍两种不同的方法来计算单个叶型截面的扭转误差。

① 直接计算弦线间的夹角。根据坐标系对齐后的截面测量数据，确定前后缘点，分离叶盆叶背区域点，然后在叶盆区域提取实际叶型的弦线，与理论叶型的弦线直接比对，两者夹角即为扭转误差。这种方法计算简单，但是受到测量点的密度、采点质量的影响，导致误差较大。

② 根据叶型截线最佳匹配结果计算。在叶型形状分析中，目前采用最佳匹配算法进行形状误差的计算。依据截面最佳匹配状态求出的旋转量即为叶型的扭转误差。如果是迭代计算，扭转误差为每次迭代变换后总的扭转量。迭代计算时，以理论形心为轴心将测量数据点转到与 CAD 模型截面线重合度最大，此时所需要的角度即为扭曲度，通常取两前、后缘圆心连线的夹角为扭曲度误差。

$$e_\theta = -\sum_{i=1}^{k} \lambda_\theta^i \tag{2-21}$$

其中，k 为迭代次数，λ_θ^i 为每次迭代测量数据绕坐标原点旋转角度。

3）位置度误差计算

依据最佳匹配结果求出的平移量即为叶型的偏移误差，据此可计算出叶型位置度。

$$D = 2\sqrt{\left(\sum_{i=1}^{k} \lambda_x^i\right)^2 + \left(\sum_{i=1}^{k} \lambda_y^i\right)^2} \tag{2-22}$$

其中，k 为匹配迭代次数，λ_x^i 为每次迭代测量数据沿 X 轴的移动距离，λ_y^i 为每次迭代测量数据沿 Y 轴的移动距离。

上述数字样板匹配方法可以作为叶型误差的求解方法，以此进行迭代求解。不同于单个截面误差的分析，数字样板匹配方法是针对所有叶型截面的测量数据，同时与数字样板匹配型面进行带约束的匹配变换，以此求出的扭转量作为最终的扭转误差，以此求出的平移量作为最终的位置度误差。按照样板匹配方法来进行计算，迭代求解测量点到数字样板型面的距离，减少了叶型拟合比对过程中的精度损失，提高了误差结果的准确性。同时为消除评定模型带来的计算误差，在投影计算轮廓度的方法基础上，提出直接评定轮廓度的方法。

2.4.3 直接计算轮廓度法

投影法计算叶型线轮廓度，算法成熟、应用较广，然而受叶身曲面的曲率变化影响很大。因此，从叶型轮廓度公差的设计意图出发，下面介绍依据测量点直接计算轮廓度的方法。叶片截面型线轮廓度公差带如图 2-36 所示，在检测剖面上公差设计是一致的，是为了保证叶身整个型面在每个高度截面上的型线形状都在设计的公差带内。因此，经过数字样板匹配后的测量点集，每一个点所对应的截面线轮廓度反映的是真实的型面轮廓状况，直接进行计算，不再进行投影求取同一截面内投影点的轮廓误差。

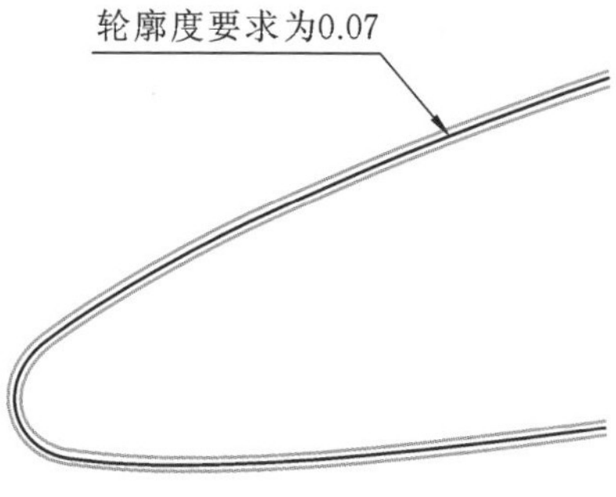

图 2-36 叶片截面型线轮廓度公差带

直接计算法是依据实际测量点寻找对应截面型线上的最近点，求出测量点到最近点的距离，即为该点的轮廓度误差。设测量点为 P_i，对应型面上最近点 SP_i，单位法矢 $\boldsymbol{n}(i,j,k)$，与叶身截面夹角为 θ，过 SP_i 的切平面与过 P_i 的截面交于 Q_{ii}。由于 SP_i 所在截面与测量点 P_i 所在截面 A_0' 距离远小于 P_iP_i'，SP_i 点单位法矢与 Q_i 点近似相等，因此 P_i 到对应截面型线的最小距离 P_iQ_0 可以看作是 P_iQ_i，如图 2-37(a)所示。过 SP_i 点，并平行于其法向，同时与叶型截面相垂直做一平面，即为剖视图，如图 2-37(b)所示。因此，可以计算出单个测量点的轮廓度误差 h 如下：

$$\tan\theta=\frac{k}{\sqrt{i^2+j^2}} \tag{2-23}$$

$$P_iQ_{ii}=P_iSP_i\times\cos\theta=P_iSP_i\times\sqrt{i^2+j^2} \tag{2-24}$$

$$h=P_iQ_i\approx P_iQ_{ii} \tag{2-25}$$

计算步骤如下：

① 在最佳匹配的基础上，求出匹配点 P_i 对应样板曲面上的最近点 SP_i 及法矢 $\boldsymbol{n}$；

② 按照以上计算公式，计算 P_iQ_{ii}；

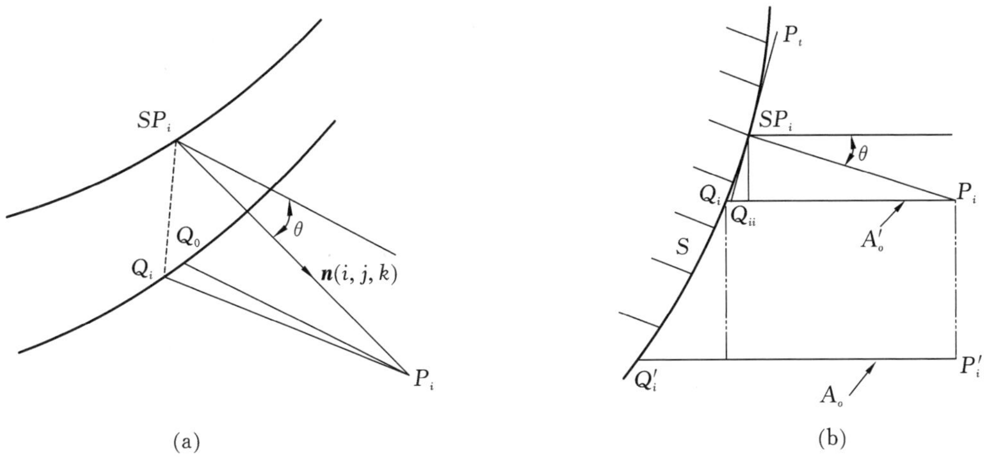

图 2-37　直接法计算叶型测量点误差

(a) 三维空间表示；(b) 剖视图表示

③ 计算$\boldsymbol{SP_iP_i}\cdot\boldsymbol{n}\geqslant 0$,则为正值,否则为负；

④ 求取单个截面匹配点的误差最大值和最小值,计算单个截面的叶型轮廓度,即为最大误差与最小误差的差值；

⑤ 最后计算所有截面的对应轮廓度,其中最大值即为整个叶片的叶型轮廓度。

参考文献

[1] 透平机械现代制造技术丛书编委会. 叶片制造技术[M]. 北京:科学出版社,2002.

[2] 俞学兰,叶佩青. 航空发动机压气机叶片型面检测技术[J]. 航空制造技术,2007(11):46-48.

[3] 胡述龙. 基于数字样板的叶片加工误差评定方法研究[D]. 西安:西北工业大学,2013.

第 3 章 自适应定位与余量优化

基于数字化检测的叶片定位是为适应叶片类零件装夹方位及余量分布的变化而提出的一种计算机辅助定位方式。这种定位方式通过曲面特征点集的测量，由定位算法的求解确定叶片零件的精确位置，同时实现加工余量的自适应优化。其中，曲面测量的主要方式有加工中心在线检测和三坐标测量。这种定位方式不需要设计专用的夹具，在降低制造成本的同时，减少了人工操作，能够大大提高叶片类零件定位、加工的精度及效率。

在叶片类零件的复合制造工艺背景下，迫切需要采用这种简单、柔性、精密的自动定位方式。然而，由于叶片毛坯形状及余量分布各不相同以及可能存在的不同程度的工艺变形，现有的单一优化模型及求解算法远不能满足要求。实际上，几种常用的定位方式，如常规定位、包容定位以及混合包容定位均可能存在于各类叶片零件的定位中。

基于此，本章以“数学建模+模型求解”的形式，对叶片类零件的装夹定位及加工余量优化的方法进行详细介绍。针对叶片毛坯的工艺特性，介绍了一种加工余量自适应优化的统一数学模型，并将定位问题划分为三类典型问题，依次给出了系统的定位优化求解方法。首先，为解决无余量叶片的定位问题，结合配准点集选取，利用迭代最近点算法进行定位变换求解，并给出了叶片定位实现流程。然后，拓展至单个带余量叶片的包容及混合包容问题，构建层次定位优化策略，控制了不同类型叶片毛坯加工的定位基准及余量分布。最后，以焊接式整体叶盘为对象，给出了叶盘加工余量的自适应优化方法。

3.1 加工余量自适应优化的统一数学模型

现有的工件定位与余量优化方法大多针对特定的零件类型构造相应的配准定位及余量优化目标函数，通过开发不同的寻优算法进行目标函数的求解，从而达到解决问题的目的。但是对于叶片类零件而言，数控加工毛坯的形状复杂多样，余量分布也各有不同，导致自动定位方式存在很大的差异，无法采用现有的单一优化模型及算法进行求解。本节首先详细介绍了加工余量自适应优化的统一数学模型，并以无余量叶片、带余量叶片和变形叶片组为对象，将定位问题划分为三类典型问题逐一进行讨论。

3.1.1 测量点集定位变换

如图 3-1 所示，设 $O_m-x_my_mz_m$ 为测量坐标系，$O_w-x_wy_wz_w$ 为工件坐标系，则定位变换定义为测量坐标系到工件坐标系的刚体旋转变换和平移变换$(\boldsymbol{R},\boldsymbol{t})$，其变换参数为 $\boldsymbol{x}=(\alpha,\beta,\gamma,\Delta x,\Delta y,\Delta z)^{\mathrm{T}}$。其中，$\alpha$、$\beta$、$\gamma$ 分别为绕 x_w、y_w、z_w 坐标轴的旋转分量，Δx、Δy、Δz 分别为沿 x_w、y_w、z_w 坐标轴方向的平移分量。

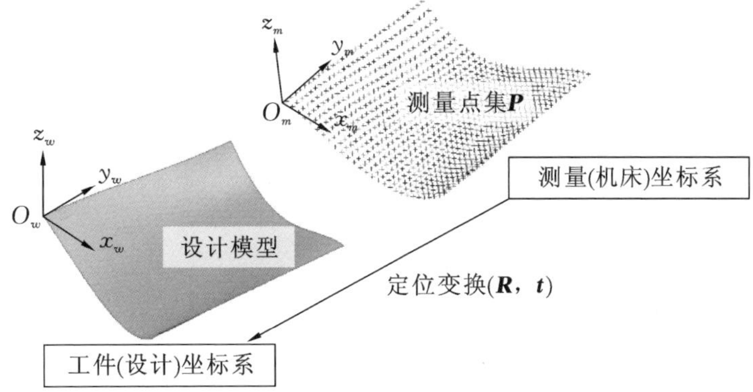

图 3-1　测量坐标系到工件坐标系的定位变换关系

旋转变换由旋转矩阵 $\boldsymbol{R}$ 定义：

$$\boldsymbol{R}=\boldsymbol{R}_z(\gamma)\cdot\boldsymbol{R}_y(\beta)\cdot\boldsymbol{R}_x(\alpha)=\begin{pmatrix}\cos\beta\cos\gamma & \sin\alpha\sin\beta\cos\gamma-\cos\alpha\sin\gamma & \cos\alpha\sin\beta\cos\gamma+\sin\alpha\sin\gamma\\ \cos\beta\sin\gamma & \sin\alpha\sin\beta\sin\gamma+\cos\alpha\cos\gamma & \cos\alpha\sin\beta\sin\gamma-\sin\alpha\cos\gamma\\ -\sin\beta & \sin\alpha\cos\beta & \cos\alpha\cos\beta\end{pmatrix} \tag{3-1}$$

平移变换由平移矢量 $\boldsymbol{t}$ 定义：

$$\boldsymbol{t}=(\Delta x,\Delta y,\Delta z)^{\mathrm{T}} \tag{3-2}$$

设测量坐标系中的测量点集合为 $\boldsymbol{P}=\{\boldsymbol{p}_i\,|\,i=1,\cdots,N\}$，对其作定位变换：

$$\boldsymbol{p}_i'=\boldsymbol{R}(\boldsymbol{x})\cdot\boldsymbol{p}_i+\boldsymbol{t}(\boldsymbol{x}) \tag{3-3}$$

即得到工件坐标系内的测量点集合 $\boldsymbol{P}'=\{\boldsymbol{p}_i'\,|\,i=1,\cdots,N\}$。

3.1.2　加工余量优化模型

如图 3-2 所示，对工件设计表面进行等精度离散，并在工件设计表面上寻找测量点集合 $\boldsymbol{P}'=\{\boldsymbol{p}_i'\,|\,i=1,\cdots,N\}$的对应点集合 $\boldsymbol{Q}=\{\boldsymbol{q}_i\,|\,i=1,\cdots,N\}$。

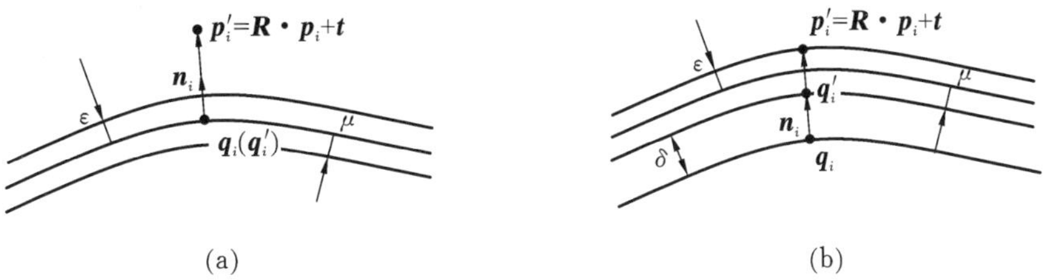

图 3-2　距离函数定义示意图

(a)无余量：$\delta=0$；(b)带余量：$\delta>0$

其中，$\boldsymbol{q}_i$ 为工件设计表面上与 $\boldsymbol{p}'_i$ 对应的最近点。设工件设计表面在 $\boldsymbol{q}_i$ 点的单位法矢为 $\boldsymbol{n}_i$，$\delta\geqslant 0$ 为工件加工表面余量(或半径补偿量)，则通过下列等距变换可得到与工件设计表面点集合 $\boldsymbol{Q}$ 等距的加工表面点集合 $\boldsymbol{Q}'=\{\boldsymbol{q}'_i\,|\,i=1,\cdots,N\}$。

$$\boldsymbol{q}'_i=\boldsymbol{q}_i+\delta\cdot\boldsymbol{n}_i \tag{3-4}$$

根据工件坐标系内的对应点 $\boldsymbol{p}'_i$ 和 $\boldsymbol{q}'_i$，定义法向距离函数：

$$d_i(\boldsymbol{x})=(\boldsymbol{p}'_i-\boldsymbol{q}'_i)\cdot\boldsymbol{n}_i=[(\boldsymbol{R}(\boldsymbol{x})\cdot\boldsymbol{p}_i+\boldsymbol{t}(\boldsymbol{x}))-\boldsymbol{q}_i]\cdot\boldsymbol{n}_i-\delta \tag{3-5}$$

将上述距离函数的平方和定义为目标函数：

$$f(\boldsymbol{x}) = \sum_{i=1}^{N} d_i^2(\boldsymbol{x}) = \sum_{i=1}^{N} \{[(\boldsymbol{R}(\boldsymbol{x}) \cdot \boldsymbol{p}_i + \boldsymbol{t}(\boldsymbol{x})) - \boldsymbol{q}_i] \cdot \boldsymbol{n}_i - \delta\}^2 \tag{3-6}$$

同时，定义约束条件 $G(\boldsymbol{x})$：

$$\boldsymbol{x} \in D = \{\boldsymbol{x} \mid -\mu \leqslant g(d_i(\boldsymbol{x})) \leqslant \varepsilon, i = 1,2,\cdots,N\} \tag{3-7}$$

从而，建立加工余量自适应优化的统一数学模型：

$$\begin{cases} \min f(\boldsymbol{x}) = \sum_{i=1}^{N} \{[(\boldsymbol{R}(\boldsymbol{x}) \cdot \boldsymbol{p}_i + \boldsymbol{t}(\boldsymbol{x})) - q_i] \cdot \boldsymbol{n}_i - \delta\}^2 \\ \text{s.t. } \boldsymbol{x} \in D = \{\boldsymbol{x} \mid -\mu \leqslant g(d_i(\boldsymbol{x})) \leqslant \varepsilon, i = 1,2,\cdots,N\} \end{cases} \tag{3-8}$$

在上述模型的约束条件中，D 为参数 $\boldsymbol{x}$ 的可行域，由偏离加工余量 δ 所定义的等距面的距离分布控制函数 $g(d_i(\boldsymbol{x}))$ 及其上、下偏差 ε 和 μ 定义（$\varepsilon \geqslant 0, \mu \geqslant 0$）。当目标函数达到最小值时，得到的定位变换（$\boldsymbol{R}^*, \boldsymbol{t}^*$）称为最优定位变换，对应的参数 $\boldsymbol{x}^*$ 则称为最优变换参数，其分量可按下列方法求出：

记旋转矩阵 $\boldsymbol{R}^* = \begin{pmatrix} r_{11} & r_{12} & r_{13} \\ r_{21} & r_{22} & r_{23} \\ r_{31} & r_{32} & r_{33} \end{pmatrix}$，平移矢量 $\boldsymbol{t}^* = (t_x, t_y, t_z)^{\mathrm{T}}$，则

$$\alpha = a\tan\left(\frac{r_{32}}{r_{33}}\right), \beta = a\tan\left(\frac{r_{31}}{\sqrt{r_{32}{}^2 + r_{33}{}^2}}\right), \gamma = a\tan\left(\frac{r_{21}}{r_{11}}\right) \tag{3-9}$$

$$\Delta x = t_x, \Delta y = t_y, \Delta z = t_z \tag{3-10}$$

当式（3-9）分母为 0 时，约定 $a\tan\left(\frac{\pm r}{0}\right) = \pm\frac{\pi}{2}$，$r$ 为任意实数。

加工余量优化统一数学模型与数字化检测中的配准原理类似，优化后的定位变换（$\boldsymbol{R}^*, \boldsymbol{t}^*$）刻画了测量坐标系相对于工件坐标系的位置关系；反之，定位逆变换（$(\boldsymbol{R}^*)^{-1}, -(\boldsymbol{R}^*)^{-1} \cdot \boldsymbol{t}^*$）则刻画了工件坐标系相对于测量坐标系的位置关系，由此能够确定定位基准，并通过约束条件同时保证加工余量的自适应优化分布。

3.1.3 三类典型定位问题

根据叶片类零件的结构工艺特点及余量分布，将其归纳为以下三类典型定位问题。

（1）无余量叶片定位问题

这类定位问题一般不定义约束条件，也称为常规定位或快速定位问题，对应可行域称为常规定位可行域 $D_0 = \{\boldsymbol{x} \mid \boldsymbol{x} \in \boldsymbol{R}^6\}$。其关键在于配准点集的选取和算法的求解。例如，在加工叶片某特征（如精锻叶片的阻尼台或橼板）时，利用已完成精加工的无余量叶身进行定位，以保证加工的一致性和连接处光滑过渡。

（2）带余量叶片定位问题

这类定位问题也称为包容定位问题。若存在已完成加工表面，但其又不足以可靠地约束零件方位时，与常规定位问题混合，演变为混合包容定位问题。例如，带余量的叶片毛坯或粗加工后的叶片加工定位，即属于此类问题。解决这类问题的关键是找出毛坯测量点与设计模型的对应点之间的刚体变换，并通过约束条件，使得设计模型尽量均匀地嵌在毛坯中，保证余量分布均匀。若考

虑叶片加工的受力分析，还可施加余量非均匀分布的约束。一般采用迭代优化方法，反复比较毛坯测量曲面与设计曲面间的偏差，进行定位优化问题求解。

针对这类问题，定义约束条件为以下几种形式：

① 区域公差约束条件 $G_1(\boldsymbol{x})$

$$\boldsymbol{x} \in D_1 = \{\boldsymbol{x} \mid -\mu_i \leqslant d_i(\boldsymbol{x}) \leqslant \varepsilon_i, i = 1,2,\cdots,N\} \tag{3-11}$$

其中，当 $\delta = 0$ 时，区域范围为设计曲面，而 $\delta > 0$ 时区域范围为设计等距曲面；$\mu \geqslant 0, \varepsilon \geqslant 0, -\mu$ 表示对应点所在区域下偏差，ε 表示区域上偏差。

② 余量存在约束条件 $G_2(\boldsymbol{x})$

$$\boldsymbol{x} \in D_2 = \{\boldsymbol{x} \mid d_i(\boldsymbol{x}) \geqslant 0, i = 1,2,\cdots,N\} \tag{3-12}$$

其中，$\delta = \delta_{\min}$ 表示毛坯的最小加工余量，它是约束条件 $G_1(\boldsymbol{x})$ 的特殊形式。

③ 余量非均匀分布约束条件 $G_3(\boldsymbol{x})$

$$\boldsymbol{x} \in D_3 = \{\boldsymbol{x} \mid d_i(\boldsymbol{x}) \geqslant 0 \text{ 且 } -\mu \leqslant h(d_i(\boldsymbol{x})) \leqslant \varepsilon, i = 1,2,\cdots,N\} \tag{3-13}$$

其中，$h(d_i)$ 为非均匀余量分布函数，$\mu = \varepsilon = \varepsilon_0$ 为足够小的某一正常数。

④ 余量均匀分布约束条件 $G_4(\boldsymbol{x})$

$$\boldsymbol{x} \in D_4 = \{\boldsymbol{x} \mid d_i(\boldsymbol{x}) \geqslant 0 \text{ 且 } -\mu \leqslant d_i(\boldsymbol{x}) - \frac{1}{N}\sum_{i=1}^{N} d_i(\boldsymbol{x}) \leqslant \varepsilon, i = 1,2,\cdots,N\} \tag{3-14}$$

其中，$\mu = \varepsilon = \varepsilon_0$ 如上定义，它是非均匀分布的特殊情形。

图 3-3 给出了各类约束条件间的层次变化关系及对应的可行域包容关系。其中，常规定位是余量优化的基础，而在余量存在的情形下，还可进一步约束余量均匀分布或余量非均匀分布。随着定位至余量优化层次的提高，可行域空间逐渐缩小，甚至可能为空集，具体的求解过程将在 3.4 节中详细讨论。

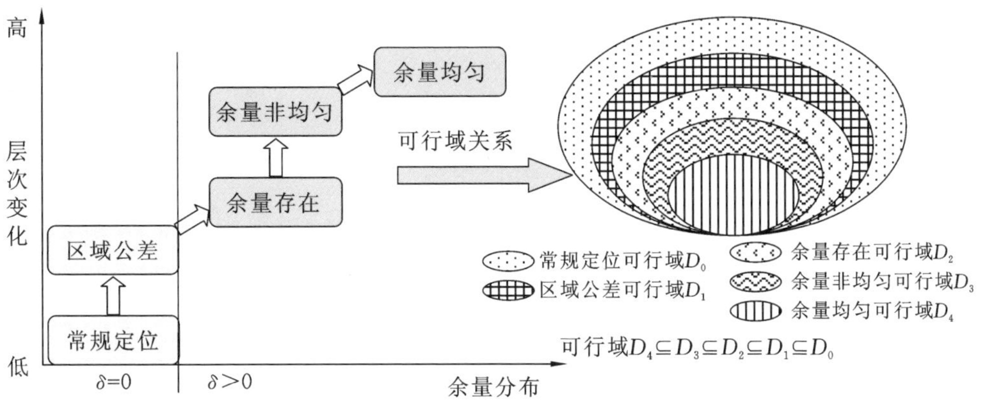

图 3-3　约束条件定义示意图

(3) 变形叶片组定位问题

这类问题涉及整体结构的叶片类零件加工中一组带余量、变形的叶片定位，是三类定位问题中最为复杂的。以焊接式整体叶盘为例，由于焊接变形引起的各个叶片变形存在差异，在保证焊接毛坯与设计模型方位配准的同时，还必须增加单个叶片余量分布尽可能均匀的约束条件，有时甚至需要采用分组定位的方法，很大程度上增加了优化算法求解的难度。

3.2 无余量叶片零件的快速定位方法

无余量叶片定位不考虑加工误差及余量分布的约束，是一种简单迅速的定位方式，广泛应用于叶片零件的复合制造工艺中，如精锻叶片阻尼台加工。受限于精锻工艺的水平，目前的叶片阻尼台均无法精锻成形，必须采用数控加工的方式实现其精密加工。此时，依赖于无余量叶身曲面进行定位。然而，现有的专用叶身固定夹具设计及装夹过程困难，需要工艺人员娴熟的操作，导致目前的定位精度与效率较低，有时甚至无法满足加工精度的要求。而利用加工中心的在线检测功能，预先测量叶身曲面上的少数定位点，开发定位优化算法即能获得准确的定位基准，保证后续阻尼台的精密加工。

为此，本节以精锻叶片阻尼台加工为例，介绍一种无余量叶片的定位方法。通过建立无余量叶片定位数学模型，探讨基于 CAD 模型的配准点集选取方法，并应用奇异值分解求解定位变换参数。最后，从自适应数控加工角度出发，介绍具体的叶片定位实现流程。

3.2.1 无余量叶片定位数学建模

无余量叶片定位数学模型不包含任何形式的约束条件，是加工余量优化统一模型的特殊形式，由已完成加工曲面的测量点完全确定定位变换。令加工余量 $\delta = 0$，则距离函数式(3-5) 可简化为

$$d_i(\boldsymbol{x}) = \| (\boldsymbol{R}(\boldsymbol{x}) \cdot \boldsymbol{p}_i + \boldsymbol{t}(\boldsymbol{x})) - \boldsymbol{q}_i \| \tag{3-15}$$

从统一模型式(3-8) 中推导无余量叶片定位的数学模型：

$$\min f(\boldsymbol{x}) = \sum_{i=1}^{N} d_i^2(\boldsymbol{x}) = \sum_{i=1}^{N} \| (\boldsymbol{R}(\boldsymbol{x}) \cdot \boldsymbol{p}_i + \boldsymbol{t}(x)) - \boldsymbol{q}_i \|^2 \tag{3-16}$$

该模型为无约束的优化模型，可行域为任意六维实数空间 $D_0 = \{\boldsymbol{x} \mid \boldsymbol{x} \in \boldsymbol{R}^6\}$。由于不考虑加工误差及余量分布的约束，这是最为简单的叶片定位方式，下面介绍模型(3-16) 的具体求解方法。

3.2.2 数学模型求解

由于叶片定位与数字化检测配准原理的通用性，本节采用迭代最近点(ICP) 算法进行叶片定位模型求解。ICP 算法是最为典型的基于表面点集的配准方法，其实质是通过求取最小平方和来减小每一次迭代过程中对应点集的平均误差，以及通过查找最近邻点来减小对应点对之间的距离。ICP 算法的收敛效率与参与配准的数据点集相关。

设集合 P 与集合 Q 为两个待配准数据集，ICP 算法主要分为以下三个步骤：

步骤 1：对于集合 P 中的每一个点在集合 Q 中找到最近点；

步骤 2：计算对应点对间的最小均方误差；

步骤 3：将点集 P 变换到新的位置，重新计算最小均方误差。

反复迭代上述三步，直到满足迭代停止条件。ICP 算法的优点是：① 具有较强的通用性，可用于曲线、曲面等几何形状的配准，并且能够获得精确的结果；② 不需进行导数估计或者特征提取。但是，算法要求一个集合应该是另一个集合的子集，并需要经过加速才能实现较快地配准。

因此，为了使待配准模型之间的位置与方位足够接近，保证 ICP 配准算法的收敛性，首先要

进行工件预定位(预配准) 处理。

(1) 预定位

利用基于对应特征点的模型配准方法实现叶片零件的预定位,使得测量数据与设计模型尽可能地接近。

如图 3-4 所示,设点$\boldsymbol{p}_1$、$\boldsymbol{p}_2$、$\boldsymbol{p}_3$ 为测量点集中不共线的三点,与其对应的设计模型上三个参考点分别为$\boldsymbol{q}_1$、$\boldsymbol{q}_2$、$\boldsymbol{q}_3$,通过将三个测量点$\boldsymbol{p}_1$、$\boldsymbol{p}_2$、$\boldsymbol{p}_3$ 变换到参考点$\boldsymbol{q}_1$、$\boldsymbol{q}_2$、$\boldsymbol{q}_3$ 的位置,求解预定位变换矩阵。

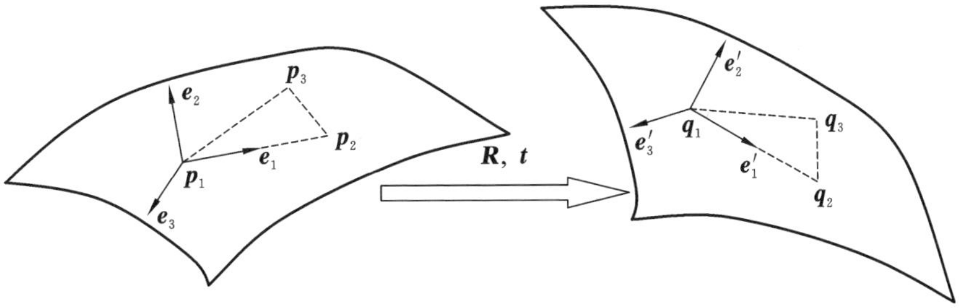

图 3-4　局部坐标系对应关系

以这三组点构造如下两组单位矢量:

$$\boldsymbol{e}_1=\frac{\boldsymbol{p}_2-\boldsymbol{p}_1}{|\boldsymbol{p}_2-\boldsymbol{p}_1|},\boldsymbol{e}_3=\boldsymbol{e}_1\times\frac{\boldsymbol{p}_3-\boldsymbol{p}_1}{|\boldsymbol{p}_3-\boldsymbol{p}_1|},\boldsymbol{e}_2=\boldsymbol{e}_3\times\boldsymbol{e}_1 \tag{3-17}$$

$$\boldsymbol{e}'_1=\frac{\boldsymbol{q}_2-\boldsymbol{q}_1}{|\boldsymbol{q}_2-\boldsymbol{q}_1|},\boldsymbol{e}'_3=\boldsymbol{e}'_1\times\frac{\boldsymbol{q}_3-\boldsymbol{q}_1}{|\boldsymbol{q}_3-\boldsymbol{q}_1|},\boldsymbol{e}'_2=\boldsymbol{e}'_3\times\boldsymbol{e}'_1 \tag{3-18}$$

分别以$\boldsymbol{p}_1$、$\boldsymbol{q}_1$ 为坐标原点,单位矢量组$\{\boldsymbol{e}_1,\boldsymbol{e}_2,\boldsymbol{e}_3\}$ 和$\{\boldsymbol{e}'_1,\boldsymbol{e}'_2,\boldsymbol{e}'_3\}$ 按右手法则构建两个局部坐标系。假设存在定位变换,使得两个局部坐标系重合,于是有

$$\boldsymbol{R}\cdot(\boldsymbol{e}_1,\boldsymbol{e}_2,\boldsymbol{e}_3)=(\boldsymbol{e}'_1,\boldsymbol{e}'_2,\boldsymbol{e}'_3) \tag{3-19}$$

得旋转变换矩阵

$$\boldsymbol{R}=(\boldsymbol{e}'_1,\boldsymbol{e}'_2,\boldsymbol{e}'_3)\cdot(\boldsymbol{e}_1,\boldsymbol{e}_2,\boldsymbol{e}_3)^{-1} \tag{3-20}$$

从而,目标点到参考点的定位变换关系表示为

$$\boldsymbol{q}_i=\boldsymbol{R}\cdot\boldsymbol{p}_i+\boldsymbol{t}\ (i=1,2,3) \tag{3-21}$$

将 $\boldsymbol{p}_1$、$\boldsymbol{q}_1$ 代入上式,得平移矢量

$$\boldsymbol{t}=\boldsymbol{q}_1-\boldsymbol{R}\cdot\boldsymbol{p}_1 \tag{3-22}$$

(2) 配准点集选取

配准点集选取的数目及分布是影响叶片定位求解算法效率、稳定性及可靠性的主要因素。如图 3-5 所示,精锻叶片的阻尼台加工依赖于叶身曲面定位。若不考虑叶片的加工工艺特性,直接采用均匀选点方式,配准点集将较为密集。特别当叶身曲面较长时,计算效率将大为降低,甚至影响整个精锻叶片定位、加工过程。

从精锻叶片的加工工艺特性出发,可以采用基于 CAD 模型的配准点集选取方法。首先,在 CAD 模型上预先规划出基准点集。然后,将基准点集映射到叶片测量模型,获取测量模型上对应的配准点集,并以此作为定位所依据的配准点集。

如图 3-5 所示,以叶盆曲面为例进行讨论,有效的配准点集应分布于整张叶盆曲面。然而,在

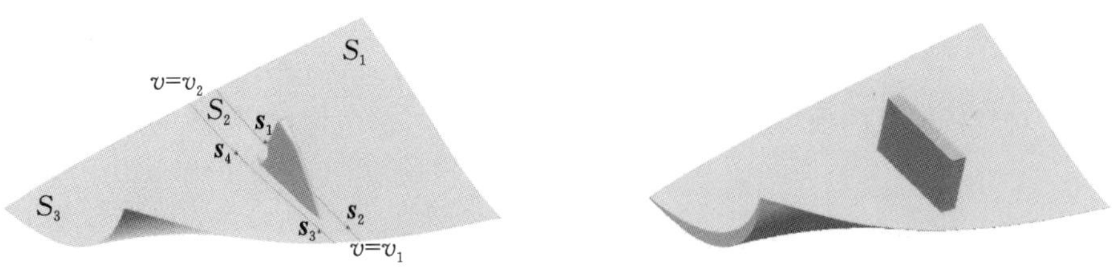

(a) (b)

图 3-5 精锻叶片设计与毛坯模型对比

(a) 叶片设计模型;(b) 叶片毛坯模型

靠近阻尼台两侧的区域,测杆或测头容易与阻尼台毛坯发生碰撞干涉。同时,阻尼台毛坯余量的不同,导致测量精度的影响范围也有所不同。因此,首先对叶盆曲面进行合理的区域划分,在测量可达的区域中选取有效的配准点集。

假设叶盆曲面 S 为参数 $u,v\in[0,1]$ 的 NURBS 曲面,首先在阻尼台两侧区域,按顺时针方向任选叶盆曲面的四个点 $\boldsymbol{s}_1$、$\boldsymbol{s}_2$、$\boldsymbol{s}_3$、$\boldsymbol{s}_4$,如图 3-5(a) 所示。然后,以等 v 参数线($v=v_1$,$v=v_2$)将叶盆曲面划分为三部分区域:叶尖区域 $S_1(v\in[0,v_1])$、阻尼台区域 $S_2(v\in(v_1,v_2))$ 以及叶根区域 $S_3(v\in[v_2,1])$。其中:

$$v_1=\max[v(\boldsymbol{s}_1),v(\boldsymbol{s}_2)],v_2=\min[v(\boldsymbol{s}_3),v(\boldsymbol{s}_4)] \tag{3-23}$$

式中,$v(\boldsymbol{s}_i)$,$i=1,2,3,4$ 表示 $\boldsymbol{s}_i$ 点对应的叶盆曲面 v 向参数。

如图 3-5(a) 所示,S_2 中包含了带余量的阻尼台毛坯,为测量不可达区域;两侧的 S_1、S_3 区域则为测量可达区域,在此区域中选取的配准点集均为有效点。当然,根据叶片装夹方式的不同,可能还会存在部分区域不可达,视具体情况作相应处理。

由于精锻叶片不同区域的工艺变形及刚度分布不同,对定位精度的影响也各不相同。按照定位邻近原则,以等比例方式选取有效测量区域 S_1、S_3 中的均匀分布点集作为配准基准点集。以区域 S_1 为例,设曲线离散的最小步长为 $s_{\min}$,参数曲线最小间隔为 $v_{\min}$,u 向、v 向的等比例因子分别设为 q_u,q_v($q_u>1$,$q_v>1$),则等参数曲线的 v 向参数及对应步长如下定义:

$$\begin{aligned}
&\boldsymbol{c}_0: v=v_1, s=s_{\min}\cdot q_u^{\ 0};\\
&\boldsymbol{c}_1: v=v_1-v_{\min}\cdot q_v^{\ 0}, s=s_{\min}\cdot q_u^1;\\
&\boldsymbol{c}_2: v=v_1-v_{\min}\cdot(q_v^0+q_v^1), s=s_{\min}\cdot q_u^2;\\
&\vdots\\
&\boldsymbol{c}_i: v=v_1-v_{\min}\cdot(q_v^0+q_v^1+\cdots+q_v^{i-1})=v_1-v_{\min}\cdot\frac{1-q_v^i}{1-q_v}, s=s_{\min}\cdot q_u^i
\end{aligned} \tag{3-24}$$

当曲线 v 参数小于 0 时,记 $v=0$。将所有的等 v 参数曲线 $\{\boldsymbol{c}_0,\boldsymbol{c}_1,\cdots,\boldsymbol{c}_m\}$ 按对应步长进行离散,得测量区域 S_1 中的基准点集,记为 F_{S1};同理,得测量区域 S_3 中的基准点集,记为 F_{S3}。两部分区域的基准点集通过映射到叶片测量模型可得叶盆曲面的配准点集,记为 $F=F'_{S1}\cup F'_{S3}=\{\boldsymbol{f}_1,\boldsymbol{f}_2,\cdots,\boldsymbol{f}_N\}$,如图 3-6(a) 所示。

可以看出,上述方法所选取的配准点集数目明显少于均匀选点方法,同时反映了精锻叶片的工艺特性。实际应用中,根据工艺经验,设置不同的最小步长、最小间隔及 u、v 向等比例因子,能够改变配准点集的分布。若增加精锻叶片变形或刚度分析,建立更为复杂的比例变化函数,将能获得更为精确可靠的配准点集。

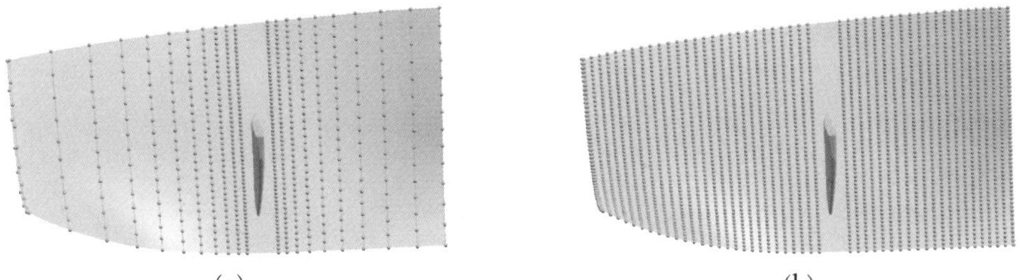

图 3-6　配准点集的分布

(a) 基于 CAD 模型的配准点集选取方法；(b) 均匀选点方法

(3) 定位变换参数求解

基于奇异值分解(Singular Value Decomposition，简称 SVD) 的模型配准参数求解方法是求解配准问题的线性方法，具有较高的效率，得到了广泛的应用。该方法也能应用于无余量叶片定位变换参数的求解。

设无余量叶片定位的目标函数表示为：

$$f = \sum_{i=1}^{N} \| (\boldsymbol{R} \cdot \boldsymbol{p}_i + \boldsymbol{t}) - \boldsymbol{q}_i \|^2 \tag{3-25}$$

式中，$\boldsymbol{p}_i$ 和$\boldsymbol{q}_i$ 分别表示测量点集与其对应的设计模型点集，称为模型配准控制点，$\boldsymbol{R}$ 是一 3×3 的旋转矩阵，$\boldsymbol{t}$ 是一平移矢量(3×1 阶矩阵)，如式(3-1)、式(3-2) 定义。

给定测量点集$\{\boldsymbol{p}_i, i = 1, \cdots, N\}$和设计模型对应点集$\{\boldsymbol{q}_i, i = 1, \cdots, N\}$，通过基于 SVD 的方法计算两个模型之间的旋转与平移变换，具体计算步骤如下：

步骤 1：根据配准控制点集，首先计算两个待配准模型的质心：

$$\boldsymbol{p} = \frac{1}{N} \sum_{i=1}^{N} \boldsymbol{p}_i, \quad \boldsymbol{q} = \frac{1}{N} \sum_{i=1}^{N} \boldsymbol{q}_i \tag{3-26}$$

步骤 2：计算两个配准控制点集合中每一个数据点相对于质心的位移：

$$\boldsymbol{p}'_i = \boldsymbol{p}_i - \boldsymbol{p}, \quad \boldsymbol{q}'_i = \boldsymbol{q}_i - \boldsymbol{q} \tag{3-27}$$

步骤 3：计算 3×3 矩阵的 $\boldsymbol{H}$，并对矩阵 $\boldsymbol{H}$ 进行奇异值分解得：

$$\boldsymbol{H} = \sum_{i=1}^{N} \boldsymbol{p}'_i \boldsymbol{q}'^{\mathrm{T}}_i = \boldsymbol{U \Lambda V}^{\mathrm{T}} \tag{3-28}$$

式中，$\boldsymbol{U}$ 为 $\boldsymbol{H}$ 的左奇异矩阵，$\boldsymbol{V}$ 为 $\boldsymbol{H}$ 的右奇异矩阵，二者均为 3×3 的正交矩阵，$\boldsymbol{\Lambda}$ 为 3×3 具有非负元素的对角矩阵。

步骤 4：计算旋转变换矩阵

$$\boldsymbol{R} = \boldsymbol{V U}^{\mathrm{T}} \tag{3-29}$$

步骤 5：计算平移变换矢量

$$\boldsymbol{t} = \boldsymbol{q} - \boldsymbol{R} \cdot \boldsymbol{p} \tag{3-30}$$

3.2.3　叶片定位实现流程

以加工中心在线检测方式为例，具体的叶片定位实现流程如图 3-7 所示。仅需采用一般夹具将叶片零件固定在加工中心的工作台上，通过少量测量点的测量，快速准确地计算零件的实际位置状态。流程中包含了定位后自适应地修正机床零点坐标、刀位文件等具体的处理功能。该流程有效地集成了自动化检测、定位、数控加工过程，形成了完整的自适应数控加工叶片零件定位模块。

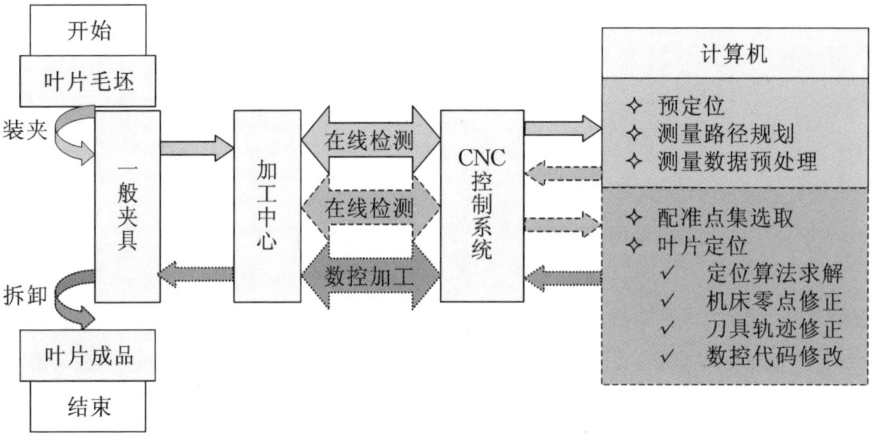

图 3-7　叶片零件定位实现流程

当获得待加工零件所在机床(测量)坐标系中的实际相对位置后，通过自适应地修正机床零点坐标系或刀位文件，实现自适应方位变化的数控加工。

(1) 机床零点坐标系修正

当定位变换旋转矩阵$\boldsymbol{R}^* = \boldsymbol{I}$(单位矩阵)时，直接修正机床零点坐标，简单处理叶片定位。设原始机床坐标系为O_m-$x_m y_m z_m$，由定位算法计算变换关系，定义新的机床零点$\boldsymbol{O}'_m = -\boldsymbol{R}^{*-1} \cdot \boldsymbol{t}^* = -\boldsymbol{t}^*$，从而获得新的机床零点坐标系$O'_m$-$x_m y_m z_m$。

在 CNC 控制系统中由控制指令 G92 设置新的机床零点坐标$\boldsymbol{O}'_m$，基于此坐标系，导入原始的数控加工代码，实现自适应方位变化的叶片零件加工。

(2) 刀位文件修正

刀位文件是一系列刀位信息$(x,y,z,i,j,k)^{\mathrm{T}}$的组合文件。其中，刀位点为$\boldsymbol{a} = (x,y,z)^{\mathrm{T}}$，刀轴矢量为$\boldsymbol{l} = (i,j,k)^{\mathrm{T}}$。根据叶片定位算法所得的工件坐标系到测量坐标系的定位变换关系，则修正的刀位信息为：

$$\boldsymbol{a}^* = \boldsymbol{R}^{*-1} \cdot (\boldsymbol{a} - \boldsymbol{t}^*) = \boldsymbol{R}^{*-1} \cdot \boldsymbol{a} - \boldsymbol{R}^{*-1} \cdot \boldsymbol{t}^*, \boldsymbol{l}^* = \boldsymbol{R}^{*-1} \cdot \boldsymbol{l} \tag{3-31}$$

按照修正的刀位信息，由对应加工中心的后置处理算法生成修正的数控加工代码，并实施适应其方位变化的数控加工。虽然刀位文件的修正涉及数控编程过程，但这一过程易于自动处理，可以集成至定位流程中，如图 3-7 所示。

3.2.4　算例分析

以某航空发动机精锻叶片阻尼台加工为例(图 3-5)，首先在叶片 CAD 模型上选取叶盆曲面的配准点集。设置最小步长 $s_{\min} = 3$ mm、最小参数间隔 $v_{\min} = 0.02$，u、v 向等比例因子 $q_u = 1.2$，$q_v = 1.2$，配准点集总数 $N = 613$，其分布如图 3-6(a) 所示。对所选的配准点集施加已知的定位变换，并添加随机噪声后作为仿真的测量数据，与叶盆曲面进行配准定位，仿真参数的设置见表 3.1。

表 3.1　仿真实验参数设置

旋转参数(°)	平移参数(mm)	随机噪声
(α,β,γ)	$(\Delta x,\Delta y,\Delta z)$	(μ,σ^2)
(0,－1,2)	(0,0,0)	$(0.01,0.01^2)$

配准定位的迭代过程如图 3-8 所示。

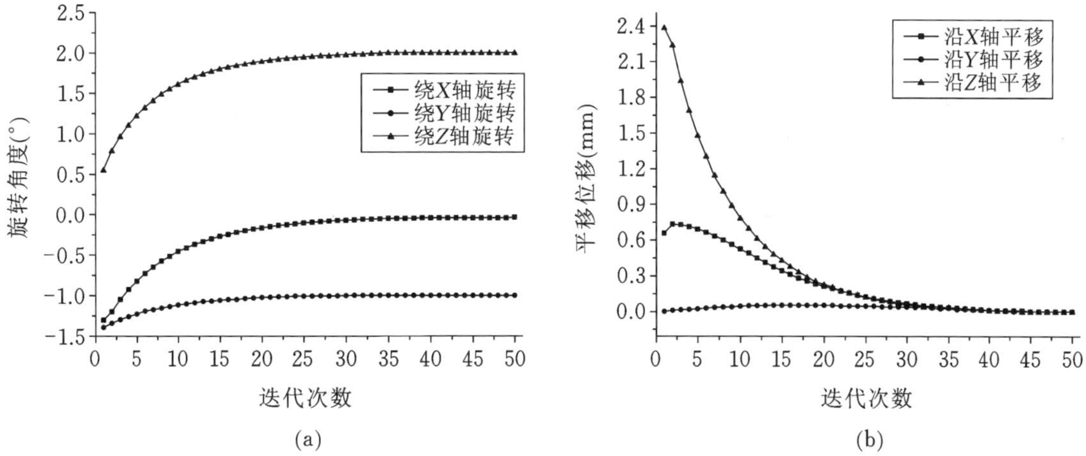

图 3-8　基于配准点集的配准定位迭代过程

(a) 旋转量变化;(b) 平移量变化

定义配准定位的精度指标 —— 均方误差。

$$MSE = \frac{1}{N}\sum_{i=1}^{N} \| (\boldsymbol{R} \cdot \boldsymbol{p}_i + \boldsymbol{t}) - \boldsymbol{q}_i \|^2 \tag{3-32}$$

如图 3-9 所示,随着定位算法迭代次数的增加,均方误差趋近于 0,表明配准定位算法具有收敛性质。

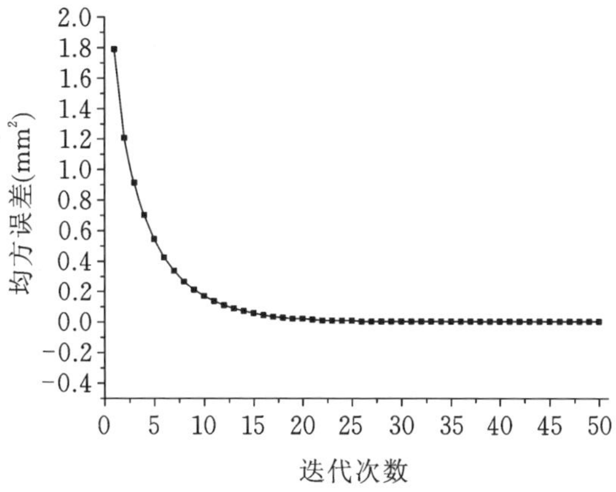

图 3-9　均方误差随迭代次数的变化

基于配准点集的叶盆曲面配准定位实验结果如表 3.2、图 3-10 所示。

表 3.2 叶盆曲面配准定位实验结果

	旋转参数(°)	平移参数(mm)
	(α, β, γ)	$(\Delta x, \Delta y, \Delta z)$
实验结果	$(-0.03896, -0.99820, 1.99832)$	$(0.00475, 0.00893, -0.00309)$
理论值	$(0, -1, 2)$	$(0, 0, 0)$

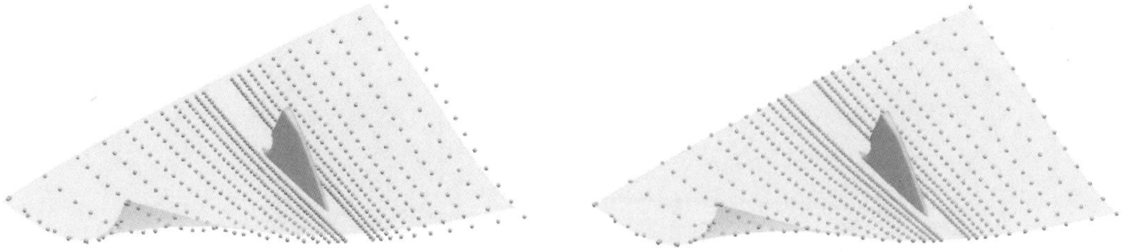

图 3-10 精锻叶片阻尼台加工叶盆曲面配准定位

(a) 配准定位前；(b) 配准定位后

比较实验结果与理论值可知，配准定位算法精度较高。将所得的定位变换$(\boldsymbol{R}^*, \boldsymbol{t}^*)$代入精锻叶片阻尼台加工的刀位文件中，修正生成实际加工所需的加工代码，实现适应叶片阻尼台方位变化的数控加工，如图 3-11 所示。

$$\boldsymbol{R}^* = \boldsymbol{R}_z(\gamma) \cdot \boldsymbol{R}_y(\beta) \cdot \boldsymbol{R}_x(\alpha)$$

$$= \begin{pmatrix} 0.9992 & -0.0349 & -0.0174 \\ 0.0349 & 0.9994 & 0.0001 \\ 0.0174 & -0.0007 & 0.9998 \end{pmatrix}$$

$$\boldsymbol{t}^* = (0.00475, 0.00893, -0.00309)^{\mathrm{T}}$$

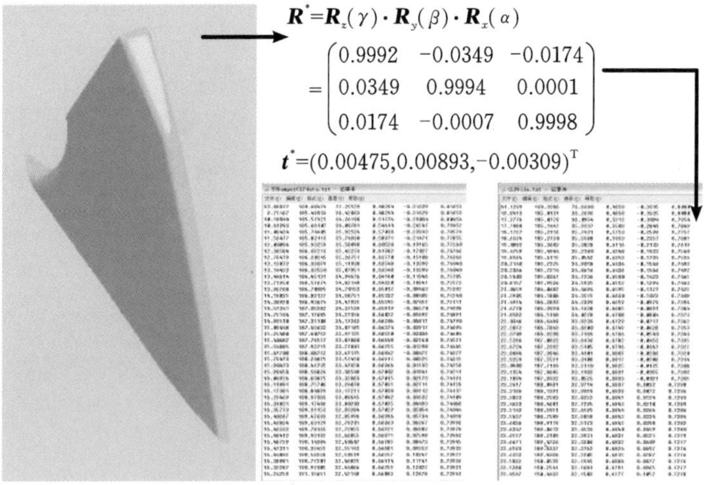

图 3-11 阻尼台加工叶片定位 —— 刀位文件修正示意图

基于在线检测的无余量叶片定位方式不需要设计专用的夹具，在降低制造成本的同时，减少了人工操作，大大提高了精锻叶片定位、加工的精度及效率。另外，该定位方式还能应用于精锻叶片的榫头加工(叶身定位)、前后缘加工(榫头定位)等。实际应用中有时要求增加叶身的区域公差约束，此时叶片定位模型演变为带约束的优化模型，求解方法将会有所不同。

3.3　叶片加工余量的自适应优化方法

航空发动机中叶片毛坯的形状复杂多样，余量的分布也各有不同，因此，其装夹及定位过程较一般零件更为困难。目前采用普通的夹具往往难以保证带余量叶片毛坯的装夹和定位精度，而设计专用的夹具则成本高、周期长。基于数字化检测的叶片加工余量优化不失为一种有效的处理方法——将待加工的叶片毛坯初步定位和夹紧后，利用检测方式找正方位，同时实现加工余量的自适应优化。这其中涵盖了包容定位与混合包容定位两类问题。

为解决这两类定位问题，本节详细介绍了一种叶片加工余量的自适应优化方法。通过典型叶片毛坯的余量分布特征分析，建立了余量优化数学模型，并构建层次定位优化策略自适应地控制叶片定位及余量优化过程。采用乘子法进行带约束优化模型的求解，从而实现不同叶片毛坯的精确定位及加工余量的自适应优化。

3.3.1　叶片余量分布特征分析

叶片毛坯通常由铸造、锻造或焊接加工而成，其形状均为复杂曲面。根据前期工艺的不同，叶片余量分布的特征也有所不同，如图 3-12 所示。

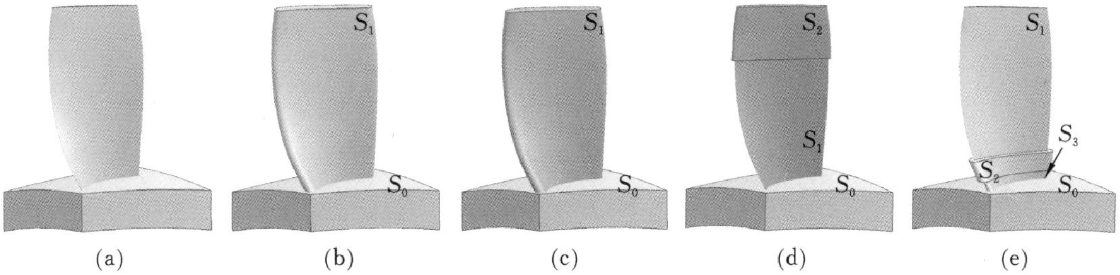

图 3-12　典型的叶片零件毛坯模型

(a) 叶片的设计模型；(b) 叶盆、叶背分别偏置 6 mm 的锻造毛坯模型；(c) 叶盆偏置 9 mm、叶背偏置 3 mm 的锻造毛坯模型；(d) 叶片叶尖修复的焊接毛坯模型；(e) 焊接式整体叶盘的单个叶片毛坯模型

按照加工工艺方式和余量分布的特点，几类典型带余量叶片毛坯的定位归纳为以下两种问题形式：

① 图 3-12(b)、(c)对应的锻造毛坯模型加工余量分布较为平均，整个毛坯曲面均需要参与加工($S_1:\delta>0$)，一般转化为包容问题进行求解；

② 图 3-12(d)、(e)对应的焊接毛坯模型，不同区域的余量大小不同，部分区域已完成加工($S_1:\delta=0$)，而另一部分尚需进行加工($S_2,S_3:\delta>0$)，通常转化为混合包容定位问题进行求解。

单一区域的余量约束使得叶片包容问题的求解相对简单，而多个区域公差及余量的约束使得混合包容定位问题的求解相对复杂。另外，受服役变形及焊接变形的影响，叶尖修复毛坯和焊接叶片毛坯的区域 S_1 均可能发生不同程度的变形，无法简单地将其与设计模型进行匹配。因此，如何保证叶片过渡区域的光滑过渡及叶片相对位置的一致性，是叶片加工余量优化建模与求解的关键。

3.3.2　叶片余量优化数学建模

单一带余量叶片定位优化的目的是合理分配余量，使其既能满足加工工艺要求，达到余量均匀或非均匀分布的目的，同时又能有效改善可能产生的工艺变形。为此，在加工余量优化统一模型的基础上建立了叶片余量优化数学模型，并开发了层次定位优化策略，能够自适应地选择优化目标及约束条件进行模型求解。

（1）余量优化数学模型

叶片加工余量优化的本质是建立测量（机床）坐标系与工件（设计）坐标系间的定位变换关系（$\boldsymbol{R},\boldsymbol{t}$），并同时优化余量的分布，使得叶片毛坯最大限度地包容设计模型。根据统一模型（3-8）首先定义目标函数：

$$f_1(\boldsymbol{x}) = \sum_{i=1}^{N} d_i^2(\boldsymbol{x}) = \sum_{i=1}^{N} \{[(\boldsymbol{R}(\boldsymbol{x}) \cdot \boldsymbol{p}_i + \boldsymbol{t}(\boldsymbol{x})) - \boldsymbol{q}_i] \cdot \boldsymbol{n}_i - \delta\}^2 \tag{3-33}$$

另外，构造两种不同形式的目标函数。

① 考虑叶片毛坯已存在的工艺变形：

$$f_2(\boldsymbol{x}) = \sum_{i=1}^{N} d_i^2(\boldsymbol{x}) = \sum_{i=1}^{N} \{[(\boldsymbol{R}(\boldsymbol{x}) \cdot preTran(\boldsymbol{p}_i) + \boldsymbol{t}(\boldsymbol{x})) - \boldsymbol{q}_i] \cdot \boldsymbol{n}_i - \delta\}^2 \tag{3-34}$$

式中，$preTran(\boldsymbol{p}_i)$ 表示预先将毛坯测量点按照已存在的工艺变形进行定位变换，以减少工艺变形对优化算法求解精度带来的影响，从而提高优化算法的鲁棒性。

② 考虑毛坯测量点对算法求解的影响程度：

$$f_3(\boldsymbol{x}) = \sum_{i=1}^{N} \omega(i) \cdot d_i^2(\boldsymbol{x}) = \sum_{i=1}^{N} \omega(i) \cdot \{[(\boldsymbol{R}(\boldsymbol{x}) \cdot \boldsymbol{p}_i + \boldsymbol{t}(\boldsymbol{x})) - \boldsymbol{q}_i] \cdot \boldsymbol{n}_i - \delta\}^2 \tag{3-35}$$

式中，权函数 $\omega(i)$ 描述了毛坯测量点的重要性。

分析叶片余量分布特征可知，各种形式的约束条件均可能存在于叶片余量优化过程中。然而，余量的不可预知性及复杂分布特征导致单一的优化模型难以实现真正意义的优化。因此，建立叶片加工余量自适应优化的数学模型：

$$\begin{cases} \min f(\boldsymbol{x}) \in \{f_0(\boldsymbol{x}), f_1(\boldsymbol{x}), f_2(\boldsymbol{x}), f_3(\boldsymbol{x})\} \\ \text{s.t. } \boldsymbol{x} \in D = \{\boldsymbol{x} \mid -\mu \leqslant g(d_i(\boldsymbol{x})) \leqslant \varepsilon, i = 1,2,\cdots,N\} \end{cases} \tag{3-36}$$

其中，$f_0(\boldsymbol{x})$ 为叶片常规定位目标函数，即

$$f_0(\boldsymbol{x}) = \sum_{i=1}^{N} d_i^2(\boldsymbol{x}) = \sum_{i=1}^{N} \|(\boldsymbol{R}(\boldsymbol{x}) \cdot \boldsymbol{p}_i + \boldsymbol{t}(\boldsymbol{x})) - \boldsymbol{q}_i\|^2 \tag{3-37}$$

目标函数 $f(\boldsymbol{x})$ 为函数集合$\{f_0(\boldsymbol{x}), f_1(\boldsymbol{x}), f_2(\boldsymbol{x}), f_3(\boldsymbol{x})\}$中的任意一个。当叶片毛坯划分为多个区域时，$f(\boldsymbol{x})$ 表示为几个子函数的总和或加权和。这里不指定具体的约束条件形式，而是应用层次定位优化策略依次判断约束条件对应的可行域空间是否为空，从而进行余量优化模型的求解。

（2）层次定位优化策略

余量优化数学模型（3-36）统一了各项优化目标及约束条件。实际应用中，由于各个叶片毛坯的余量分布及测量结果存在差异，可能导致约束条件之间相互矛盾，致使其可行域为空，无法获得最优解。因此，按照从低到高的层次变化，即按常规定位 - 区域公差 - 余量存在 - 余量均匀（或非均匀）建立层次定位优化策略，自适应地选择符合叶片实际余量分布的目标函数与约束条件，建立优化模型进行求解。根据叶片毛坯是否存在已完成加工曲面，给出两种不同的优化策略。

1）包容问题优化策略

以图 3-12(b) 所示锻造叶片毛坯为代表，参考图 3-3，设叶片工件坐标系 z_w 轴方向为叶高方向，并记榫板区域为 S_0、叶身加工区域为 S_1，对应的测量点集分别为 P_{S0}、P_{S1}，则定义若干余

量优化模型。

① 包容问题余量优化模型一

$$\min f_0^1(\boldsymbol{x}) = \sum_{i=1}^{N1} d_i^2(\boldsymbol{x}) = \sum_{i=1}^{N1} \| (\boldsymbol{R}(\boldsymbol{x}) \cdot \boldsymbol{p}_i + \boldsymbol{t}(\boldsymbol{x})) - \boldsymbol{q}_i \|^2 \tag{3-38}$$

② 包容问题余量优化模型二

$$\begin{cases} \min f_1^1(\boldsymbol{x}) = \sum_{i=1}^{N1} d_i^2(\boldsymbol{x}) = \sum_{i=1}^{N1} \{ [(\boldsymbol{R}(\boldsymbol{x}) \cdot \boldsymbol{p}_i + \boldsymbol{t}(\boldsymbol{x})) - \boldsymbol{q}_i] \cdot \boldsymbol{n}_i - \delta \}^2 \\ \text{s.t. } \boldsymbol{x} \in D_2^1 = \{ \boldsymbol{x} \mid d_i(\boldsymbol{x}) \geqslant 0, i = 1, 2, \cdots, N1 \} \end{cases} \tag{3-39}$$

③ 包容问题余量优化模型三

$$\begin{cases} \min f_1^1(\boldsymbol{x}) = \sum_{i=1}^{N1} d_i^2(\boldsymbol{x}) = \sum_{i=1}^{N1} \{ [(\boldsymbol{R}(\boldsymbol{x}) \cdot \boldsymbol{p}_i + \boldsymbol{t}(\boldsymbol{x})) - \boldsymbol{q}_i] \cdot \boldsymbol{n}_i - \delta \}^2 \\ \text{s.t. } \boldsymbol{x} \in D_4^1 = \{ \boldsymbol{x} \mid d_i(\boldsymbol{x}) \geqslant 0 \text{ 且 } -\mu \leqslant d_i(\boldsymbol{x}) - \frac{1}{N1} \sum_{i=1}^{N1} d_i(\boldsymbol{x}) \leqslant \varepsilon, i = 1, 2, \cdots, N1 \} \end{cases} \tag{3-40}$$

其中，$f_0^1(\boldsymbol{x})$、$f_1^1(\boldsymbol{x})$、D_2^1、D_4^1 分别表示关于叶身加工区域 S_1 的目标函数和可行域，$N1$ 为 S_1 区域测量点总数，则层次化的包容问题优化具体处理过程如下：

步骤 1：任取三对对应的特征点，利用配准方法进行叶片毛坯的预定位。

步骤 2：基于榫板区域的测量点集 P_{S0}，按 3.3 节方法建立常规定位模型，并求解得定位变换参数 $\boldsymbol{x}' = (\alpha', \beta', \gamma', \Delta x', \Delta y', \Delta z')^{\mathrm{T}}$，则优化参数 $\boldsymbol{x}^*$ 中的 $\Delta z^* = \Delta z'$，在后续处理过程中保持不变。

步骤 3：建立包容问题余量优化模型一(3-38)，求得定位变换参数 $\boldsymbol{x}'$；若 $\boldsymbol{x}'$ 为发散解，转到步骤 5；否则，转到下一步。

步骤 4：判断 $\boldsymbol{x}'$ 是否属于余量存在可行域 D_2^1；若 $\boldsymbol{x}' \in D_2^1$，则记 $\boldsymbol{x}^* = \boldsymbol{x}'$，转到下一步；否则，返回"余量不足无法加工"，退出。

步骤 5：建立包容问题余量优化模型二(3-39)，求得定位变换参数 $\boldsymbol{x}'$；若 $\boldsymbol{x}'$ 为发散解，转到步骤 7；否则，利用最大超差值判断 $\boldsymbol{x}'$ 是否为最优解，若是，则记 $\boldsymbol{x}^* = \boldsymbol{x}'$，转到下一步；否则，判断 $\boldsymbol{x}^*$ 是否存在，若存在，返回 $\boldsymbol{x}^*$，退出；否则，返回"余量不足无法加工"，退出。

步骤 6：判断 $\boldsymbol{x}^*$ 是否属于余量均匀可行域 D_4^1；若 $\boldsymbol{x}^* \in D_4^1$，则转到下一步；否则，返回 $\boldsymbol{x}^*$，退出。

步骤 7：建立包容问题余量优化模型三(3-40)，求得定位变换参数 $\boldsymbol{x}'$；若 $\boldsymbol{x}'$ 为发散解，返回 $\boldsymbol{x}^*$，退出；否则，利用最大超差值判断 $\boldsymbol{x}'$ 是否为最优解，若是，则记 $\boldsymbol{x}^* = \boldsymbol{x}'$，返回 $\boldsymbol{x}^*$，退出；否则，判断 $\boldsymbol{x}^*$ 是否存在，若存在，返回 $\boldsymbol{x}^*$，退出；否则，返回"余量不足无法加工"，退出。

当毛坯形状存在特殊要求时，如从工艺刚度角度要求毛坯形状呈非均匀余量分布，还可建立非均匀余量约束的优化模型。

2）混合包容问题优化策略

以图 3-12(e) 焊接式整体叶盘的叶片毛坯为代表展开论述，设叶片工件坐标系 z_w 轴方向为叶高方向，参考图 3-3，首先进行区域划分，得轮毂曲面区域 S_0、已完成加工的叶尖区域 S_1、待加工的过渡区域 S_2、叶根待加工区域 S_3；并设对应的测量点集分别为 $P_{S0} = \{ \boldsymbol{p}_1^0, \boldsymbol{p}_2^0, \cdots, \boldsymbol{p}_{N0}^0 \}$、$P_{S1} = \{ \boldsymbol{p}_1^1, \boldsymbol{p}_2^1, \cdots, \boldsymbol{p}_{N1}^1 \}$、$P_{S2} = \{ \boldsymbol{p}_1^2, \boldsymbol{p}_2^2, \cdots, \boldsymbol{p}_{N2}^2 \}$、$P_{S3} = \{ \boldsymbol{p}_1^3, \boldsymbol{p}_2^3, \cdots, \boldsymbol{p}_{N3}^3 \}$，其中，$N0$、$N1$、$N2$、$N3$ 为各区域测量点总数。

定义若干余量优化模型：

① 混合问题余量优化模型一，与包容优化模型一(3-38) 相同。

② 混合问题余量优化模型二

$$\begin{cases}\min f_2^1(\boldsymbol{x}) = \sum_{i=1}^{N1} d_i^2(\boldsymbol{x}) = \sum_{i=1}^{N1} \{[(\boldsymbol{R}(\boldsymbol{x}) \cdot preTran(\boldsymbol{p}_i^1) + \boldsymbol{t}(\boldsymbol{x})) - \boldsymbol{q}_i] \cdot \boldsymbol{n}_i\}^2 \\ \text{s.t. } \boldsymbol{x} \in D_1^1 = \{\boldsymbol{x} \mid -\mu \leqslant d_i(\boldsymbol{x}) \leqslant \varepsilon, i = 1,2,\cdots,N1\}\end{cases} \tag{3-41}$$

其中，$[-\mu,\varepsilon] = \{[-\mu_p,\varepsilon_p],[-\mu_b,\varepsilon_b],[-\mu_q,\varepsilon_q],[-\mu_h,\varepsilon_h]\}, i = 1,2,\cdots,N1$

③ 混合问题余量优化模型三

$$\begin{cases}\min f(\boldsymbol{x}) = f_2^1(\boldsymbol{x}) + f_2^2(\boldsymbol{x}) + f_2^3(\boldsymbol{x}) \\ \text{s.t. } \boldsymbol{x} \in D_1^1 \cap D_2^2 \cap D_2^3\end{cases} \tag{3-42}$$

其中，$f_2^1(\boldsymbol{x})$、D_1^1 如式(3-41) 定义，而

$$\begin{aligned} f_2^2(\boldsymbol{x}) &= \sum_{i=1}^{N2} d_i^2(\boldsymbol{x}) = \sum_{i=1}^{N2} \{[(\boldsymbol{R}(\boldsymbol{x}) \cdot preTran(\boldsymbol{p}_i^2) + \boldsymbol{t}(\boldsymbol{x})) - \boldsymbol{q}_i] \cdot \boldsymbol{n}_i - \delta_{\min}\}^2 \\ D_2^2 &= \{\boldsymbol{x} \mid d_i(\boldsymbol{x}) \geqslant 0, i = 1,2,\cdots,N2\} \\ f_2^3(\boldsymbol{x}) &= \sum_{i=1}^{N3} d_i^2(\boldsymbol{x}) = \sum_{i=1}^{N3} \{[(\boldsymbol{R}(\boldsymbol{x}) \cdot preTran(\boldsymbol{p}_i^3) + \boldsymbol{t}(\boldsymbol{x})) - \boldsymbol{q}_i] \cdot \boldsymbol{n}_i - \delta_{\min}\}^2 \\ D_2^3 &= \{\boldsymbol{x} \mid d_i(\boldsymbol{x}) \geqslant 0, i = 1,2,\cdots,N3\} \end{aligned} \tag{3-43}$$

式中，$\delta_{\min}$ 表示叶片的最小加工余量。

④ 混合问题余量优化模型四

$$\begin{cases}\min f(\boldsymbol{x}) = f_2^1(\boldsymbol{x}) + f_2^2(\boldsymbol{x}) + f_2^3(\boldsymbol{x}) \\ \text{s.t. } \boldsymbol{x} \in D_1^1 \cap D_4^2 \cap D_4^3\end{cases} \tag{3-44}$$

其中，$f_2^1(\boldsymbol{x})$、$f_2^2(\boldsymbol{x})$、$f_2^3(\boldsymbol{x})$、D_1^1 同上定义，而

$$\begin{aligned} D_4^2 &= \{\boldsymbol{x} \mid d_i(\boldsymbol{x}) \geqslant 0 \text{ 且 } -\mu \leqslant d_i(\boldsymbol{x}) - \frac{1}{N2}\sum_{i=1}^{N2} d_i(\boldsymbol{x}) \leqslant \varepsilon, i = 1,2,\cdots,N2\} \\ D_4^3 &= \{\boldsymbol{x} \mid d_i(\boldsymbol{x}) \geqslant 0 \text{ 且 } -\mu \leqslant d_i(\boldsymbol{x}) - \frac{1}{N3}\sum_{i=1}^{N3} d_i(\boldsymbol{x}) \leqslant \varepsilon, i = 1,2,\cdots,N3\} \end{aligned} \tag{3-45}$$

式中，距离函数 $d_i(\boldsymbol{x})$ 如式(3-43) 所定义，与区域对应。

因此，混合包容问题优化的具体处理过程如下：

步骤 1：选取叶尖区域 S_1 的三个特征点，进行叶片毛坯的预定位。

步骤 2：基于轮毂曲面区域的测量点集 P_{S0}，建立常规定位模型，并求解得定位变换参数 $\boldsymbol{x}'$，则优化参数 $\boldsymbol{x}^*$ 中的 $\Delta z^* = \Delta z'$，在后续处理过程中保持不变。

步骤 3：将叶尖区域 S_1 进一步细分为叶盆 S_{1p}、叶背 S_{1b}、前缘 S_{1q}、后缘 S_{1h} 四部分区域，并分别定义区域公差为$[-\mu_p,\varepsilon_p]$，$[-\mu_b,\varepsilon_b]$，$[-\mu_q,\varepsilon_q]$，$[-\mu_h,\varepsilon_h]$。

步骤 4：仅以叶尖区域 S_1 作为定位参考对象，建立混合问题余量优化模型一(3-38)，求得定位变换参数 $\boldsymbol{x}'$，由此定义焊接变形定位变换 $preTran = (R^p, t^p)$。

步骤 5：考虑 S_1 区域公差约束，建立混合问题余量优化模型二(3-41)，求得定位变换参数 $\boldsymbol{x}'$；利用最大超差值判断 $\boldsymbol{x}'$ 是否为最优解，若是，则转到下一步；否则，返回“叶尖超差无法加工”，退出。

步骤 6:考虑区域公差及余量存在约束,建立混合问题余量优化模型三(3-42),求得定位变换参数 $\boldsymbol{x}'$;利用最大超差值判断 $\boldsymbol{x}'$ 是否为最优解,若是,则记 $\boldsymbol{x}^{*}=\boldsymbol{x}'$,转到下一步;否则,返回"余量不足无法加工",退出。

步骤 7:考虑区域公差及余量均匀约束,建立混合问题余量优化模型四(3-44),求得定位变换参数 $\boldsymbol{x}'$;利用最大超差值判断 $\boldsymbol{x}'$ 是否为最优解,若是,则记 $\boldsymbol{x}^{*}=\boldsymbol{x}'$,返回 $\boldsymbol{x}^{*}$,退出;否则,直接返回 $\boldsymbol{x}^{*}$,退出。

这里暂不考虑过渡区域 S_2 可能因叶尖变形而引起 S_2 变形建模的要求。当轮毂曲面存在余量时,步骤 2 可以省略;而当叶片要求非均匀形式的余量分布时,还可进一步调整约束条件。

对比两类定位策略可以发现:策略 2) 中步骤 5、6 后没有作 $\boldsymbol{x}'$ 是否属于可行域的判断。这是因为在叶尖 S_1 区域公差允许的范围内适当调整,能够使得过渡区域 S_2 及叶根区域 S_3 存在余量或尽可能地保证余量分布均匀。然而,由于一般区域 S_1 占据定位的关键地位,其对余量优化的作用较为有限。实际应用中,可以适当调整公差范围,或将目标函数定义为子函数的加权和,如:

$$f(\boldsymbol{x})=0.5\cdot f_2^1(\boldsymbol{x})+0.3\cdot f_2^2(\boldsymbol{x})+0.2\cdot f_2^3(\boldsymbol{x}) \tag{3-46}$$

式(3-46)表示叶片三部分区域中以叶尖区域最为重要,对定位及余量优化的影响最大,而过渡区域次之,叶根区域的影响最小。单个叶片的层次定位优化策略还可扩展至两个、多个甚至整个叶盘毛坯的余量优化中。

综上可知,层次定位优化策略的基本过程是从叶片加工的基本要求出发,逐步提高层次求解最佳方位,直至最大程度地优化叶片加工余量的分布。这一过程与实际工艺需求相符,优化确定的定位基准与余量分布减少了因毛坯形状变形及位置变化而引起的加工质量的变化,能够有效提高叶片加工的精度与效率。

3.3.3 数学模型求解

叶片加工余量的自适应优化模型一般为不等式约束形式的非线性优化模型,均可化为如下标准形式:

$$\begin{cases}\min & f(\boldsymbol{x})\\ \text{s.t.} & g_i(\boldsymbol{x})\geqslant 0, i=1,2,\cdots,p\end{cases} \tag{3-47}$$

这里采用 Rockafellar 乘子方法将带约束的优化问题转化为无约束优化问题进行求解。首先引入松弛变量 $z_i(i=1,2,\cdots,p)$,将不等式约束化为等式约束,即

$$g_i(\boldsymbol{x})-z_i^2=0, i=1,2,\cdots,p \tag{3-48}$$

然后建立等式约束下的增广 Largrange 函数:

$$\Phi(\boldsymbol{x},\boldsymbol{z},\mu)=f(\boldsymbol{x})+\sum_{j=1}^{p}\mu_j[g_j(\boldsymbol{x})-z_j^2]+\frac{c}{2}\sum_{j=1}^{p}[g_j(\boldsymbol{x})-z_j^2]^2 \tag{3-49}$$

将 $\Phi(\boldsymbol{x},\boldsymbol{z},\mu)$ 关于 $\boldsymbol{z}$ 求极小,令

$$\begin{aligned}&\varphi(\boldsymbol{x},\mu)=\min_{z}\Phi(\boldsymbol{x},\boldsymbol{z},\mu)\\&\nabla_z\Phi(\boldsymbol{x},\boldsymbol{z},\mu)=0\end{aligned} \tag{3-50}$$

经推导可得:

$$\varphi(\boldsymbol{x},\mu) = \min_{z}\Phi(\boldsymbol{x},\boldsymbol{z},\mu) = f(\boldsymbol{x}) + \frac{1}{2c}\sum_{j=1}^{p}\{[\min(0,\mu_j + cg_j(\boldsymbol{x}))]^2 - \mu_j^2\} \quad (3\text{-}51)$$

同时得乘子迭代公式为

$$\mu_j^{(k+1)} = \min\{0,\mu_j^{(k)} + cg_j(\boldsymbol{x}^{(k)})\} \quad (3\text{-}52)$$

而结束准则可采用

$$h(\boldsymbol{x}^{(k)}) = (\sum_{j=1}^{p}[\min(g_j(\boldsymbol{x}),-\mu_j/c)]^2)^{1/2} < \varepsilon \quad (3\text{-}53)$$

式中，$\varepsilon > 0$ 为计算精度。当迭代超过一定次数时，判定优化过程发散。

对于其中的无约束优化问题(3-51)，由于目标函数形式复杂，难以给出明显的解析表达式，导数也不易求得，可采用直接搜索方法（如 Hooke-Jeeves 方法）进行求解。事实上，上节的层次定位优化策略保证了优化模型的可行域不为空，同时预定位及橼板定位也能保证优化算法向全局最优值收敛。但个别约束松弛的优化模型还可能出现过程发散情形，需要利用附加约束条件的方法额外处理。

3.3.4 算例分析

(1) 锻造叶片毛坯

如图 3-12(a)、(b)，图 3-13 所示，按叶盆叶背双面偏置 6 mm，并保持橼板不变，对叶身施加已知的定位变换，建立锻造叶片毛坯仿真模型。按等参数离散毛坯模型得初始点集，添加随机噪声后将其作为仿真的测量数据。其中，橼板区域 S_0 的测量点数为 20，叶身区域 S_1 的测量点总数为 150，仿真实验参数见表 3.3。

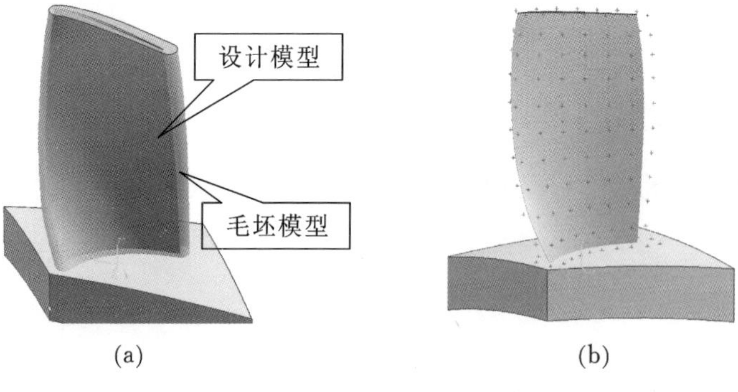

图 3-13 锻造叶片毛坯余量优化仿真模型

(a) 模型对比；(b) 测量点集分布

表 3.3 仿真实验参数设置

	preTran() 旋转参数(°)	*preTran*() 平移参数(mm)	旋转参数(°)	平移参数 (mm)	随机噪声
	(α,β,γ)	$(\Delta x,\Delta y,\Delta z)$	(α,β,γ)	$(\Delta x,\Delta y,\Delta z)$	(μ,σ^2)
锻造叶片	(0,0,0)	(0,0,0)	(0,1,−3)	(0,0,0)	$(0.01,0.01^2)$
焊接叶片	(0,0,4)	(0,0,0)	(0,0,0)	(0,0,0)	$(0.01,0.01^2)$

令 $\delta_{\min}=1$ mm，平均余量 $\delta_{ave}=6$ mm，$\mu=\varepsilon=0.01$，按照层次定位中的包容优化策略，首先基于橡板测量数据，利用常规定位计算 $\Delta z^*=0.00950$；然后由无余量叶身定位至余量存在、至余量均匀逐层优化，最终的优化结果如图 3-14、表 3.4 所示。

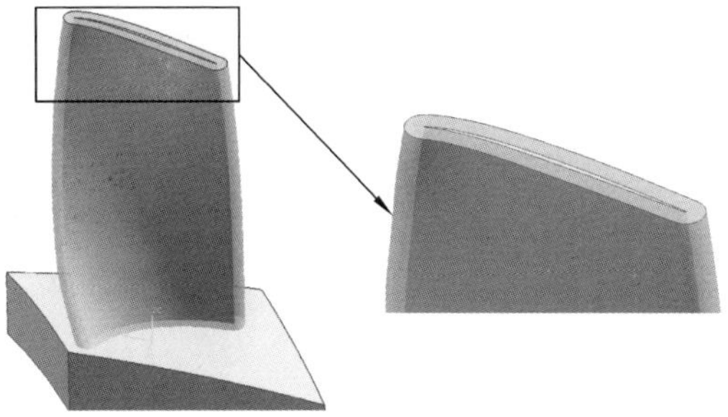

(a)　(b)

图 3-14　锻造叶片加工余量优化结果

(a) 优化结果；(b) 放大图

表 3.4　锻造叶片加工余量优化实验结果

	旋转参数(°)	平移参数(mm)
	(α,β,γ)	$(\Delta x,\Delta y,\Delta z)$
实验结果	(−0.01191,0.99876,−2.92914)	(0.02929,0.09179,0.00950)
理论值	(0,1,−3)	(0,0,0)

其中，叶片加工余量均匀优化的迭代过程如图 3-15、图 3-16 所示。随着迭代次数的增加，定位变换的参数逐渐向理论值收敛，同时迭代误差和也逐渐缩小。

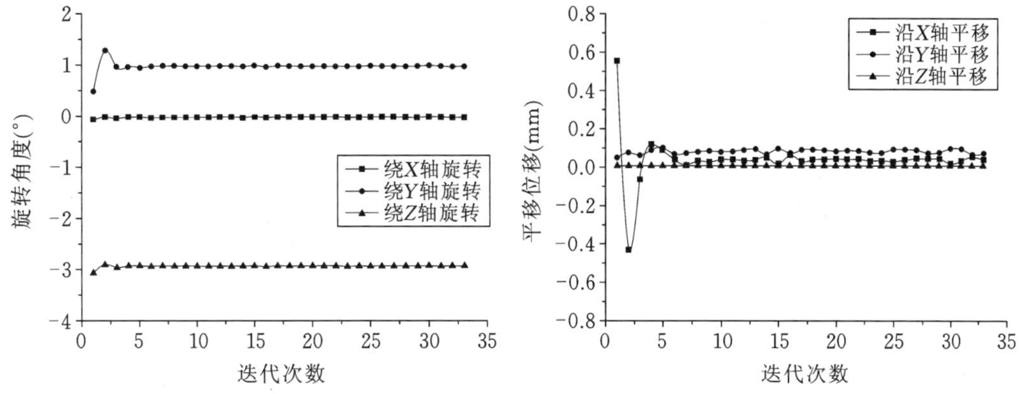

(a)　(b)

图 3-15　叶片加工余量均匀优化迭代过程

(a) 旋转量变化；(b) 平移量变化

图 3-17 对比了不同层次的叶片余量优化结果。基于常规定位的有向距离均大于 0，说明存在余量，但是变化较大且极不均匀。而基于余量优化的有向距离均在 6 mm 左右，且变化较为均匀，这充分说明了上述方法的可靠性与适用性。

(2) 整体叶盘焊接叶片毛坯

如图 3-12(a)、(e)，图 3-18 所示，按叶片过渡区域双面偏置 6 mm，叶根区域双面偏置

3 mm 建立焊接叶片毛坯的仿真模型，并施加已知的定位变换 *preTran*() 给予叶尖区域 S_1，模拟其焊接工艺变形；分别对四部分区域 S_0、S_1、S_2、S_3 进行等参数离散得初始点集，并添加随机噪声后将其作为仿真测量数据，测量点数分别为：20、120、30、15，仿真变换参数设置见表 3.3。

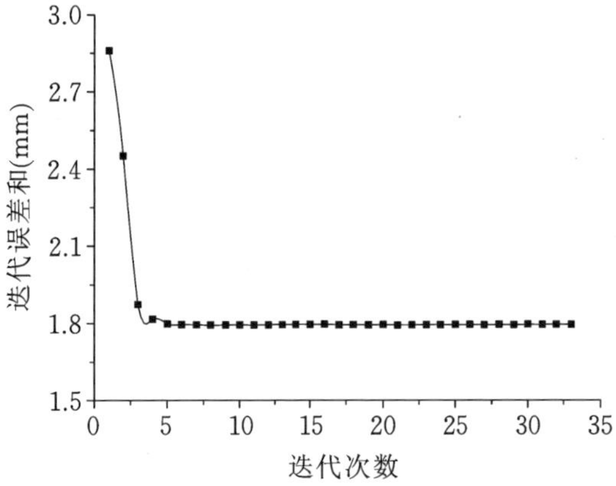

图 3-16　迭代误差随迭代次数的变化

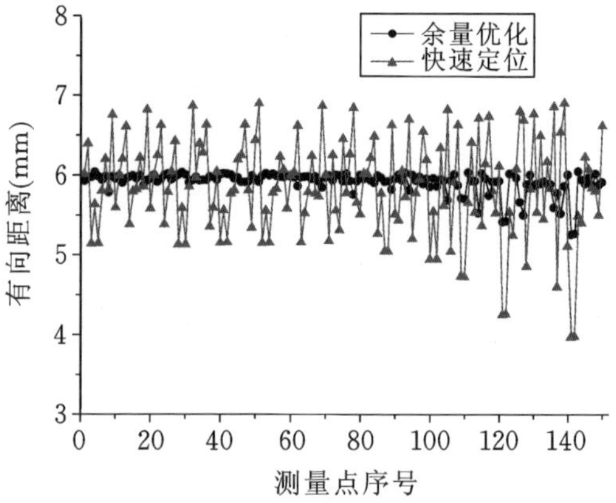

图 3-17　不同层次余量分布对比

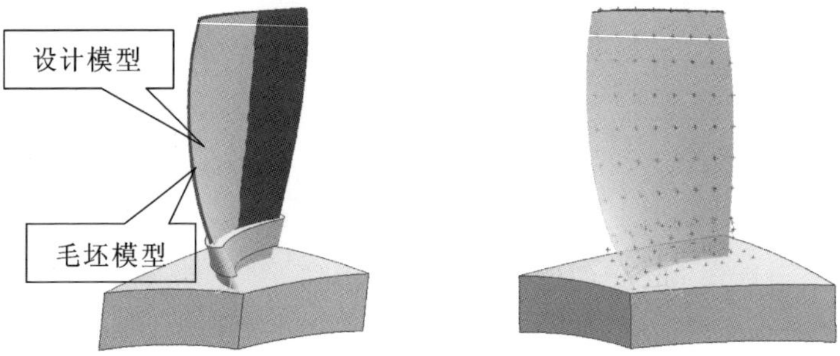

(a)　　(b)

图 3-18　焊接叶片毛坯余量优化仿真模型

(a) 模型对比；(b) 测量点集分布

对于焊接叶片毛坯，一般工件坐标系与测量坐标系的基准是相同的。因此，定位的关键是确定单个叶片加工的相对位置，即相对于整体叶盘定位基准的位置，并保持加工余量的尽可能优化。通过层次定位中的混合包容策略进行求解，最终的优化结果如图 3-19、表 3.5 所示。其中，上下区域公差设为 $\varepsilon = 0.05$，$-\mu = -0.05$。

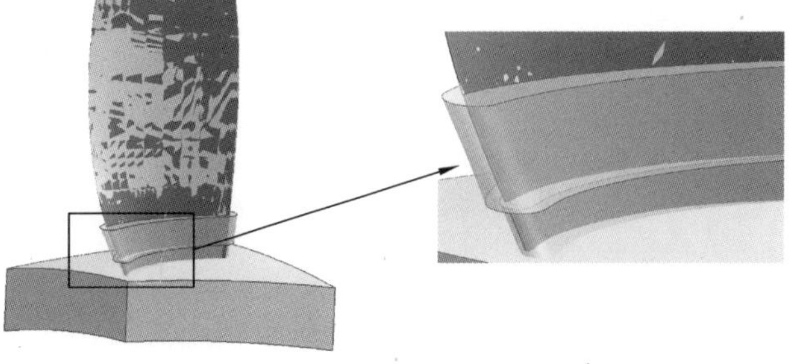

(a)　　(b)

图 3-19　焊接叶片加工余量优化结果

(a) 优化结果；(b) 放大图

表 3.5　焊接叶片加工余量优化实验结果

参数	表征	实验结果	理论值
preTran() 旋转参数(°)	(α,β,γ)	(−0.02507，−0.04966，3.98272)	(0,0,4)
preTran() 平移参数(mm)	($\Delta x,\Delta y,\Delta z$)	(0.03462，−0.04142，−0.0000)	(0,0,0)
旋转参数(°)	(α,β,γ)	(0.01119，−0.04197，0.03357)	(0,0,0)
平移参数(mm)	($\Delta x,\Delta y,\Delta z$)	(0.17188，0.01074，0.0000)	(0,0,0)

可以看出，*preTran*( )参数与理论值较为接近；而在保持 S_1 区域公差的约束，尽可能地优化区域 S_2 和 S_3 的余量情况下，平移参数在 x 方向发生了较大的变化。事实上，这里仅能够实现余量存在的优化，具体迭代过程如图 3-20 所示。

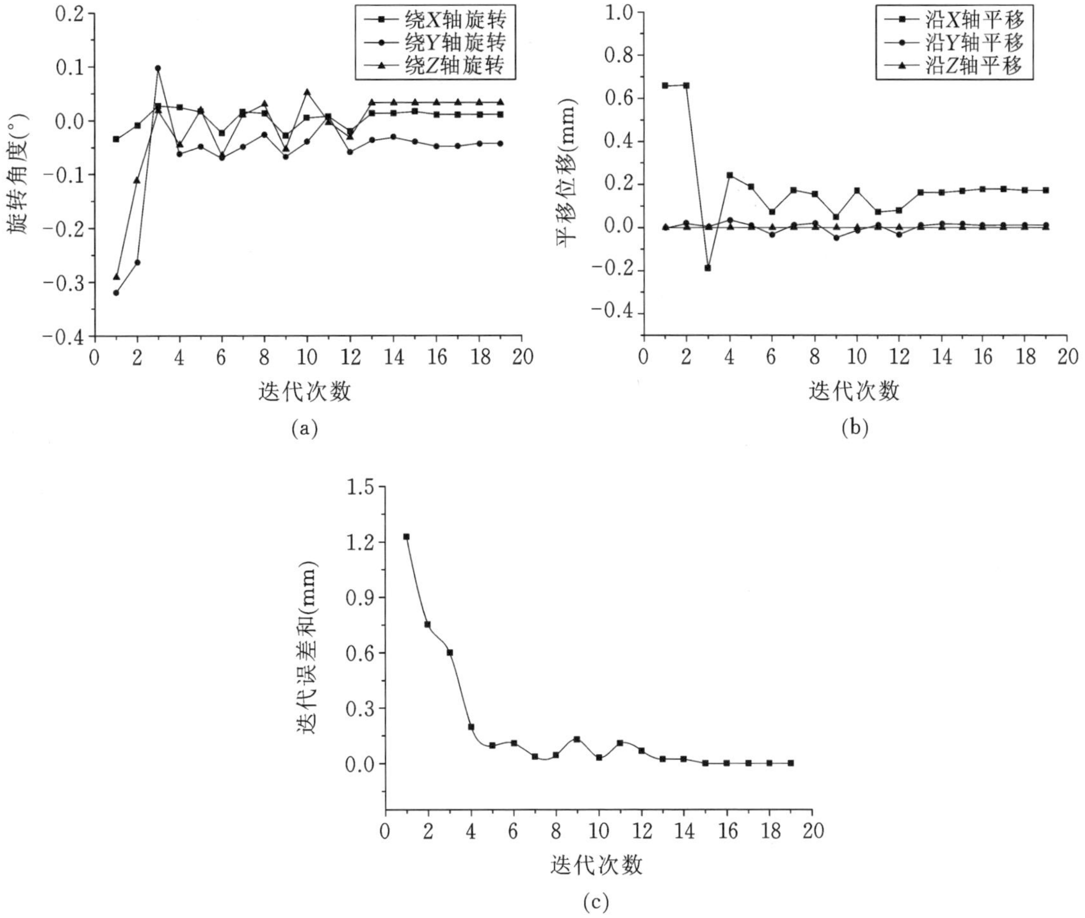

图 3-20　叶片加工余量存在优化迭代过程

(a) 旋转量变化；(b) 平移量变化；(c) 迭代误差和变化

图 3-21、表 3.6 给出了常规定位与余量存在优化的误差对比结果。图 3-21(a) 表明受优化的影响，S_1 区域的有向距离误差增加了；而图 3-21(b)、(c) 则说明两者的区域 S_2 和 S_3 的距离变化较为接近，仅方差获得了较小的调整。这与前面所说的叶尖区域 S_1 占据优化主导地位的观点相符。

表 3.6 不同层次余量优化方差对比

	叶尖区域 S_1	过渡区域 S_2	叶根区域 S_3
常规定位	2.1136e－4	3.6847	2.8915
余量优化	5.4546e－4	3.6098	2.8498

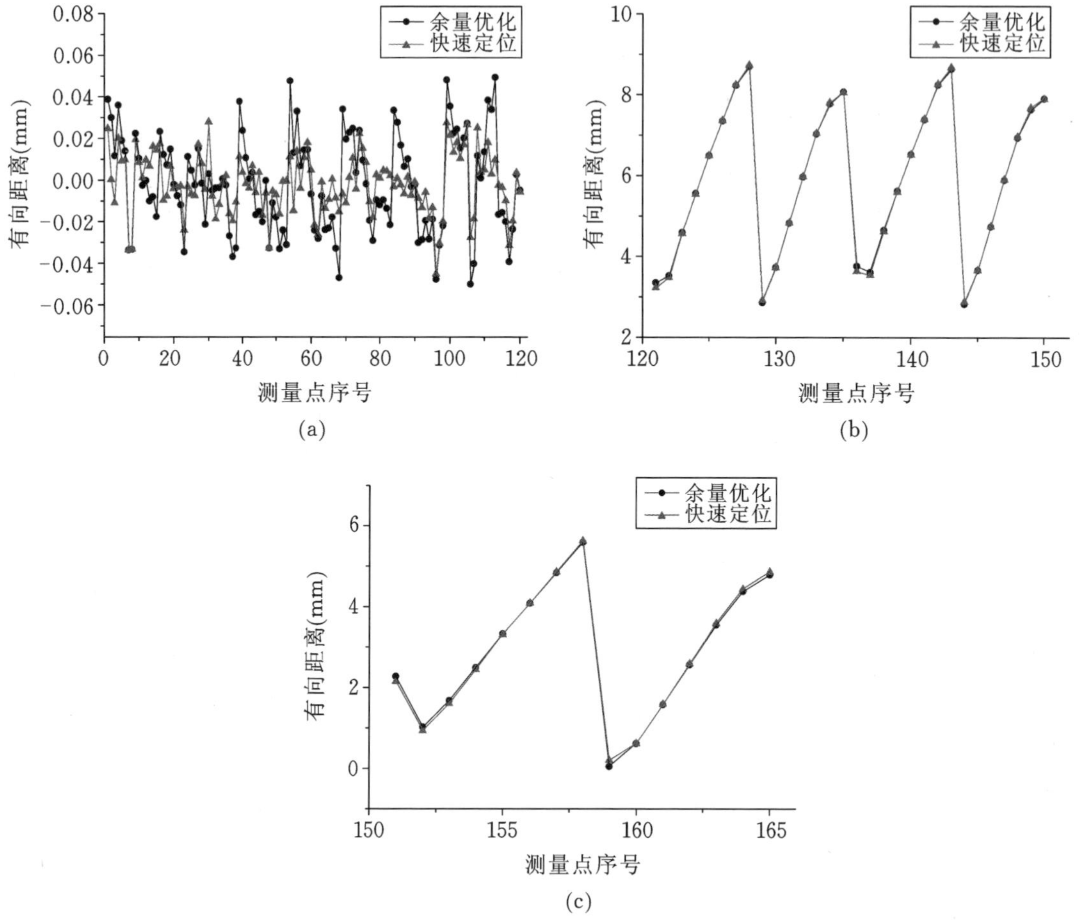

图 3-21 不同层次余量优化对比

(a) 叶尖区域 S_1；(b) 过渡区域 S_2；(c) 叶根区域 S_3

余量自适应优化的叶片毛坯定位方式能够改善刀具与机床的受力状态、减轻加工振动、改善加工表面质量、防止不当姿态加工导致的毛坯报废。

3.4 叶盘加工余量的自适应优化方法

整体叶盘是 20 世纪 80 年代中期西方发达国家在航空发动机设计中采用的全新结构和气动布局形式。由于整体叶盘使得发动机结构大为简化，推重比和可靠性进一步提高，因此整体叶盘在新型高推比航空发动机上得到了广泛应用。目前，整体叶盘的制造主要采用复合制造工艺方式，包括精锻制坯＋精密数控加工、焊接制坯＋精密数控加工以及高温合金整体精铸毛坯＋热等静压处理。其中，线性摩擦焊接工艺由于具有节省大量贵重金属材料、减少加工时间、综合性能高等优点，成为了加工制造、维修整体叶盘的理想解决方案，现已成功应用于罗罗、普惠等国外先进航空发动机制造厂商的整体叶盘加工中。

然而，与传统单一的数控加工方式不同的是，焊接工艺基础上的整体叶盘数控加工区域、定位基准、余量分布、轨迹规划及变形误差补偿等均依赖于前期工艺的实际加工结果。为此，本节从动平衡角度出发，重点介绍焊接式整体叶盘的加工余量自适应优化方法，首先介绍了整体叶盘的结构特点和制造工艺，然后结合线性摩擦焊接工艺特点详细介绍了适用于叶盘加工余量的自适应优化方法。

3.4.1　整体叶盘制造工艺分析

作为典型叶片类零件的整体叶盘结构复杂，型面为复杂曲面且通道开敞性差，加工精度要求高，材料的可加工性差，其综合制造技术属航空发动机制造中的技术难题。目前，利用五轴数控加工中心实现整体叶盘加工是航空发动机风扇及压气机整体叶盘研制的主要方法之一，其关键技术需要解决数控编程中的通道五轴加工方式的确定、多约束加工干涉和复杂的刀轴矢量计算等问题，以及加工过程中的切削参数确定、颤振抑制、弱刚性系统变形控制等工艺问题。这种加工方法的显著优点是加工设备简单、精度高；缺点在于加工过程中需要切除大量金属，导致效率低、周期长、成本高，因此不适于大型及超大型风扇的加工，同时也无法满足整体叶盘批量化生产的要求。

线性摩擦焊接工艺的出现和应用为整体叶盘的近净成形制坯和批量化生产提供了理想的解决方案。但限于焊接工艺的特点和目前的精度水平，焊接完成的整体叶盘仍然需要五轴联动数控加工的方式实现其精加工。图 3-22 展示了采用线性摩擦焊加工整体叶盘的过程，首先将单个叶片与轮毂分别加工(图 3-22(a))，轮毂的轮缘处已做好连接叶片的凸座，而叶片根部处做有较厚的裙边；第二步将叶片紧压在轮盘轮缘的凸座上(图 3-22(b))，使其高频振荡，造成叶片底部表面与凸座表面间高速摩擦，产生足以使两者之间原子相互移动所需的高温，然后停止振荡并保持将叶片紧压在轮毂轮缘上，直到两者结合成一体为止；最后采用五轴数控加工的方式将多余材料铣掉(图 3-22(c))。

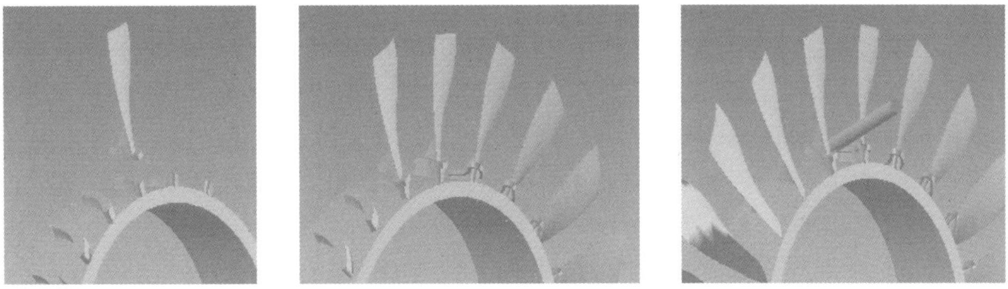

(a)　(b)　(c)

图 3-22　采用线性摩擦焊加工整体叶盘的过程

就其实现过程而言，无论是整体叶盘的加工还是修复，线性摩擦焊技术的功能相当于完成零件的粗加工，而更严格的加工精度、形状、位置要求需要最终的多轴数控加工手段保证。然而，受焊接变形的影响，叶片的焊接结果一致性差，若直接进行加工，可能导致定位困难或余量分布不均匀，甚至影响整个叶盘的加工精度。此外，在焊接工艺变形的基础上进行加工，过渡区域的设计模型可能不再适应当前叶片形状的变化，无法实现精密的数控加工。因此，在叶盘线性摩擦焊加工的基础上实现高效、高精和自适应的数控加工具有重要意义。

3.4.2 基于对称原则的叶盘加工余量自适应优化

不同于单一叶片，叶盘的加工余量优化具有其自身的特点。除了考虑叶盘的整体余量分布，单个叶片的位置及形状变化对其统一定位基准也会产生影响。据上节分析可知：整体叶盘中各个叶片的焊接变形程度均可能存在差异、缺乏一致性，具体体现在各个叶片在叶盘轴向、径向、周向三个方位产生不同程度的焊接误差，从而导致叶盘的定位基准及几何形状均可能需要随之变化。

基于此，针对焊接式整体叶盘的工艺特性，本节从动平衡角度出发，介绍了一种基于对称原则的叶盘加工余量自适应优化方法，精确度量当前叶盘焊接毛坯的方位及形状变化，实现充分改善整体叶盘运行性能的分组定位加工。

(1) 总体思想

叶盘加工余量自适应优化的总体思想是根据焊接毛坯的三坐标测量结果，首先判定能否采用统一的定位基准进行数控加工；若不能，按照对称的定位原则，逐层分解确定合适的叶片加工相对定位基准，即分组定位加工方式，从而在保证叶片型面误差要求的前提下尽可能地保持整体叶盘加工的一致性。

(2) 具体过程

假定叶盘的单个叶片按照 3.3 节的方法能够获得优化的定位基准，并保证余量的优化分布。这里单个叶片的定位基准是指叶片相对于整体叶盘轮毂基准的位置。若无法满足此前提条件，不需要做任何处理，直接判定焊接叶盘无法加工，需要采用补焊或修复的方式重新修整毛坯。

如图 3-23 所示，设焊接式整体叶盘毛坯的测量点集为 P，设计模型为 S，其中包含了 M 个叶片，则叶盘加工余量自适应优化的具体过程如下：

步骤 1：以测量点集 P 与设计模型 S 进行余量优化建模与求解，若存在最优解，返回最优的定位变换($\boldsymbol{R}^*, \boldsymbol{t}^*$)，并建立自适应工艺几何模型 S^{*1}，退出；若无最优解，转到下一步。

步骤 2：按照对称原则提取整体叶盘的部分设计模型 S_1^2、S_2^2，并同时划分测量点集 P 为两个子集 P_1、P_2，分别进行余量优化建模与求解，并判断是否存在最优解。若存在，返回最优的定位变换($\boldsymbol{R}_1^{*2}, \boldsymbol{t}_1^{*2}$) 和($\boldsymbol{R}_2^{*2}, \boldsymbol{t}_2^{*2}$)，并建立自适应工艺几何模型 S^{*2}，退出；若不存在，转到下一步。

步骤 3：按照对称原则进一步分解，直到以整体叶盘的单个叶片毛坯作为余量优化对象，优化计算得各个叶片的相对定位基准，返回最优的定位变换($\boldsymbol{R}_1^{*M}, \boldsymbol{t}_1^{*M}$)，($\boldsymbol{R}_2^{*M}, \boldsymbol{t}_2^{*M}$)，…，($\boldsymbol{R}_M^{*M}, \boldsymbol{t}_M^{*M}$)，并建立自适应工艺几何模型 S^{*M}，退出。

其中，余量优化建模与求解可采用 3.3 节的方法；而所建立的自适应工艺几何模型，将作为数控加工的参考模型，用以估计整体叶盘的加工变形误差。

事实上，由于焊接式整体叶盘的单个叶片变形差异较大，所以多数情况下余量自适应优化的最终结果都可能是单个叶片的独立加工。然而，在一定的公差允许条件下，寻找保持叶盘加工一致性的分组定位加工方式还是有意义的，可以有效提高焊接式整体叶盘的加工效率。

结合图 3-23 可以看出，叶盘加工余量的自适应优化过程充分考虑了焊接毛坯的实际误差分布特点，按照统一到逐层分解的定位方式确定了合适的叶片加工相对基准。这一过程不但满足了

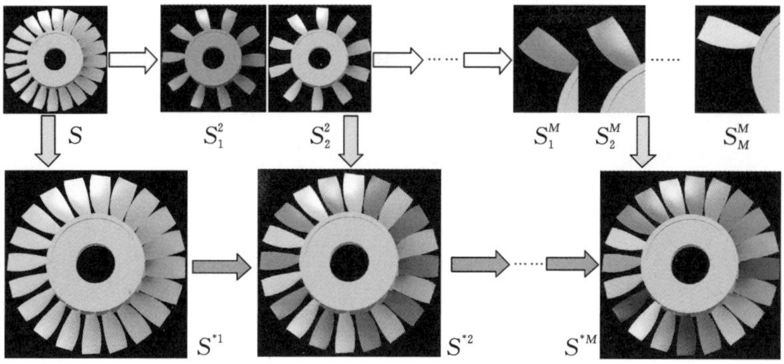

图 3-23　整体叶盘加工余量自适应优化过程

实际加工工艺需求，也最大程度地保证了整体叶盘运行的动平衡特性，符合实际工程应用需要。

3.4.3　算例分析

以一焊接式整体叶盘加工为例，分析并计算其余量优化的详细过程。图 3-24 给出了一组仿真模型。其中，图 3-24(a) 为设计模型，图 3-24(b) 为毛坯模型。该叶盘包含了 20 组叶片，为了模拟焊接变形，从其中某一叶片开始，按逆时针方向进行叶片编号，并随机施加沿叶片相对坐标系 x 轴方向的旋转变换，建立焊接毛坯模型。具体的旋转角度满足正态分布 $N(0, 0.1^2)$，参见表 3.7、图 3-25。将毛坯模型进行等参数离散，并添加随机噪声($N(0.01, 0.01^2)$)生成测量仿真数据，如图 3-26 所示。其中，每组叶片包含了 60 个测量点(叶尖区域 40 个，过渡区域 10 个，叶根区域 10 个)。

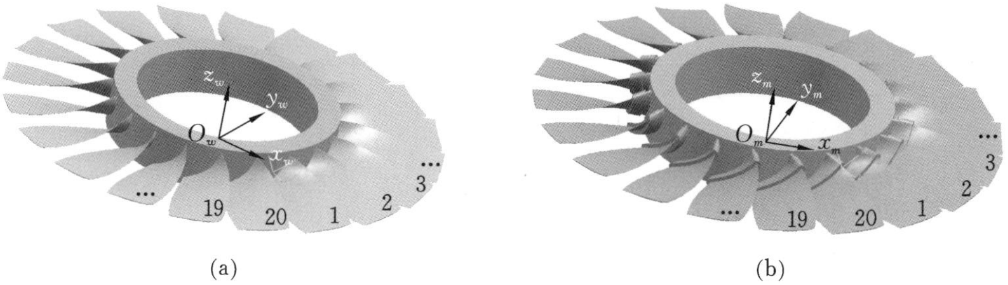

图 3-24　整体叶盘余量优化的仿真模型

(a) 设计模型；(b) 焊接毛坯模型

表 3.7　焊接变形定位变换参数设置

叶片编号	旋转角度(°)	叶片编号	旋转角度(°)	叶片编号	旋转角度(°)
1	0.119084	8	0.141514	15	−0.101063
2	−0.120246	9	−0.080509	16	0.061446
3	−0.001979	10	0.052874	17	0.050774
4	−0.015672	11	0.021932	18	0.169243
5	−0.160409	12	−0.092190	19	0.059128
6	0.025730	13	−0.217067	20	−0.064360
7	−0.105647	14	−0.005919		

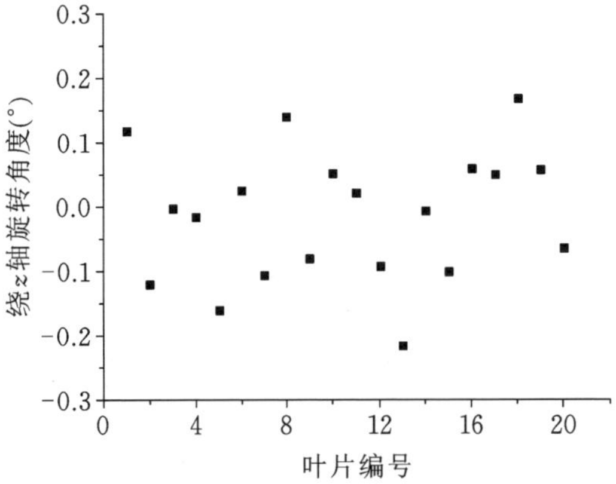

图 3-25 焊接变形旋转角度分布图

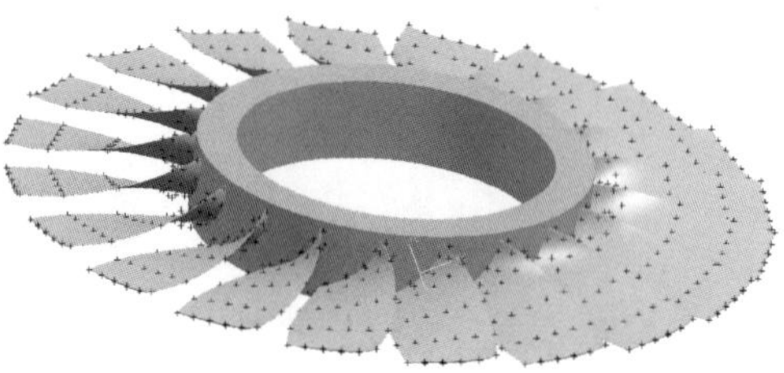

图 3-26 叶盘焊接毛坯测量点集分布

利用上述方法进行叶盘加工余量的自适应优化。针对叶盘整体余量优化求解时，迭代呈发散状态，判断不存在优化解。进而按单双编号将叶片分为两组，分别进行定位及优化，具体的迭代过程如图 3-27、图 3-28 所示。

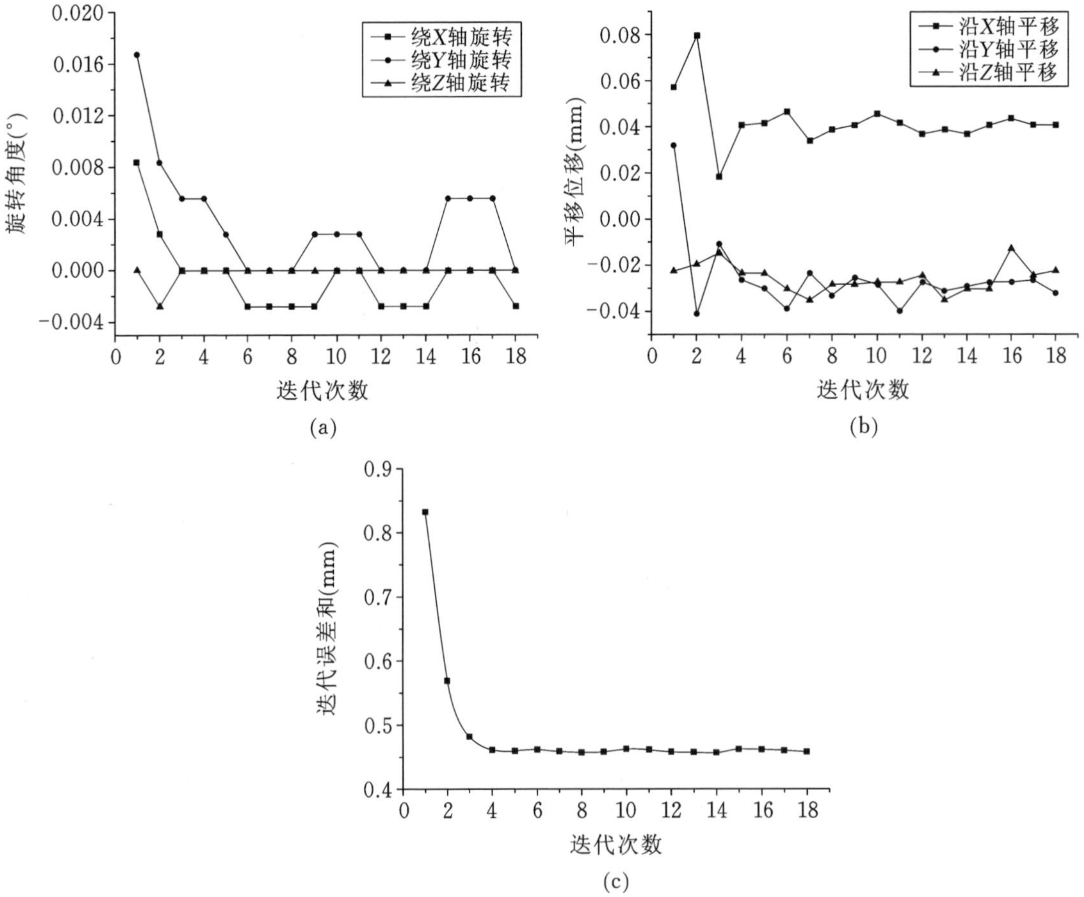

图 3-27 单号组叶片加工余量优化的迭代过程

(a) 旋转量变化；(b) 平移量变化；(c) 迭代误差和变化

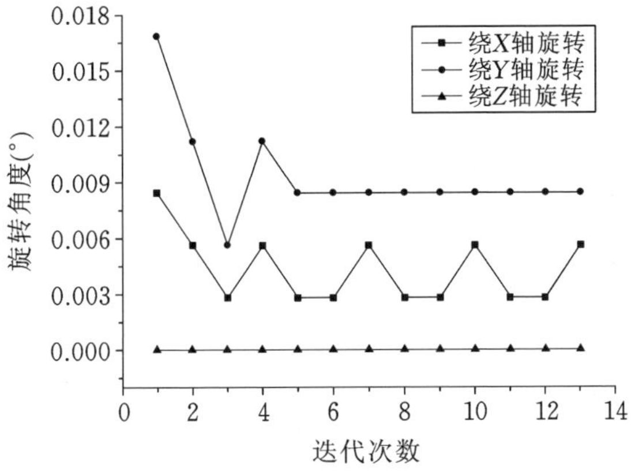

(a)

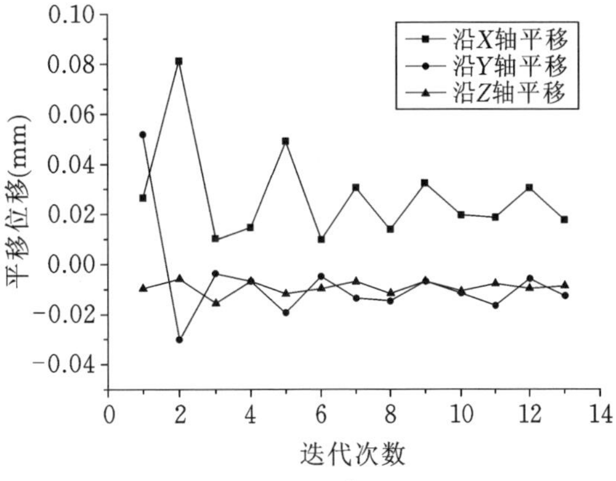

(b)

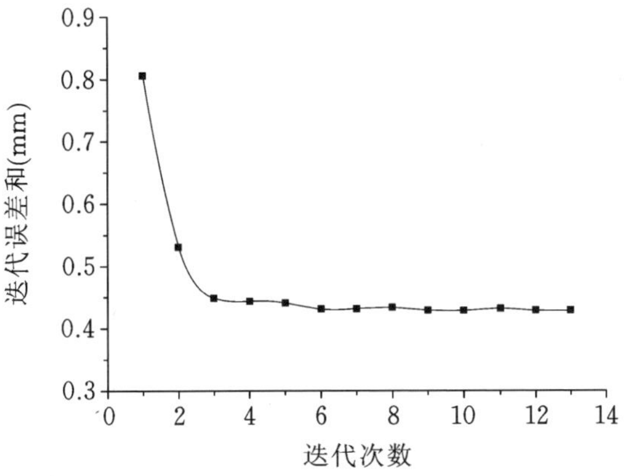

(c)

图 3-28　双号组叶片加工余量优化的迭代过程

(a) 旋转量变化；(b) 平移量变化；(c) 迭代误差和变化

按照两个定位基准进行焊接整体叶盘加工，其余量的分布能够得到优化，结果如表 3.8、图 3-29、图 3-30 所示。

表 3.8　余量优化前后有向距离方差的比较

	叶尖区域	过渡区域	叶根区域
优化前	0.002031	0.115725	0.008519
优化后	0.001989	0.113383	0.008751

可以看出，优化后的叶盘叶片相对定位基准发生了变化，叶片不同区域的有向距离误差也得到了不同程度的降低。这一结果可以显著减少焊接工艺引起的叶片位置偏差和余量分布不均对叶盘加工质量的影响。

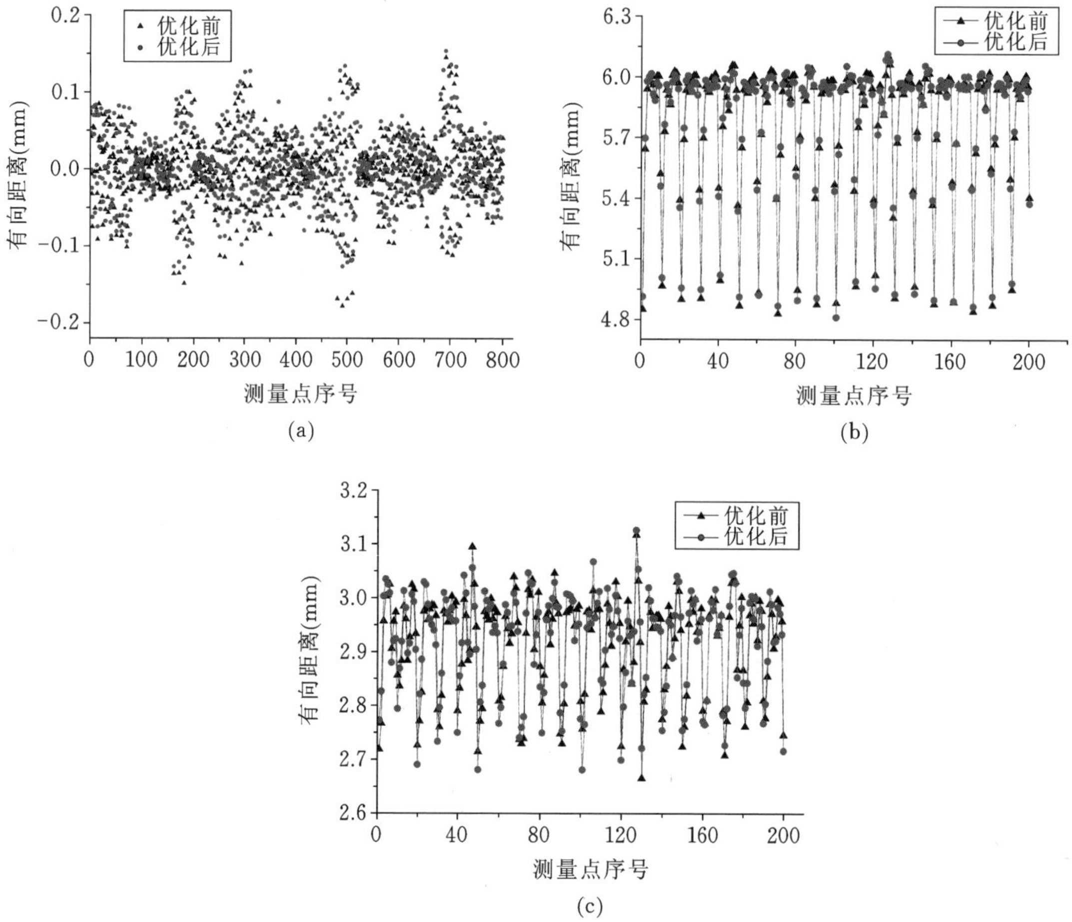

图 3-29　余量优化前后的有向距离误差对比

(a) 叶盘叶尖区域;(b) 叶盘过渡区域;(c) 叶盘叶根区域

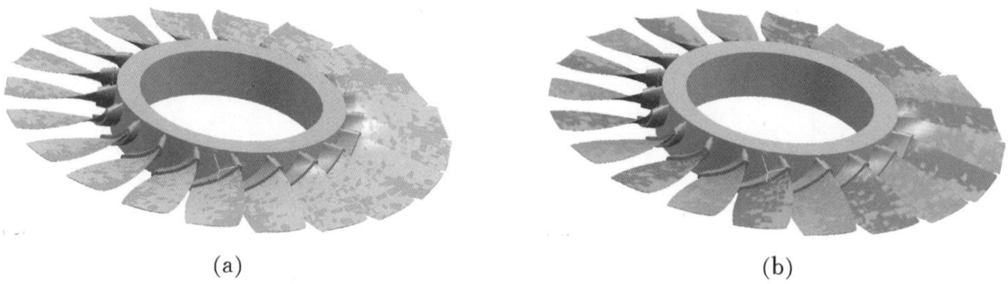

图 3-30　余量优化前后的模型对比

(a) 余量优化前;(b) 余量优化后

参 考 文 献

[1] ZHANG D H,ZHANG Y,WU B H. Research on the adaptive machining technology of blisk[J]. Advanced Materials Research,2009,69-70,446-450.

[2] 储云仙,苟剑波,吴洪,等. 工件自动混合定位包容问题的研究[J]. 机械工程学报,2000,36(1):45-49.

[3] SUN Y W,XU J T,GUO D M,et al. A unified localization approach for machining allowance optimization of complex curved surfaces[J]. Precision Engineering,2009,33(4):516-523.

[4] SUN Y W,MING W X,MING G D,et al. Machining localization and quality evaluation of parts with sculptured surfaces using SQP method[J]. International Journal of Advanced Manufacturing Technology,2009,42(11):1131-1139.

[5] CHATELAIN J F. A level-based optimization algorithm for complex part localization [J]. Precision Engineering,2005,29(2):197-207.

[6] XIONG Z,WANG M Y,LI Z. A near-optimal probing strategy for workpiece localization [J]. IEEE Transactions on Robotics,2004,20(4):668-676.

[7] 严思杰,周云飞,彭芳瑜,等. 大型复杂曲面零件加工余量均布优化问题研究[J]. 华中科技大学学报(自然科学版),2002,30(10):35-37.

[8] CHATELAIN J F,FORTIN C. A balancing technique for optimal blank part machining [J]. Precision Engineering,2001,25(1):13-23.

[9] ZHU L M,XIONG Z H,DING H,et al. A distance function based approach for localization and profile error evaluation of complex surface[J]. Transactions of ASME, Journal of manufacturing science and engineering,2004,126(3):542-554.

[10] 张定华,张莹,吴宝海,等. 自适应加工技术在整体叶盘制造中的应用[J]. 航空制造技术,2008,(13):51-55.

[11] 程云勇. 涡轮叶片成形精度分析系统关键技术研究[D]. 西安:西北工业大学,2007.

[12] 刘晶. 叶片数字化检测中的模型配准技术及应用研究[D]. 西安:西北工业大学,2006.

[13] LI Y D,GU P H. Free-form surface inspection techniques state of the art review[J]. Computer-Aided Design,2004,36(13):1395-1417.

[14] 严思杰,周云飞,彭芳瑜,等. 大型复杂曲面加工工件定位问题研究[J]. 中国机械工程,2003,14(9):737-740.

[15] 唐焕文,秦学志. 实用最优化方法(第三版)[M]. 大连:大连理工大学出版社,2004.

[16] BROWNELL J B,GILLBANKS P J,HAWKINS R J,et al. Method for the manufacture or repair of a blisk by linear friction welding[P]. US 6,095,402,Aug. 1,2000,United States Patent.

第4章 自适应工艺几何建模理论

叶片曲面自适应工艺几何建模是基于前期工艺变形或工作服役变形的几何建模方式，简称工艺几何建模。它是加工过程建模的重要形式之一，目的是精确度量当前待加工零件的形状变化，并以此为基础重新规划适应其变化的刀位轨迹，为实现叶片类零件高效精密的数控加工提供模型基础。

针对叶片类零件的复合制造工艺特点，按照设计模型（或称名义模型或理论 CAD 模型）存在与否，工艺几何建模分为以下两种形式[1]，如图 4-1 所示。

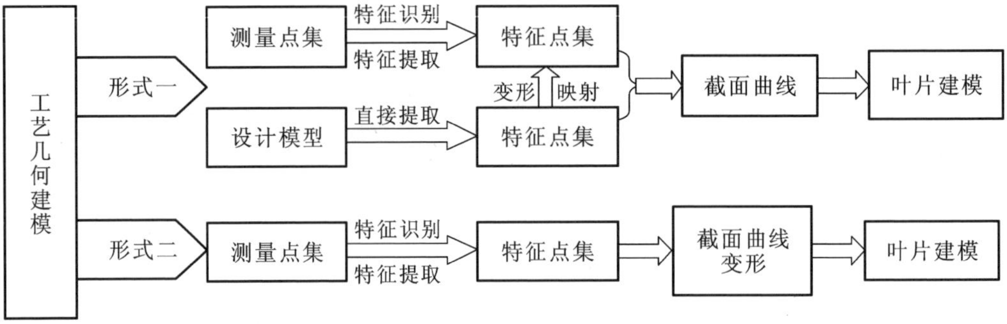

图 4-1 叶片自适应工艺几何建模的两种形式

① 基于设计模型的建模。以焊接式整体叶盘的过渡区域加工为代表——一般存在设计模型。但是，受工艺变形的影响，此时的设计模型无法直接应用于数控加工编程。目前的方法大多采用逆向工程的建模方法，直接进行过渡区域建模。然而，直接建模的精度往往无法满足要求。事实上，此时的设计模型是存在的，完全摒弃设计模型的建模方法显然是不恰当的。因此，应合理利用设计模型，发展基于设计模型的工艺几何自适应建模方法，以精确描述过渡区域的几何形状变化，使其满足数控加工的精度要求。

② 直接建模。以叶片的叶尖修复加工为代表——一般不存在设计模型，通常采用曲面延拓或插值的方法直接建立待修复或待补偿加工区域的几何模型，这与逆向工程建模方法相同。但是，当修复区域或待补偿加工区域面积过大或曲面曲率变化过大时，直接建模方法可能无法满足建模及加工精度的要求。此时，可将直接建模模型作为设计参考模型，再利用图 4-1 中形式一的建模方法重新优化。

4.1 基于曲面变形映射的工艺几何建模方法

设计模型是叶片自适应数控加工的基本参考模型，尤其是当待加工区域面积较大时，它将发挥较为重要的作用。此外，所建立的工艺几何模型与设计模型相比，必须局限于一定的误差范围之内，否则，基于该模型所加工出的零件也难以满足实际加工精度要求。

为此，本节在设计模型几何性质分析的基础上，给出了基于曲面变形映射的工艺几何建模方法，作为现有叶片曲面建模方法的补充。首先给出建模的总体思想及基本过程，并指出变形映射关系的建立是工艺几何建模的核心内容。其次，考虑叶片的复杂柔性变形，通过定义旋转角度插值方式建立设计模型与测量数据间的变形映射关系。最后，应用截面曲线整体约束逼近算法，实现满足叶片设计特征约束的工艺几何建模。

4.1.1　总体思想及基本过程

本书所提的设计模型是指面向加工的设计 CAD 模型，它完整地描述了零件的几何性质，同时满足了设计与加工的双重要求。图 4-1 中形式一给出了基于设计模型的曲面变形映射建模的总体思想：首先通过分别提取已完成加工区域设计模型与实际测量数据间的特征点集，建立变形映射关系，以刻画零件可能发生的几何形状变化；然后基于该映射关系，由待加工区域设计模型的特征点集自适应地生成适应其形状变化的加工区域特征点集；最后，在截面曲线整体约束逼近的基础上建立真正应用于实际加工的工艺几何模型。

下面以焊接式整体叶盘叶片的过渡区域加工为例，详细阐述曲面变形映射建模的基本过程，目的是为了保证叶片几何形状变化（工艺变形）的高度一致性，实现过渡区域的光滑衔接加工。

如图 4-2 所示，设焊接式整体叶盘单个叶片设计模型为 S_D，实际焊接毛坯为 S_M，而叶片实际加工模型为 S_H，则按照加工工艺进行叶片曲面区域划分，得

$$S_M = S_{H1} \cup S_{H2}, S_D = S_{D1} \cup S_{D2}, S_H = S_{DH} \cup S_{H2} \tag{4-1}$$

其中，S_{H1} 为待加工的过渡曲面实际毛坯，S_{D1} 为过渡区域设计模型，S_{H2} 为过渡区域相邻的实际曲面区域，S_{D2} 为对应的设计模型，S_{DH} 则为过渡区域工艺几何模型。

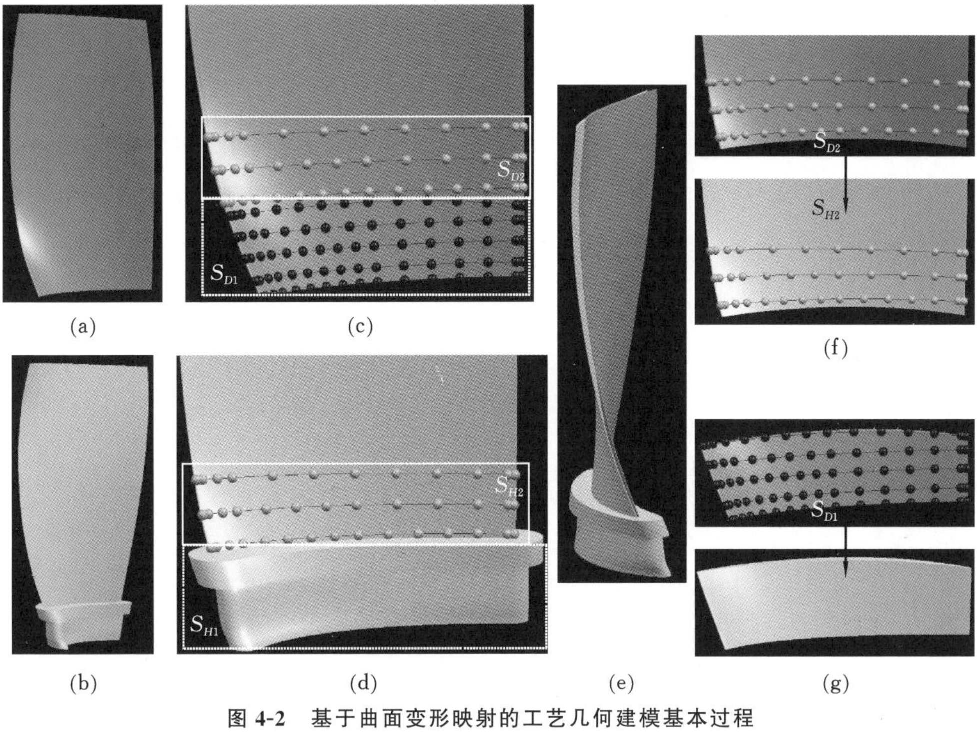

图 4-2　基于曲面变形映射的工艺几何建模基本过程

(a) S_D；(b) S_M；(c) S_{D1} 和 S_{D2} 特征点集；(d) S_{H2} 数字化检测；(e) 模型配准；(f) 变形映射 $f: S_D \to S_H$；(g) S_{DH}

实际应用中通常结合过渡区域的几何性质确定相邻区域，有时为了保证叶根区域与设计模型的一致性，过渡区域还可能存在两部分相邻区域。但是，算法的基本思想保持不变。这里仅以单个相邻区域 S_{H2} 为例进行算法介绍。

由于叶片曲面区域 S_{H2} 已经完成加工，因此在后续的过渡区域加工中，必须保证待加工区域 S_{H1} 与 S_{H2} 的光滑过渡。然而，受焊接工艺变形或其他加工变形的影响，若直接基于过渡区域的设计模型 S_{D1} 规划刀具轨迹，可能无法保证叶片加工的光滑过渡，甚至出现叶片前后缘过切现象的发生。根据叶片曲面的蒙皮造型方法，利用曲面变形映射实现过渡区域的工艺几何建模，以保证过渡区域的光滑加工，提高整体叶盘叶片数控加工的精度。

如图 4-2 所示，过渡区域工艺几何模型 S_{DH} 自适应建模的基本过程如下：

步骤 1：根据叶片曲面最少特征点集提取算法，快速提取过渡区域相邻曲面设计模型 S_{D2} 的特征点集

$$X_{D2}=\{\boldsymbol{p}_1^1,\boldsymbol{p}_2^1,\cdots,\boldsymbol{p}_{n_1}^1;\boldsymbol{p}_1^2,\boldsymbol{p}_2^2,\cdots,\boldsymbol{p}_{n_2}^2;\cdots;\boldsymbol{p}_1^{m_2},\boldsymbol{p}_2^{m_2},\cdots,\boldsymbol{p}_{n_{m_2}}^{m_2}\} \tag{4-2}$$

其中，$\boldsymbol{p}_i^j(1\leqslant i\leqslant n_j,1\leqslant j\leqslant m_2)$ 表示第 j 条截面曲线的第 i 个特征点，m_2 表示相邻曲面区域的截面曲线总条数，n_j 表示第 j 条截面曲线的特征点总数；并由此规划相邻区域 S_{H2} 的测量路径，如图 4-2(c)、(d)所示；这里的特征点集是叶片截面前后缘、叶盆叶背四部分特征点集的并集。

步骤 2：测量实际的相邻曲面区域 S_{H2}，并提取对应的特征点集，得

$$X_{H2}=\{\boldsymbol{q}_1^1,\boldsymbol{q}_2^1,\cdots,\boldsymbol{q}_{n_1}^1;\boldsymbol{q}_1^2,\boldsymbol{q}_2^2,\cdots,\boldsymbol{q}_{n_2}^2;\cdots;\boldsymbol{q}_1^{m_2},\boldsymbol{q}_2^{m_2},\cdots,\boldsymbol{q}_{n_{m_2}}^{m_2}\} \tag{4-3}$$

其中，$\boldsymbol{q}_i^j(1\leqslant i\leqslant n_j,1\leqslant j\leqslant m_2)$ 表示相邻曲面 S_{H2} 的第 j 条截面曲线的第 i 个特征点，如图 4-2(d)所示。

步骤 3：配准相邻曲面设计模型与实际测量的特征点集 X_{D2} 和 X_{H2}，如图 4-2(e)、(f)所示，并建立特征点集间的变形映射关系

$$f:S_D\rightarrow S_H \tag{4-4}$$

步骤 4：快速提取过渡区域设计模型 S_{D1} 的特征点集

$$X_{D1}=\{\boldsymbol{r}_1^1,\boldsymbol{r}_2^1,\cdots,\boldsymbol{r}_{n_1}^1;\boldsymbol{r}_1^2,\boldsymbol{r}_2^2,\cdots,\boldsymbol{r}_{n_2}^2;\cdots;\boldsymbol{r}_1^{m_1},\boldsymbol{r}_2^{m_1},\cdots,\boldsymbol{r}_{n_{m_1}}^{m_1}\} \tag{4-5}$$

其中，$\boldsymbol{r}_i^j(1\leqslant i\leqslant n_j,1\leqslant j\leqslant m_1)$ 表示过渡区域设计模型 S_{D1} 的第 j 条截面曲线的第 i 个特征点。

步骤 5：按照变形映射关系 f，自适应地生成实际加工过渡区域 S_{DH} 的特征点集

$$X_{DH}=\{\boldsymbol{s}_1^1,\boldsymbol{s}_2^1,\cdots,\boldsymbol{s}_{n_1}^1;\boldsymbol{s}_1^2,\boldsymbol{s}_2^2,\cdots,\boldsymbol{s}_{n_2}^2;\cdots;\boldsymbol{s}_1^{m_1},\boldsymbol{s}_2^{m_1},\cdots,\boldsymbol{s}_{n_{m_1}}^{m_1}\} \tag{4-6}$$

其中，$\boldsymbol{s}_i^j(1\leqslant i\leqslant n_j,1\leqslant j\leqslant m_1)$ 表示过渡区域 S_{DH} 的第 j 条截面曲线的第 i 个特征点。

步骤 6：根据叶片设计前后缘半径约束条件，基于整体约束逼近的方式由特征点集 X_{DH} 拟合过渡区域截面曲线，在此基础上，运用蒙皮造型方法建立叶片过渡区域工艺几何模型 S_{DH}，如图 4-2(g)所示。

步骤 7：从曲面变形连续性角度分析，进一步全局优化生成满足误差要求的工艺几何模型 S_{DH}。

可以看出，过渡区域工艺几何模型是在度量曲面几何形状变化的基础上，依据变形映射关系由其设计模型所自适应建立的几何模型。工艺几何模型不但满足了前后缘半径约束要求，而且还保证了曲面连续性。基于此模型规划刀具轨迹实现数控加工，能够有效地提高整体叶盘叶片过渡区域加工精度，保证曲面光滑过渡。同时，该模型也可以作为叶片加工变形误差补偿的基础模型。

4.1.2　曲面变形映射方法

叶片曲面变形映射是描述相对于设计模型的实际叶片型面的几何形状变化关系。图 4-3 给出了各类加工工艺如锻造、焊接或工作服役所引起的叶片型面可能的几何变化，统称为工艺变形，包括叶片厚度、扭转、位置、曲率的变化等[2]。这些变形一般由叶片蠕变、高温变形或磨损裂纹而导致产生，变化复杂多样，难以采用简单的函数映射关系进行描述。本书按照工艺变形的刚性与柔性分类，给出两种曲面变形映射关系的建立方法。

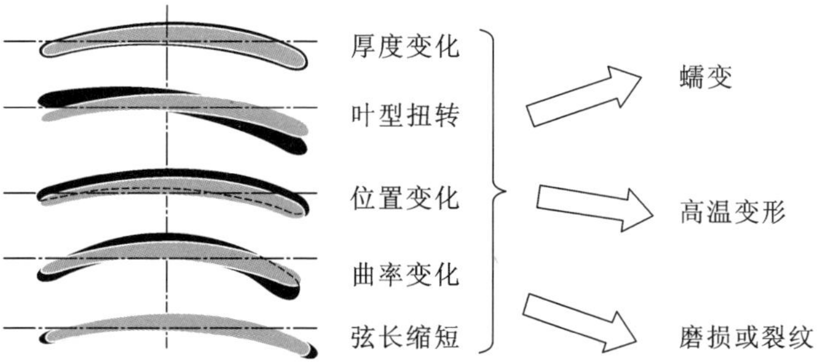

图 4-3　叶片加工工艺变形分类

在图 4-2 中，设叶片相邻曲面区域 S_{H2} 设计模型与实际测量的特征点集为 X_{D2} 和 X_{H2}，如式(4-2)、式(4-3)所定义。其中，集合 X_{D2} 和 X_{H2} 均为前后缘、叶盆叶背四部分点集的并集，分别定义了 m_2 条封闭的分段截面曲线。为简单建立特征点集 X_{D2} 和 X_{H2} 对应关系，采用样条曲线均匀选点的方式，使得两集合元素个数相同，并且按序号一一对应，即

$$\boldsymbol{p}_i^j \leftrightarrow \boldsymbol{q}_i^j, 1 \leqslant i \leqslant n_j, 1 \leqslant j \leqslant m_2 \tag{4-7}$$

按照"叶片曲面—截面曲线—分段曲线—特征点集"逐层特征分解，以特征点集作为叶片曲面的特征信息，依据曲面设计模型与实际测量数据特征对应点建立曲面变形映射关系：

$$f: S_D \rightarrow S_H, \boldsymbol{q} = f(\boldsymbol{p}) \tag{4-8}$$

$\forall \boldsymbol{p} \in S_D$，$\exists \boldsymbol{q} \in S_H$，使得 $\boldsymbol{q} = f(\boldsymbol{p})$。其中，$\boldsymbol{p}$、$\boldsymbol{q}$ 分别表示叶片设计模型与实际曲面的特征点。该映射关系 f 表示从叶片曲面的设计模型到实际曲面的形状变化。基于此映射关系，能够自动计算出叶片过渡区域相对于设计模型形状变化的特征点集，并以此建立适应其形状变化的工艺几何模型。

(1) 简单刚体变换——位置变化

叶片的简单刚体变换是指叶片整体几何形状不发生任何变化，仅相对位置发生了变化，即叶片曲面发生了整体旋转或平移运动。据此，定义简单刚体变换映射关系：

$$f: S_D \rightarrow S_H, \boldsymbol{q} = f(\boldsymbol{p}) = \boldsymbol{R}^* \cdot \boldsymbol{p} + \boldsymbol{t}^* \tag{4-9}$$

其中，$\boldsymbol{R}^* \in R^{3\times3}$、$\boldsymbol{t}^* \in R^{3\times1}$ 分别表示特征点集 X_{D2} 与 X_{H2} 配准后的旋转变换矩阵和平移矢量。

将过渡区域特征点集 X_{D1} 中的点按照式(4-9)进行相同的刚体变换，所得的点构成了实际过渡区域特征点集 X_{H1}。

(2) 复杂柔性变形——形状变化

叶片的复杂柔性变形包含了除刚体变换以外的所有工艺变形，一般难以采用简单的显式函数映射关系表示。本节从工艺变形连续性角度出发，阐述基于旋转角度线性插值的曲面变

形映射关系建立方法。

将截面曲线四部分特征点集分开处理，仅以叶盆曲面为例。如图4-4(a)、(b)所示，设整体叶盘设计坐标系为O_w-$x_w y_w z_w$，其中某一叶片叶盆的设计曲面模型为S_D，假设曲面参数v方向与坐标系z_w方向一致，按$v=v^*$的等v参数线进行区域划分，则有$S_D=S_{D1}\cup S_{D2}$，其中

$$S_D:u,v\in[0,1];\ S_{D2}:u\in[0,1],v\in[0,v^*];\ S_{D1}:u\in[0,1],v\in[v^*,1] \tag{4-10}$$

分析可知，整体叶盘的叶片一般按等θ_0角度分布于外轮毂曲面上，其中，θ_0为相邻叶片间相对整体叶盘轮毂中心线L_z的旋转夹角(积叠轴夹角)。因此，将S_D左右相邻的叶盆设计曲面作为参考曲面，记为S_D^z、S_D^y，如图4-4(c)所示。

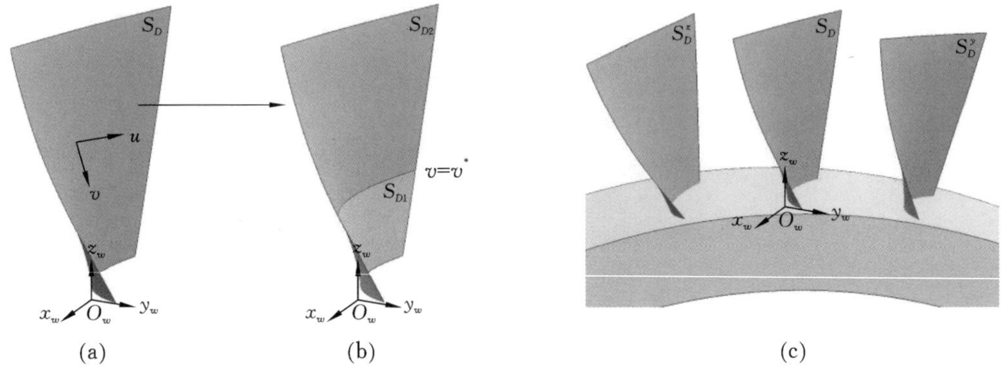

图4-4　叶片叶盆设计曲面模型

(a) 叶盆设计曲面；(b) 区域划分；(c) 相邻参考叶盆设计曲面

设计曲面S_D绕整体叶盘轮毂中心线分别旋转$\pm\theta_0$至左右参考曲面S_D^z、S_D^y，建立如图4-5所示的通道实体$C(u,v,t)$。定义变形尺度因子μ(与θ_0的取值有关)，记$t\in[-\mu,\mu]$为通道参数，u、v为曲面参数。则当$t=-\mu$时，$C(u,v,-\mu)=S_D^z$；$t=0$时，$C(u,v,0)=S_D$；$t=\mu$时，$C(u,v,\mu)=S_D^y$。

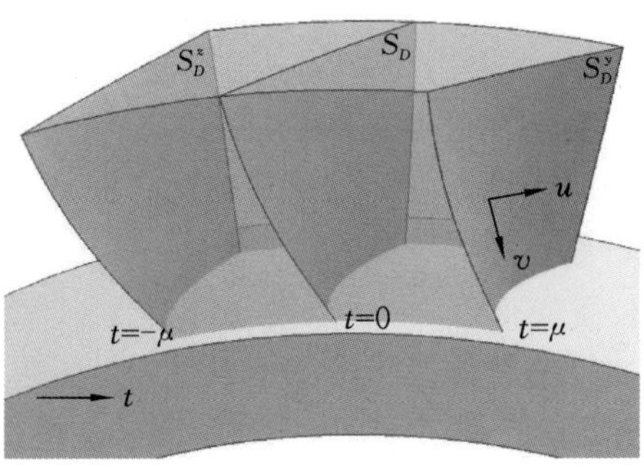

图4-5　通道实体

当通道参数t随叶片曲面几何形状的变化而变化时，即$t^*=t(u,v)$，所形成的曲面$C(u,v,t^*)$为叶片实际的曲面模型S_H；若曲面参数满足$u\in[0,1]$，$v\in[v^*,1]$，对应的曲面即为所求的叶片过渡区域工艺几何模型S_{DH}。

假设设计曲面S_D与实际曲面S_H的特征点集按照集合元素序号一一对应，且具有相同的曲面参数，即

$$\boldsymbol{p}_i^j=C(u',v',0)\leftrightarrow\boldsymbol{q}_i^j=C(u',v',t_q) \tag{4-11}$$

首先按照旋转角度线性插值的方式建立设计曲面 S_D 与对应实际曲面 S_H 间的特征点集变形映射关系：

$$f:S_D\rightarrow S_H,\boldsymbol{q}=f(\boldsymbol{p}),\boldsymbol{p}=C(u',v',0),\boldsymbol{q}=C(u',v',t_q) \tag{4-12}$$

其中，$u\in[0,1]$，$v\in[0,1]$，关键是如何确定通道参数 t_q，具体计算方法如下：

如图 4-6 所示，已知设计曲面中任意一点 $\boldsymbol{p}=C(u',v',0)$，根据通道实体建立方法可知，与之对应的参考曲面点

$$\begin{aligned}\boldsymbol{p}^z&=C(u',v',-\mu)=\boldsymbol{R}_{Lz}(\theta_0)\cdot\boldsymbol{p}\\ \boldsymbol{p}^y&=C(u',v',\mu)=\boldsymbol{R}_{Lz}(-\theta_0)\cdot\boldsymbol{p}\end{aligned} \tag{4-13}$$

其中，$\boldsymbol{R}_{Lz}(\theta)$ 表示绕整体叶盘轮毂中心线 L_z 逆时针旋转 θ 角度的坐标变换。

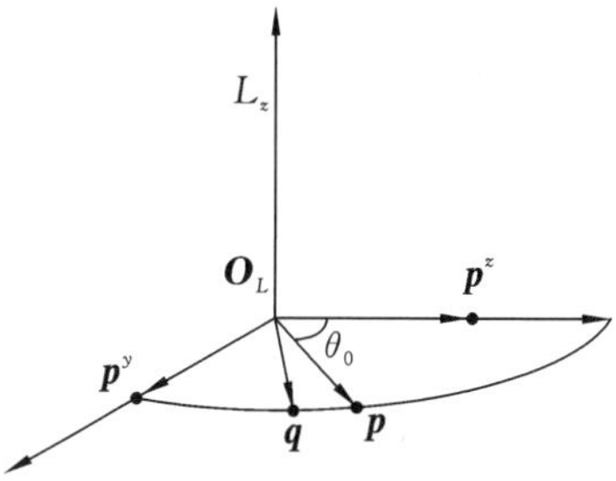

图 4-6　旋转角度线性插值

在整体叶盘设计坐标系 $O_w\text{-}x_wy_wz_w$ 中，轮毂中心 $\boldsymbol{O}_L=(x_o,y_o,z_o)^{\mathrm{T}}$，中心线 L_z 的单位方向矢量 $\boldsymbol{v}_L=(a,b,c)^{\mathrm{T}}$，则任意一点 $\boldsymbol{p}=(x_p,y_p,z_p)^{\mathrm{T}}$ 绕中心线旋转 θ 角至 $\boldsymbol{p}^*=(x_p^*,y_p^*,z_p^*)^{\mathrm{T}}$ 的坐标变换可分为以下几步完成[3]：首先将坐标原点平移至 $\boldsymbol{O}_L$ 点，并使中心线分别绕坐标轴 x_w、y_w 旋转适当的角度与 z_w 轴重合；再绕 z_w 轴旋转 θ 角；最后做上述变换的逆变换，使之回到原点的位置，即

$$\boldsymbol{p}^*=\boldsymbol{R}_x(-\alpha)\cdot\boldsymbol{R}_y(-\beta)\cdot\boldsymbol{R}_z(\theta)\cdot\boldsymbol{R}_y(\beta)\cdot\boldsymbol{R}_x(\alpha)\cdot(\boldsymbol{p}-\boldsymbol{O}_L)+\boldsymbol{O}_L \tag{4-14}$$

式中，$\boldsymbol{R}_\Delta(\theta)$ 表示绕坐标系 Δ 轴逆时针旋转 θ 角的变换矩阵；记 $u=\sqrt{b^2+c^2}$，α 由 $\cos\alpha=c/u$ 和 $\sin\alpha=b/u$ 确定，β 由 $\cos\beta=u$ 和 $\sin\beta=-a$ 确定。记

$$\boldsymbol{p}'=R_y(\beta)\cdot\boldsymbol{R}_x(\alpha)\cdot(\boldsymbol{p}-\boldsymbol{O}_L)=(p_x,p_y,p_z)^{\mathrm{T}},\boldsymbol{q}'=\boldsymbol{R}_y(\beta)\cdot\boldsymbol{R}_x(\alpha)\cdot(\boldsymbol{p}^*-\boldsymbol{O}_L)=(q_x,q_y,q_z)^{\mathrm{T}}$$

推导可得

$$\cos\theta=\frac{p_xq_x+p_yq_y}{p_x^2+p_y^2},\quad \sin\theta=\frac{p_xq_y-p_yq_x}{p_x^2+p_y^2} \tag{4-15}$$

因此，若已知 $\boldsymbol{p}$ 点及对应 $\boldsymbol{p}^*$ 点的空间坐标，则可由式(4-15)反算出旋转角度 θ。

定义旋转角度线性插值函数 $\theta(t)=-t\cdot\theta_0/\mu$，对应反函数 $t(\theta)=-\mu\cdot\theta/\theta_0$，使其满足 $\theta(-\mu)=\theta_0$，$\theta(0)=0$，$\theta(\mu)=-\theta_0$ 要求，即符合式(4-13)，则对应测量特征点

$$\begin{aligned}\boldsymbol{q}&=C(u',v',t_q)=\boldsymbol{R}_{Lz}(\theta(t_q))\cdot\boldsymbol{p}\\ &=\boldsymbol{R}_x(-\alpha)\cdot\boldsymbol{R}_y(-\beta)\cdot\boldsymbol{R}_z(\theta(t_q))\cdot\boldsymbol{R}_y(\beta)\cdot\boldsymbol{R}_x(\alpha)\cdot(\boldsymbol{p}-\boldsymbol{O}_L)+\boldsymbol{O}_L\end{aligned} \tag{4-16}$$

由式(4-15)计算 $\theta(t_q)$，再按反函数 $t_q=-\mu\cdot\theta(t_q)/\theta_0$ 求得对应点通道参数 t_q。

变形映射关系式(4-12)具体体现在通道参数的变化，即以设计模型为参考，使其绕整体叶盘轮毂中心线的旋转，具体的旋转角度表明了实际特征点相对于设计模型的变化。所有的测量特征点变化的统一表现即为实际曲面 S_H 相对于设计模型 S_D 的几何形状变化。这一变形映射关系也适用于待加工曲面区域的 S_{H1}，使其满足叶片曲面工艺变形的连续性与一致性要求。

4.1.3　曲面映射参数的优化方法

以 S_{D1} 表示叶片过渡区域的设计模型，S_{DH} 表示待求的过渡区域工艺几何模型，则二者特征点集间满足变形映射关系(4-12)，以通道实体表示工艺几何模型

$$S_{DH}=C(u,v,t^*),t^*=t(u,v),u\in[0,1],v\in[v^*,1] \tag{4-17}$$

其建模的关键是优化通道参数 $t^* = t(u,v)$，进而根据变形映射关系计算过渡区域实际的特征点集，以实现过渡区域的工艺几何自适应建模。

根据叶片曲面工艺变形连续性原理，首先由式(4-16)建立实际相邻曲面 $S_{H2} = C(u,v,t^*)$，$t^* = t(u,v)$，$u \in [0,1]$，$v \in [0,v^*]$，获得所有 S_{H2} 中特征点集的通道参数。在此基础上，按 u 向参数变化，由已知的通道参数 $t^* = t(u,v)$，$u \in [0,1]$，$v \in [0,v^*]$ 依次生成平面三次样条插值曲线，从而计算待加工过渡区域实际特征点集 X_{D1} 对应的通道参数。如图 4-7 所示，以某一参数 $u = u_i \in [0,1]$ 为例，详细介绍插值曲线的生成方法。

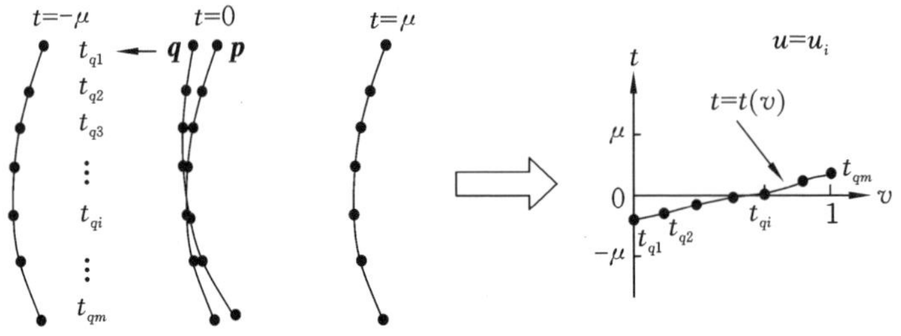

图 4-7 通道参数三次样条曲线插值

为简化计算，假设利用等参数均匀提取算法提取叶片曲面特征点集，则整个叶盆曲面的截面曲线(等 v 参数曲线)条数为 m，且 $m = m_1 + m_2 - 1$，其中，m_1、m_2 分别为过渡曲面和相邻曲面的曲线条数；同时，保证每条截面曲线的特征点集个数相同(设为 n)，并按照曲面参数(u_i, v_j)，$i = 1,2,\cdots,n$，$j = 1,2,\cdots,m$ 一一对应。

当固定 $u = u_i$ 时，由变形映射关系 f 反算 S_{H2} 中特征点集对应的通道参数，记为 $T^i = \{t_{q1}^i, t_{q2}^i, \cdots, t_{qm_2}^i\}$，并记录特征点集对应的曲面 v 向参数，存储至集合 $V^i = \{v_{q1}^i, v_{q2}^i, \cdots, v_{qm_2}^i\}$，增加曲线末点$(v_{qm}^i = 1, t_{qm}^i = 0)$至集合 V^i、T^i 中，则以此插值生成通道参数三次样条函数

$$t = t_i(v), v \in [0,1] \tag{4-18}$$

其中，$t_{qj}^i = t_i(v_{qj})$，$j = 1,2,\cdots,m_2$，如图 4-7 所示。

当 $u = u_i$，i 在$[1,n]$间变化时，可生成 n 个通道参数三次样条插值函数 $t = t_i(v)$，$i = 1,2,\cdots,n$，$v \in [0,1]$，从而构成通道实体参数函数

$$t^* = t(u,v), u \in \{u_1, u_2, \cdots, u_n\}, v \in [0,1] \tag{4-19}$$

该函数在曲面 u 方向为连续的三次样条函数，在 v 方向则是 n 个离散点集合。

设过渡区域设计模型 S_{D1} 任一特征点 $\boldsymbol{r} = C(u',v',0)$，将 $u = u'$，$v = v'$ 代入式(4-19)，可得对应的通道参数 t^*。根据变形映射关系(4-12)，则有：$\boldsymbol{s} = f(\boldsymbol{r})$，其中，$\boldsymbol{s}$ 为 $\boldsymbol{r}$ 对应的实际模型特征点，且 $\boldsymbol{s} = C(u',v',t^*)$，$t^* = t(u',v')$。

按照上述方法，依次计算过渡区域设计模型的所有特征点 $X_{D1} = \{\boldsymbol{r}_1^1, \boldsymbol{r}_2^1, \cdots, \boldsymbol{r}_n^1; \boldsymbol{r}_1^2, \boldsymbol{r}_2^2, \cdots, \boldsymbol{r}_n^2; \cdots; \boldsymbol{r}_1^{m_1}, \boldsymbol{r}_2^{m_1}, \cdots, \boldsymbol{r}_n^{m_1}\}$ 对应的实际特征点，则可得实际加工过渡区域 S_{DH} 的特征点集 $X_{DH} = \{\boldsymbol{s}_1^1, \boldsymbol{s}_2^1, \cdots, \boldsymbol{s}_n^1; \boldsymbol{s}_1^2, \boldsymbol{s}_2^2, \cdots, \boldsymbol{s}_n^2; \cdots; \boldsymbol{s}_1^{m_1}, \boldsymbol{s}_2^{m_1}, \cdots, \boldsymbol{s}_n^{m_1}\}$，其中，$r_i^j = C(u',v',0) \leftrightarrow \boldsymbol{s}_i^j = C(u',v',t^*)$，$t^* = t(u',v')$，$u' \in [0,1]$，$v' \in [v^*,1]$。在此基础上，即可运用叶片蒙皮造型方法建立过渡区域工艺几何模型 S_{DH}。

基于截面线特征的 CAD 模型建模过程一般可以分为截面数据的获取、截面数据的特征分割和分段截面数据的整体约束逼近 3 个阶段[4]。前面按照叶片截面分段特征曲线思想，自适应地生成了表示过渡区域工艺几何模型的前缘、叶背、后缘、叶盆四部分特征点集

$$X_{DH} = X_{DH}^q \cup X_{DH}^b \cup X_{DH}^h \cup X_{DH}^p \tag{4-20}$$

其中，X_{DH}^{q}、X_{DH}^{b}、X_{DH}^{h}、X_{DH}^{p} 分别表示前缘、叶背、后缘以及叶盆曲线的特征点集。

截面曲线分段处理虽然能够保证单段曲线的连续性，但是可能无法满足分段曲线连续性的建模要求。另外，叶片前后缘可能发生了较大的变形，难以满足缘头半径约束要求。为此，在蒙皮建模之前，必须做额外的处理，包括曲线投影、分段拟合、桥接、光顺等，然后再利用截面曲线整体约束逼近算法重新生成截面分段曲线，在此基础上实现满足叶片设计特征约束的工艺几何自适应建模。这部分工作均可采用现有的商用 CAD 软件进行处理，不再详细论述。

4.1.4　建模实例分析与讨论

以某型航空发动机整体叶盘叶片的过渡区域建模为例，图 4-8 给出了叶片设计及毛坯模型。其中，设计坐标系 O_w-$x_w y_w z_w$ 定义于某一叶片根部，整体叶盘轮毂中心 $\boldsymbol{O}_L=(43.9576, 31.6788, -346.00)^{\mathrm{T}}$，叶盘轮毂中心线 L_z 单位方向矢量 $\boldsymbol{v}_L=(0.8192, 0.5736, 0.00)^{\mathrm{T}}$，而相邻叶片间的夹角 $\theta_0=10°$，设尺度因子 $\mu=100$。

这里仅截取图 4-9(a)所示的叶盆部分曲面 S_D 进行建模实例分析。首先，取 $v^*=0.6295$ 进行曲面区域划分得 S_{D2}、S_{D1}(图 4-9(b))，然后分别按等 v 参数离散得 S_{D2}、S_{D1} 曲面的 6 和 4 条等 v 参数曲线，并以坐标原点为旋转中心，z_w 轴为旋转轴线，对 10 条参数曲线分别施加不同的旋转变换以模拟叶片的工艺变形，从而建立实际的叶盆曲面模型(图 4-9(c))，具体的参数设置见表 4.1。

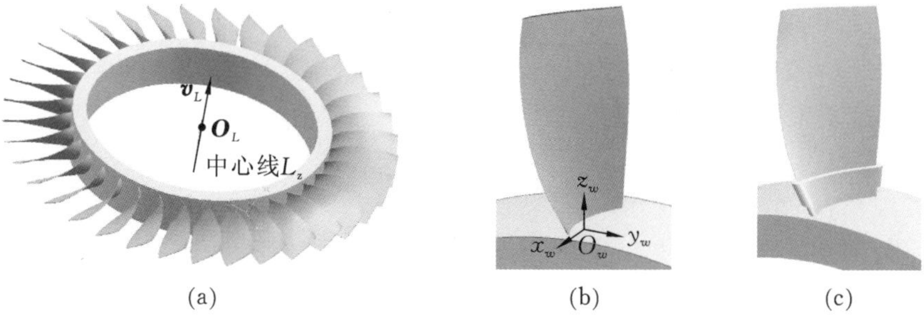

图 4-8　整体叶盘叶片过渡区域加工模型

(a) 整体叶盘设计模型；(b) 叶片设计模型；(c) 叶片毛坯模型

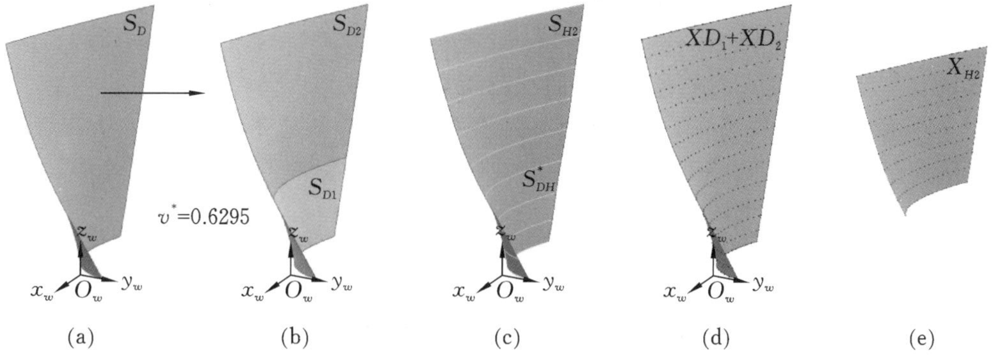

图 4-9　叶盆曲面仿真模型及测量点集分布

(a) 设计曲面；(b) 区域划分；(c) 实际曲面；(d) 设计特征点集；(e) 测量特征点集

表 4.1 叶片工艺变形仿真参数设置

叶片截面编号	旋转角度(°)	叶片截面编号	旋转角度(°)
1	−0.169352	6	−0.013059
2	−0.049267	7	−0.023974
3	0.132605	8	0.097059
4	−0.170839	9	−0.119098
5	−0.240263	10	−0.029934

按照等参数离散 S_{D2} 生成初始测量数据，并在截平面中以 $\boldsymbol{p}=\boldsymbol{p}+(\xi_x,\xi_y,0)^{\mathrm{T}}$ 施加噪声获得实际的测量仿真数据。其中，ξ_x、ξ_y 满足 $N(\mu,\sigma^2)=N(0.01,0.01^2)$，如图 4-9(e)所示。与之对应的是设计模型特征点集(图 4-9(d))，取 $n=20$，$m_1=6$，$m_2=10$。由于计算误差的影响，当设计模型与实际测量的特征点集不在同一截平面时，将测量点投影至设计模型截面，以保证建模算法的有效性。

根据本书方法建立叶片过渡区域的工艺几何模型，如图 4-10(a)所示。其中，插值生成的通道参数三次样条曲线如图 4-10(b)所示。可以看出，通道参数随着曲面参数的变化而变化，特别在过渡区域中通道参数由相邻曲面参数样条曲线延拓而成。

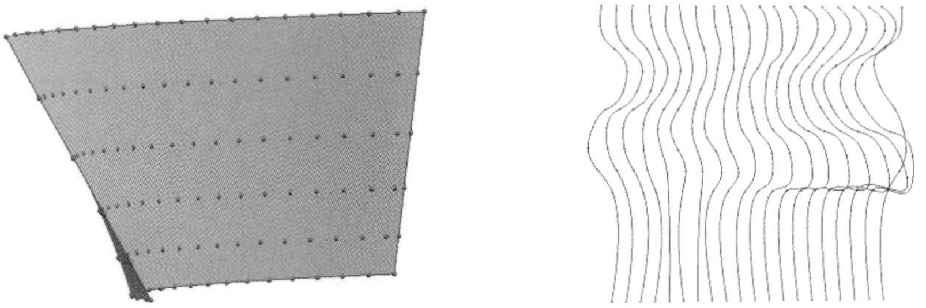

(a) (b)

图 4-10 叶片过渡区域工艺几何自适应建模

(a) 工艺几何模型及特征点集；(b) 通道参数样条曲线

图 4-11(a)给出了曲面上的通道参数分布图，在 0 附近上下变化，与实际工艺变形叶片的可能正负扭转相符。图 4-11(b)则给出了设计模型与实际模型有向距离误差分布，当误差满足建模精度时，说明了工艺几何建模方法的准确性与合理性。

整体叶盘叶片过渡区域的工艺几何模型描述了其几何形状的变化。在此模型的基础上，利用现有的 CAD/CAM 软件规划无干涉的刀位轨迹，重新生成数控加工代码，能够实现叶盘过渡区域的自适应加工，如图 4-12 所示。

以叶片曲面特征点作为基本特征，以实际测量点相对于叶盘轮毂中心的旋转角度度量点的几何变化，这一思想与实际可能的工艺变形相符，可以获得较高的建模精度。当然，工艺几何建模并不是最终的目的，只是实现自适应数控加工的中间过程方法。此外，也可以发展基于测量点集的刀位轨迹或数控加工代码自适应变换关系，直接生成满足零件几何形状变化的新的刀位轨迹或加工代码。

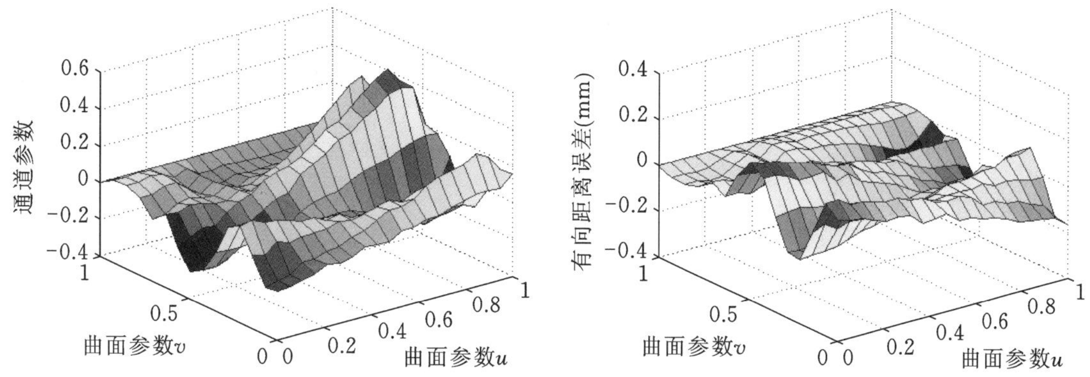

(a)　　(b)

图 4-11　设计曲面与实际曲面工艺变形误差比较

(a) 通道参数分布；(b) 有向距离误差分布

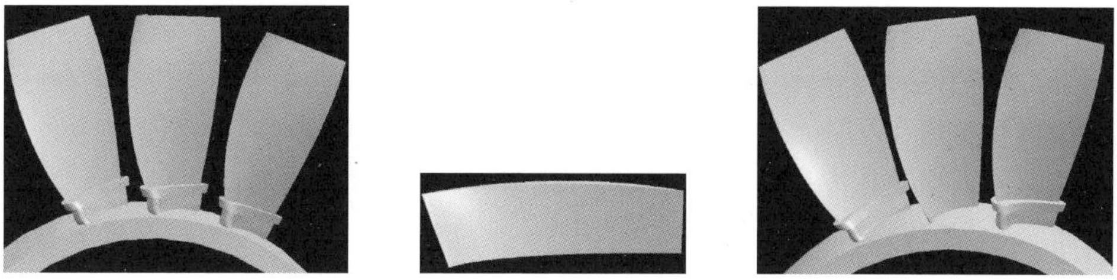

(a)　　(b)　　(c)

图 4-12　整体叶盘叶片过渡区域自适应加工

(a)焊接毛坯；(b)工艺几何模型；(c)自适应数控加工结果

4.2　变形及损伤叶片的测量建模方法

叶片零件的工作环境恶劣(高温、高压、高转速)，服役期间由于受到磨损、冲击以及冷热疲劳等作用，极易产生裂纹、腐蚀和磨损等缺陷，从而导致零件报废。比较典型的例子是叶片叶尖的疲劳断裂、前后缘脱落等。这些局部损伤或缺陷迫使整个叶片被替换下来，提前结束其使用寿命，造成了贵重金属材料及加工成本的重大浪费。因此，采用先进的修复技术对存在缺陷和损伤的叶片进行修复，延长其使用寿命，减少零件的更换，对于提高维修供应链的效率具有重要的科学研究价值和工程应用前景。

目前，叶片的修复主要采用焊接加工＋数控加工的复合制造工艺方式，其一般过程是首先切除叶片的损坏部分，然后通过激光熔覆、堆焊等焊接技术添加材料至加工区域，最后再采用数控加工的手段去除多余的材料[5]。然而，由于修复叶片自身可能存在变形或受损伤缺陷的影响，设计阶段的理论 CAD 模型将不再适用于修复加工的工艺过程，而且在大多数情况下无法简单获取修复叶片的设计模型。因此，必须根据待修复叶片的实际检测结果，自适应地建立其工艺几何模型以精确地描述修复叶片的几何形状，从而实现高效精密的叶片自适应修复加工[6,7]。但是，现有的方法最终所得的大多是叶片多面体模型，与常用的叶片 NURBS 特征模型存在差异，难以满足叶片精密修复加工的建模要求。

为此，针对目前叶片修复加工中直接建模方法的不足，本节中介绍一种基于截面曲线变形的工艺几何建模方法。通过小波分解，将截面测量点集按照轮廓和细节两部分信息分别进行样条插值变形，并重构得变形的截面曲线。在此基础上，根据蒙皮法建立满足加工精度要求的叶片工艺几何模型。此时所建的模型不仅能够满足加工区域光滑过渡的需要，同时也为精密的叶片修复加工提供了支持。

4.2.1 测量建模方法

叶片曲面是典型的复杂曲面，在现有的商用 CAD/CAM 系统中其主要表示形式有：NURBS、多面体、点模型等。其中，由截面曲线蒙皮而建立的 NURBS 曲面是最为常用的叶片几何造型方式。这种方式既符合叶片截面设计要求，也易于规划数控加工刀位轨迹及估计加工变形误差。因此，不同于多面体的建模方法[6,8]，本书以基于截面曲线蒙皮的 NURBS 方法建立工艺几何模型。

针对焊接叶片毛坯的修复加工，多数情况下不存在设计模型，而待修复加工的区域中又包含了大量不均匀分布的焊接材料余量，如图 4-13(a)所示，难以简单获取准确的修复区域模型信息。此时，必须有效地利用相邻的已完成加工（或称无余量）区域的测量信息进行叶片修复区域的工艺几何建模，如图 4-13(b)所示。

目前常采用曲面延拓或外插的方法进行叶片修复区域建模，与逆向工程中的曲面建模方法相同。然而，直接建模的精度常常无法满足加工精度的要求，导致目前叶片修复普遍精度、效率较低。通过分析可知，截面曲线是叶片曲面几何模型的关键特征，其建模的精度越高，相应的 NURBS 曲面模型的精度越高。为此，本节首先给出基于小波分析的截面曲线变形方法。不仅仅是扫描曲线，修复加工区域中的特定截面曲线也能够通过相邻的截面曲线变形生成，如图 4-13(b)所示。

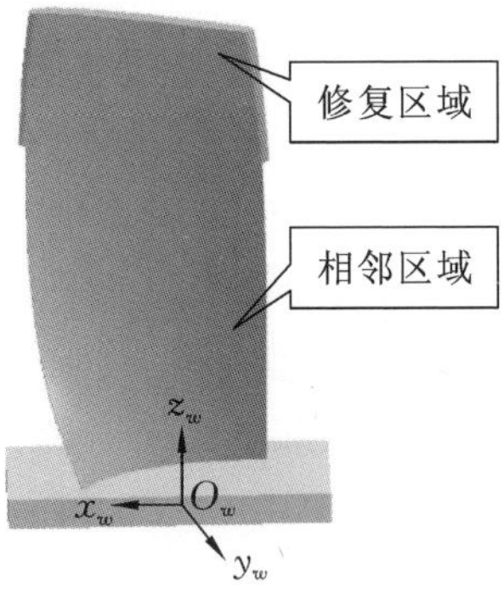

(a)

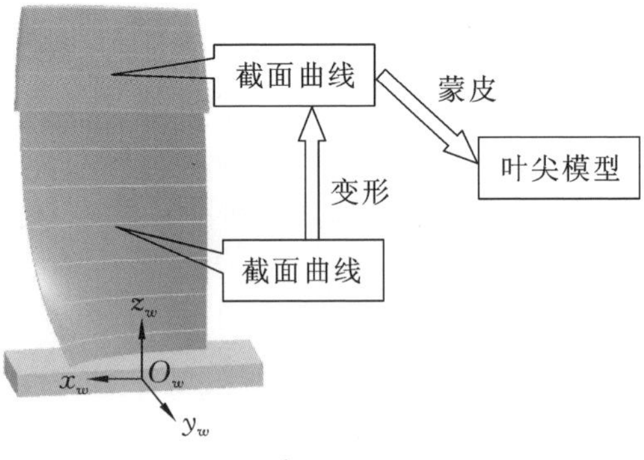

(b)

图 4-13 截面曲线变形建模示意图

(a) 焊接毛坯模型；(b) 截面曲线变形建模

4.2.2 基于截面曲线变形的工艺几何建模方法

(1) 小波分解

叶片工艺几何建模的基础是其截面曲线的高精度建模。实际应用中，相邻区域的截面曲线由数字化采样测量点集表示。由于不存在设计模型，无法获取截面的设计特征，如缘头半径等信息。因此，这里将截面曲线作为封闭的样条曲线处理，从测量点集中提取所需要的截面曲线最少特征点集。

如图 4-13(b)所示，设工艺几何建模的坐标系为 O_w-$x_w y_w z_w$，z_w 轴方向为叶高方向，以平行于 $z=0$ 的 xy 平面进行叶片的多个截面测量，则截面曲线定义为有限特征点集表示的平面曲线，其中各个截面相互平行，只是 z_w 轴方向值不同。

小波分解是样条曲线多分辨率表示的合适方法，对于曲线变形尤为重要[9-11]。图 4-14 给出了利用 Matlab 小波工具箱，对某一截面曲线特征点集按 x、y 两个方向进行小波的结果，其中选取的是 Daubechies 小波。

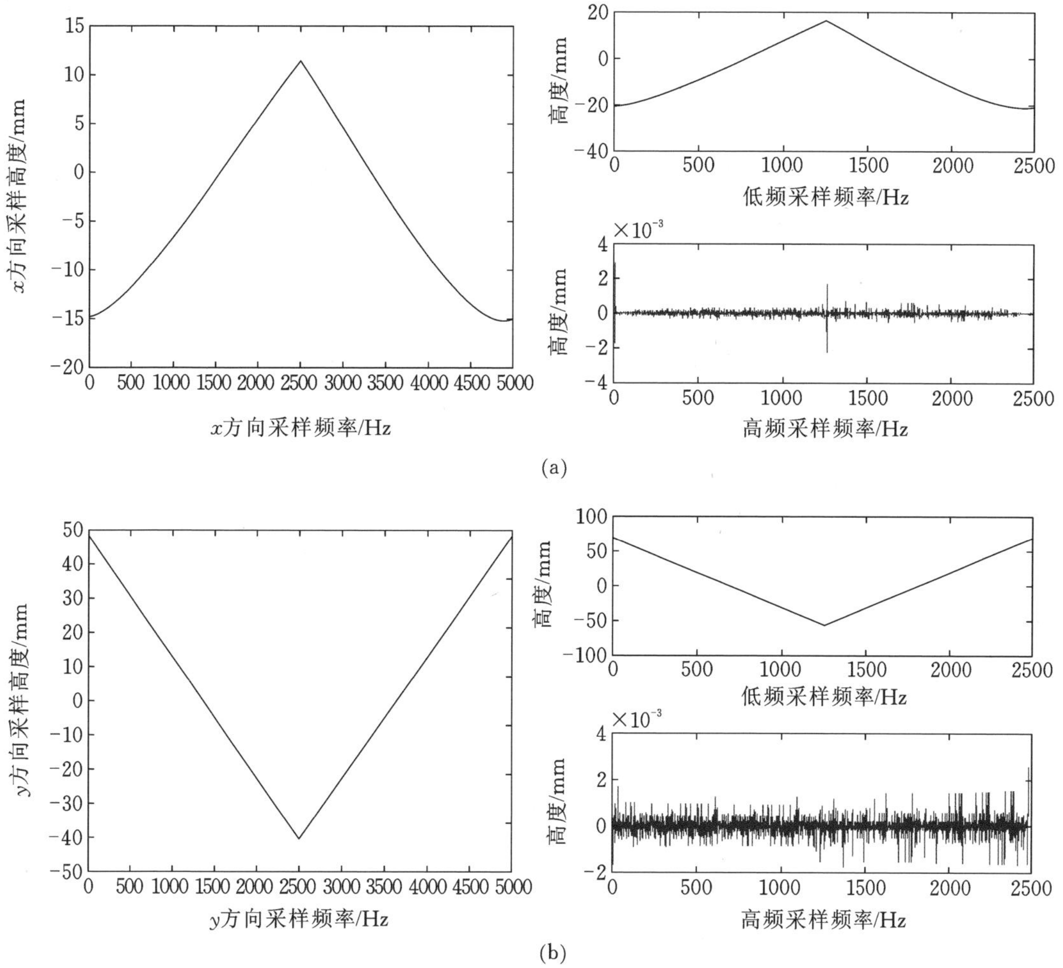

图 4-14　x 与 y 方向特征点集小波分解

(a) x 方向点集与分解；(b) y 方向点集与分解

可以看出，截面曲线特征点集按小波分解后包含轮廓和细节两部分信息。其中，轮廓部分与原始特征点集的分布相似，而细节部分则精确描述了特征点集的细微运动变化。

利用小波对截面曲线特征点集进行分解，目的是为了进一步刻画同一截面分布的特征点集变化，并在此基础上实现截面曲线的精确变形。

(2) 截面曲线变形

截面曲线变形是叶片工艺几何建模的关键步骤，其一般过程是利用叶片修复的相邻区域截面曲线，按照一定的方式进行变形，生成待修复区域中的截面曲线，如图 4-13(b)所示；以此变形的截面曲线实现高精度的工艺几何建模，从而提高叶片修复加工的精度与效率[11]。

截面曲线变形算法的核心是实现曲线变形过程。与直接建模中简单的延拓或外插方法不同，这里在截面曲线特征点集小波分解的基础上，按照样条插值方式实现截面曲线的变形，其详细的算法步骤如下：

步骤 1：沿 z_w 轴方向，按照平行于 $z=0$ 的截平面进行叶片测量，获得至少三组修复相邻区域的截面曲线测量点集。

步骤 2：采用样条曲线均匀提取方法，分别提取各个相邻截面曲线的特征点集。这里以三组点集为例，并设它们的特征点集个数相同，分别记为：

$$P^1=\{\boldsymbol{p}_1^1,\boldsymbol{p}_2^1,\cdots,\boldsymbol{p}_N^1\},P^2=\{\boldsymbol{p}_1^2,\boldsymbol{p}_2^2,\cdots,\boldsymbol{p}_N^2\},P^3=\{\boldsymbol{p}_1^3,\boldsymbol{p}_2^3,\cdots,\boldsymbol{p}_N^3\} \tag{4-21}$$

步骤 3：利用 Matlab 小波工具箱，按 x、y 方向分别进行截面曲线小波分解，得

$$\begin{aligned}
&Xc^1=\{xc_1^1,xc_2^1,\cdots,xc_M^1\},Xc^2=\{xc_1^2,xc_2^2,\cdots,xc_M^2\},Xc^3=\{xc_1^3,xc_2^3,\cdots,xc_M^3\};\\
&Xd^1=\{xd_1^1,xd_2^1,\cdots,xd_M^1\},Xd^2=\{xd_1^2,xd_2^2,\cdots,xd_M^2\},Xd^3=\{xd_1^3,xd_2^3,\cdots,xd_M^3\};\\
&Yc^1=\{yc_1^1,yc_2^1,\cdots,yc_M^1\},Yc^2=\{yc_1^2,yc_2^2,\cdots,yc_M^2\},Yc^3=\{yc_1^3,yc_2^3,\cdots,yc_M^3\};\\
&Yd^1=\{yd_1^1,yd_2^1,\cdots,yd_M^1\},Yd^2=\{yd_1^2,yd_2^2,\cdots,yd_M^2\},Yd^3=\{yd_1^3,yd_2^3,\cdots,yd_M^3\};
\end{aligned} \tag{4-22}$$

式中，M 为按 Daubechies 小波单层分解后的集合数目。

步骤 4：建立小波分解后各集合点的对应关系，如按集合元素序号对应。

步骤 5：利用已知的截面曲线特征点集对应点进行弦长参数化，生成沿叶高方向的四组样条插值曲线，其中，样条曲线型值点定义如下：

$$\begin{aligned}
&Xc_i=\{xc_i^1,xc_i^2,xc_i^3\},Xd_i=\{xd_i^1,xd_i^2,xd_i^3\},i=1,2,\cdots,M\\
&Yc_i=\{yc_i^1,yc_i^2,yc_i^3\},Yd_i=\{yd_i^1,yd_i^2,yd_i^3\},i=1,2,\cdots,M
\end{aligned} \tag{4-23}$$

当存在多余三条的截面曲线时，增加型值点列至式(4-23)中。

步骤 6：根据所求变形截面曲线的 z_w 轴水平高度 $z=z^*$，计算样条插值曲线参数 t。

步骤 7：按照截面曲线参数 t，分别对 x、y 方向的轮廓和细节两部分信息进行样条插值计算，得

$$\begin{aligned}
&Xc^*=\{xc_1^*,xc_2^*,\cdots,xc_M^*\},Xd^*=\{xd_1^*,xd_2^*,\cdots,xd_M^*\}\\
&Yc^*=\{yc_1^*,yc_2^*,\cdots,yc_M^*\},Yd^*=\{yd_1^*,yd_2^*,\cdots,yd_M^*\}
\end{aligned} \tag{4-24}$$

步骤 8：在式(4-24)基础上，利用小波逆变换重构得变形截面曲线的 x、y 方向点集 $X^*=\{x_1^*,x_2^*,\cdots,x_N^*\}$，$Y^*=\{y_1^*,y_2^*,\cdots,y_N^*\}$，合并获得变形截面曲线特征点集

$$P^*=\{\boldsymbol{p}_1^*,\boldsymbol{p}_2^*,\cdots,\boldsymbol{p}_N^*\} \tag{4-25}$$

其中，$\boldsymbol{p}_i^*=(x_i^*,y_i^*,z^*)^{\mathrm{T}},i=1,2,\cdots,N$。

步骤 9：由特征点集(4-25)插值生成所需的变形截面曲线。

图 4-15 给出了截面曲线变形算法的结果。由三组相邻的截面曲线 1、2、3 按上述算法所生成的变形截面曲线，保持了曲线间的光滑过渡，进而能够保证所建 NURBS 模型的光滑过渡。特别地，在截面前后缘曲率变化较大处，曲线未发生扭曲，也符合了实际建模需求。

(3) 带约束的截面曲线变形

在某些特定的情况下，封闭的变形截面曲线可能还无法满足叶片 NURBS 建模的要求，必须对所得变形曲线进行进一步的处理操作，如平面曲线裁剪、光顺或重新参数化等，从而获得

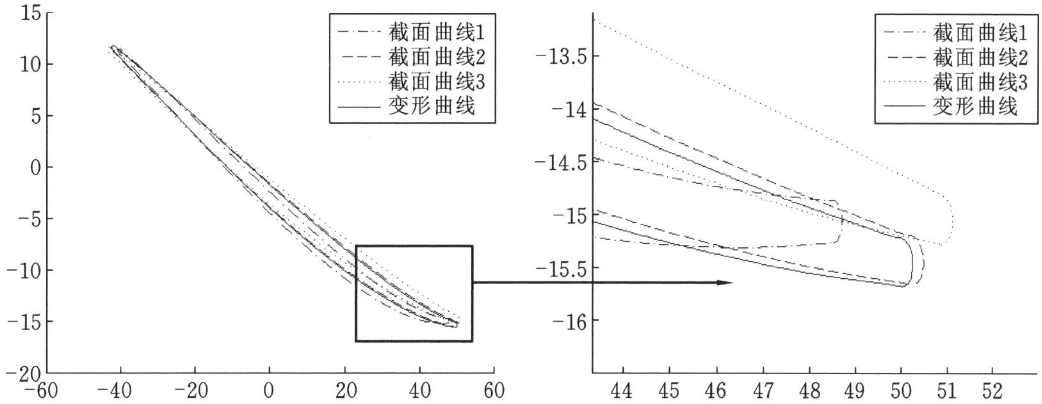

图 4-15　截面曲线变形(单位:mm)

满足约束条件的变形截面曲线。这部分内容可以借用现有的商用 CAD 软件实现。

(4) 叶片曲面工艺几何建模

叶片曲面工艺几何建模对其修复精度起着至关重要的作用及影响。图 4-16 给出了某一航空发动机待修复叶片模型的对比实例,展示了叶片设计 CAD 模型与测量所得的实际模型截面曲线的变化。

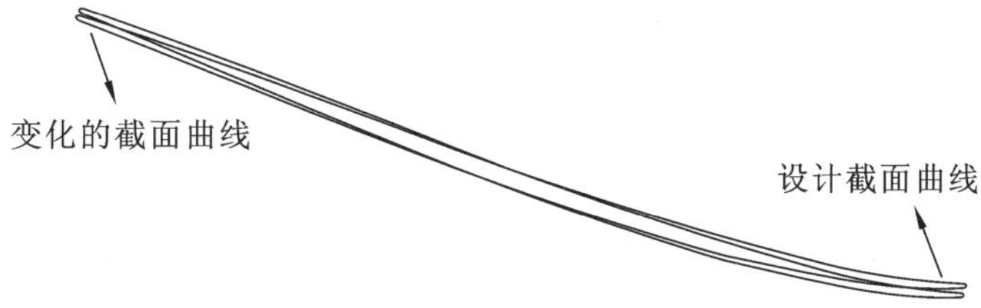

图 4-16　截面曲线对比

从图 4-16 可以看出,服役过的叶片截面相对设计截面发生了扭转变形,这将导致基于原始设计模型的刀位轨迹产生误差,甚至发生严重过切。因此,对于每一特定的修复叶片,在测量结果的基础上自适应地建立其工艺几何模型,以精确描述当前修复叶片的实际形状变化是非常有必要的[12]。

这里,仅基于叶片的截面测量结果,由变形的截面曲线按照蒙皮法建立 NURBS 表示的叶片曲面工艺几何模型,具体过程如图 4-1 形式二、图 4-13(b)所示。根据截面曲线变形光滑过渡的性质,保证了蒙皮法所建立的 NURBS 曲面模型的光滑过渡性。将该模型作为叶片修复加工的参考模型,不仅能够满足叶片高精度建模的要求,而且还保证了叶片修复区域的光滑过渡。此外,该模型也可作为设计参考模型,利用曲面变形映射的建模方法进一步实现叶片工艺几何模型。在此基础上,规划合适的数控加工刀位轨迹,能够实现精密的叶片修复加工[12]。

4.2.3　算例分析及讨论

以某航空发动机叶片修复加工为例,按本书方法在叶片截面测量的基础上建立适合其形状变化的工艺几何模型,如图 4-17 所示。其中,图 4-17(a)为叶片叶尖修复建模结果,图 4-17(b)为叶片过渡区域修复建模的结果。

可以看出,与设计模型相比,工艺几何模型尽可能地保持了与其形状变化一致,但部分区

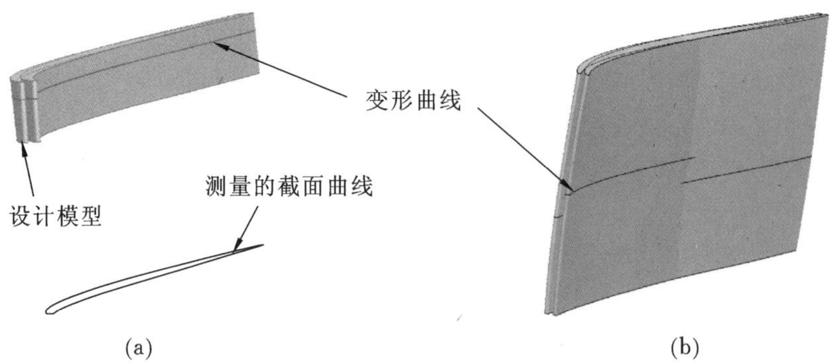

图 4-17 叶片修复工艺几何建模

(a)叶片叶尖修复;(b)过渡区域

域出现了一定的偏差,而这也正是精密加工所需要的工艺几何模型。

与单一的曲面延拓方法不同,本书以截面曲线作为曲面特征,首先实现截面曲线的光滑过渡变形,然后基于此建立 NURBS 表示的工艺几何模型。该方法更好地适应了当前待加工叶片零件的形状变化,保证了待加工区域与邻近区域变化的一致性,建模的精度得到大幅度提高。

4.3 面向叶片加工变形控制的工艺几何建模

作为典型的薄壁零件,航空发动机叶片具有形状复杂、刚性弱等特点。在切削力的作用下,弱刚性直接导致铣削加工中发生让刀变形,即实际切削深度小于理论切削深度。工作在这种工况下的零件经过加工后存在很大的加工误差,其中大部分是让刀变形导致的。针对这类问题,可以根据叶片加工工艺特点,建立一种可补偿叶片变形的工艺几何模型,从而可以根据新的工艺几何模型加工时达到符合要求的加工精度。

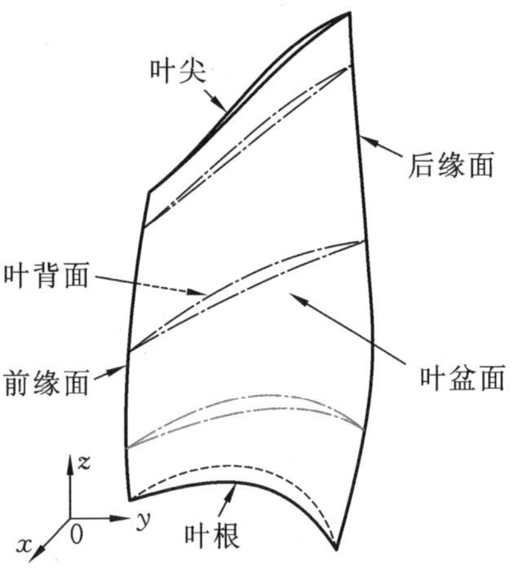

图 4-18 叶片三维构造

对于发动机叶片而言,其设计需要同时考虑满足气动性能以及刚度、强度等要求。现有的叶片设计方法有叶型几何参数法和样条曲线参数法。叶型几何参数法是在叶型中弧线上叠加厚度分布构成叶型的吸力面和压力面,即包络造型法。样条曲线参数化法是将叶型曲线分为光滑连接的前缘、后缘、叶盆、叶背四部分(图 4-18),分别用圆弧、圆弧、样条、样条来表示。本节将分别介绍叶盆、叶背曲面以及前后缘曲面的建模方法。

4.3.1 叶盆叶背曲线的几何补偿建模

在加工叶盆叶背曲面时,由于特定的夹具以及自身的特点,加工变形满足弹性变形的要求,因此该区域的几何补偿建模可以划分为薄壁件补偿建模与叶盆叶背补偿点的拟合。

切削加工是复杂的弹塑性变形过程,其中伴随着切削力和切削热的产生与变化,加之夹具设计与装夹方式的不同、零件刚度的变化与机床整体特性的不稳定性,加工时会不可避免地产生振动与让刀,影响加工精度与表面质量。具体来说,加工过程是一个具有输入和输出的函数过程。输入量包含了机床、刀具、装夹、工件和切削参数(切削深度、主轴转速和进给速度)等自变量。输出量为切削后的工件状态。在薄壁件加工时,受切削力的影响,零件的让刀变形使得加工精度明显下降。特别是叶片类零件,由于采用了特殊的装夹,零件边缘处及叶尖处的刚度急剧降低,产生的让刀误差达到设计精度的数倍。在装夹方式未优化、弱刚性特点无法改变的情况下,需要修改工艺参数,以减小误差。选择合适的切深可以有效抵消让刀变形产生的误差。因此,如何高效地优化切削深度是薄壁件加工面临的问题。

切削过程本质上是加工系统各个部件之间力与刚度的较量。如果切削力过大,刀具刚度较差,加工过程中刀具会发生弯曲变形。薄壁件加工中,虽然待加工的材料刚度较强,但较小的厚度使得材料呈现出弱刚性。这种情况下,可以忽略刀具变形的影响。因此,切削过程中的让刀变形可以由工件的变形来表示,并满足 Hooke 定律,表示为

$$\varepsilon=\frac{F}{K} \tag{4-26}$$

其中,ε 为变形量,F 为法向切削分力,K 为刚度。

在该变形中,切削力建模较为复杂,特别是在改变切深的情况下,切削力的变化并非线性。除此之外,刚度 K 与整个工件的装夹方式还有厚度分布有关。特别是对于切削加工这一动态过程,工件上每个区域的刚度在切深增加时并不是线性减弱的。因此,在仅考虑弹性变形的情况下,随着切深变化而产生的弹性变形量并不是线性变化。除此之外,考虑到加工系统等非弹性误差的影响,加工误差与切削深度之间的非线性度就更为明显,表示为

$$e(x)=\varepsilon(x)+s(x)-x+H \tag{4-27}$$

其中,x 表示名义切深,e 表示加工误差,s 表示非弹性误差,H 表示设计余量,如图 4-19 所示。

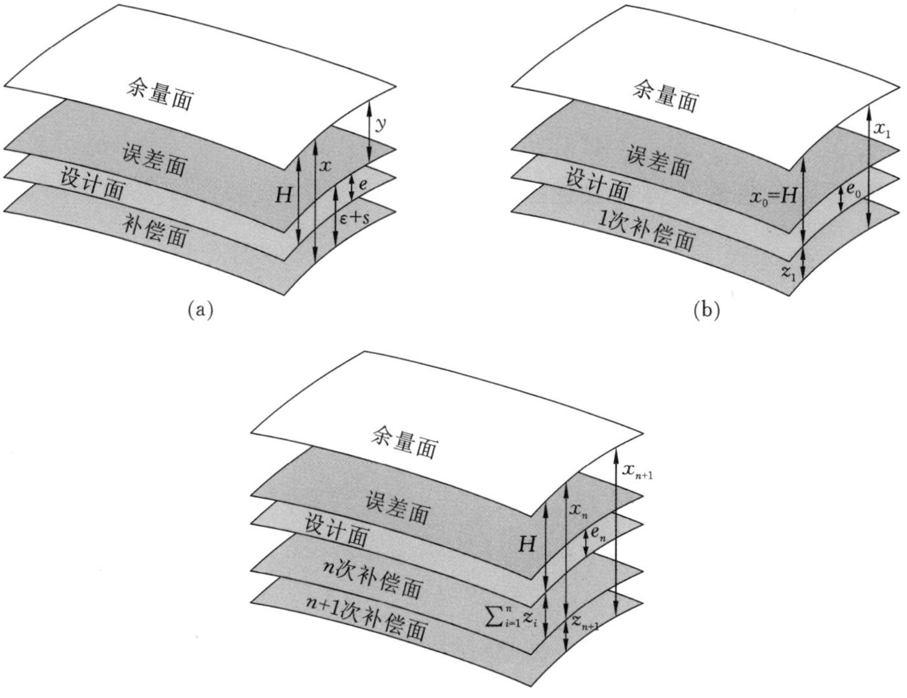

(c)

图 4-19　误差补偿过程的参数

(a) 通用;(b) 第 0 次;(c) 第 n 次

在分析让刀变形与加工误差产生因素及其与切深的非线性关系的基础上，薄壁件误差补偿通用模型描述如下。对于薄壁件加工，加工前的设计余量 H 为常数，名义切削深度为 x，实际切削深度为 y，加工误差为 e，在固定其他自变量并忽略刚度参数的情况下，加工过程 f 仅与 x、y 相关，则切削深度之间的关系表示为

$$y=f(x) \tag{4-28}$$

对比公式(4-27)，加工误差表示为

$$e(x)=H-y=H-f(x) \tag{4-29}$$

因此，补偿加工误差即为选择更加合适的名义切削深度 x，使得实际切削深度 y 等于设计余量 H，达到加工误差 e 为零的目的。迭代法作为一种逐次逼近的方法可用于非线性方程求根。为此，构建如下误差补偿公式，即误差补偿通用模型，表示的是下次加工时名义切削深度的计算方法。

$$\begin{cases} x_0=H \\ x_{k+1}=x_k+\rho_{k+1}e_k\,(k=0,1,\cdots) \end{cases} \tag{4-30}$$

其中，ρ 表示补偿系数，k 为补偿加工次数，当 $k=0$ 时表示未补偿加工。

实际补偿中是针对离散点进行逐点补偿的，得到补偿点集后，再对曲线进行重建。利用补偿点重构盆背曲线的过程即为拟合。由于加工振动、残留高度、测量策略等原因，测量点自身并不处于一条光滑曲线上，由测量点计算得到的补偿点也不会处于一条光滑曲线上。因此，对补偿点集直接进行插值得到的曲线并不光顺。而实际的叶片截面曲线是光滑曲线，以便生成光滑的加工刀轨。因此，拟合该补偿点集时采用逼近算法，来得到满足精度且光滑的曲线。曲线逼近问题一般使用最小二乘法进行计算。在该问题中，一般考虑 NURBS 曲线拟合算法。针对型值点拟合问题，引入合适的节点矢量与曲线次数，即可得到拟合后的曲线。

将该方法应用于叶背曲线和叶盆曲线的拟合中，将补偿点作为型值点，即可得到补偿后的叶背曲线和叶盆曲线。

4.3.2 前后缘曲线的几何补偿建模

一般而言，叶片的前后缘曲线会设计为圆弧形、抛物线形和曲线形。为了更加方便加工，一般会采用圆弧形设计。虽然这种方式会牺牲部分气动性能，但是在一定程度上可以提高加工精度。不同于叶盆叶背曲线的补偿模型，前后缘区域的补偿数学建模较为困难。因此，需要从几何建模的角度出发，尽可能得到与补偿后的叶盆叶背曲线光滑连接并能提高加工精度的前后缘曲线。

根据补偿算法与实际加工的经验，可以将前后缘补偿几何建模分为补偿型与设计型两种方法。补偿型以补偿算法为基础，对加工前后的前缘进行补偿建模。设计型以设计模型为基础，建立弦长不变的叶片补偿模型。后缘与前缘具有相似之处，以下仅以前缘曲面的建模进行举例说明。

(1) 基于切线约束的前缘建模

由于前缘的形状会影响攻角以及气流的分离，因此补偿模型中通过计算得到的前缘模型需要尽可能满足精度要求以及固定的弦长约束。在叶盆叶背的误差补偿模型中，它们被假设为满足弹性变形准则，因而使用割线法来计算补偿点。但是在前缘补偿计算中，该区域的变形被假设为刚性的。因此，为了构造补偿模型，补偿模型中的前缘点与设计模型的前缘点一致，

如图 4-20 所示。采用该方式后也能保证叶片几何模型中的弦长不变。基于这些特征，前缘点处的切线可以作为计算补偿前缘的约束。此时的工艺几何建模方法如下：

第一步，计算设计前缘点 LEP_d。以设计叶型中弧线 ML_d 为基础，将其延长，与设计叶型前缘的交点为设计前缘点 LEP_d。

第二步，计算前缘点切线 L_d。找出设计前缘点的切线方向，则得到设计前缘点切线 L_d，表示为

$$L_d(s)=LEP_d+s\boldsymbol{t}_n \tag{4-31}$$

第三步，计算设计型前缘 $CA_{d,k}$，且与补偿盆背曲线光滑连接。

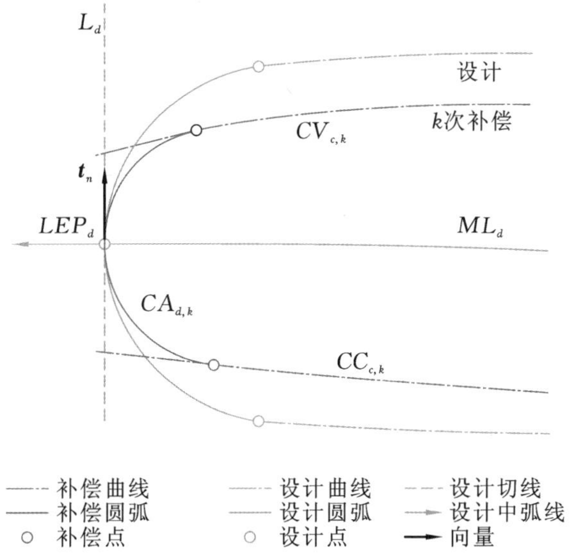

图 4-20　带切线约束的前缘几何模型

(2) 基于中弧线的圆弧拟合方法

在叶片几何关系中，前缘与叶盆、叶背曲线是光滑连接的。因此，补偿前缘计算时也需要达到与补偿叶盆叶背曲线的光滑连接。除此之外，前缘点切线 L_d 也是补偿前缘计算时需要考虑的约束。在三条曲线(切线、叶盆线和叶背线)的约束下，计算补偿前缘圆弧是该算法的关键。

该算法的一般情况为：在平面内计算圆弧 C_A 并满足 C_A 与 L、C_V、C_C 相切，即计算满足与三条曲线相切的圆弧，如图 4-21 所示。首先引入点到线的最短距离计算函数，定义为

$$\begin{cases} \boldsymbol{f}'_{CV}(\boldsymbol{P}_{CV})\cdot(\boldsymbol{P}_{CV}-\boldsymbol{O})=0 \\ \boldsymbol{f}'_{CC}(\boldsymbol{P}_{CC})\cdot(\boldsymbol{P}_{CC}-\boldsymbol{O})=0 \\ \boldsymbol{f}'_{L}(\boldsymbol{P}_{L})\cdot(\boldsymbol{P}_{L}-\boldsymbol{O})=0 \\ |\boldsymbol{P}_{CV}-\boldsymbol{O}|=|\boldsymbol{P}_{CC}-\boldsymbol{O}| \\ |\boldsymbol{P}_{CC}-\boldsymbol{O}|=|\boldsymbol{P}_{L}-\boldsymbol{O}| \end{cases} \tag{4-32}$$

其中，$\boldsymbol{f}'_{CV}$、$\boldsymbol{f}'_{CC}$ 和 $\boldsymbol{f}'_{L}$ 分别是 $\boldsymbol{f}_{CV}$、$\boldsymbol{f}_{CC}$、$\boldsymbol{f}_{L}$ 的一阶导数，$\boldsymbol{P}_{CV}$、$\boldsymbol{P}_{CC}$ 和 $\boldsymbol{P}_{L}$ 分别是 C_V、C_C 和 L 上相应的点，$\boldsymbol{O}$ 是圆心坐标。

通过求解上式，可以得到内切圆的圆心 $\boldsymbol{O}$ 和半径 $R=|\boldsymbol{P}_L-\boldsymbol{O}|$。然而，考虑到上式在自由

曲线计算中的难度过大,因此考虑用 C_V 与 C_C 之间的中弧线 M_L 来简化问题。已知中弧线上的点为 C_V 与 C_C 之间内切圆的圆心,因此,该点与 C_V 或 C_C 之间的距离为内切圆半径。考虑中弧线上点与半径的对应关系,构建半径函数 $R(s)$ 和圆心函数 $\boldsymbol{O}(s)$,其中 s 为中弧线 M_L 的弧长参数。式(4-32)可以简化为

$$\begin{cases} f'_L(\boldsymbol{P}_L)\cdot(\boldsymbol{P}_L-\boldsymbol{O}(s))=0 \\ |\boldsymbol{P}_L-\boldsymbol{O}(s)|=R(s) \end{cases} \tag{4-33}$$

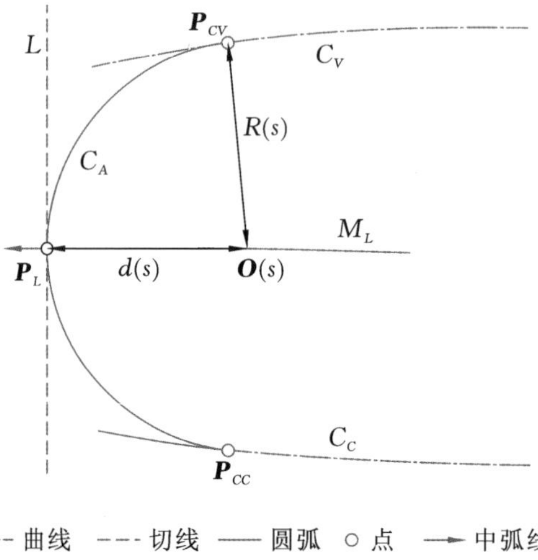

图 4-21 切线、叶盆线和叶背线的内切圆

另外,每一个 s 不止对应半径函数,与直线 L 之间的距离也可以构建距离函数 $d(s)$。由此得到以下形式

$$t(s)=R(s)-d(s) \tag{4-34}$$

如果可以计算出 $t(s)$ 的零点,则 s 点与 L、C_V、C_C 的距离分别相等。零点的计算可以采用一维搜索法、二分法、黄金分割法等。由该点 s 得到的圆 C_A 与 L、C_V、C_C 相切,满足算法要求。

根据上述方法,同样可得到与补偿盆背曲线相切的补偿前缘圆弧 $CA_{d,k}$,并且该圆弧与补偿盆背曲线光滑连接。

参 考 文 献

[1] 张莹. 叶片类零件自适应数控加工关键技术研究 [D]. 西安:西北工业大学,2011.
[2] Adaptive machining shows its mettle in manufacture and repair[EB/OL]. [2019-12-01]. https://www. modernpowersystems. com/features/featureadaptive-machining-shows-its-mettle-in-manufacture-and-repair.
[3] 孙家广. 计算机图形学[M]. 3 版. 北京:清华大学出版社,2000.
[4] 刘云峰,柯映林,王秋成,等. 基于特征的反求工程技术研究[J]. 计算机集成制造系统,2006,12(1):32-37.
[5] BEESON W J, CAHOON C L, WEAVER G. Adaptive machining and weld repair process, US 2007/0251072 A1 [P]. 2007-11-01.

[6] GAO J,CHEN X,YILMAZ O,et al. An integrated adaptive repair solution for complex aerospace components through geometry reconstruction[J]. International Journal of Advanced Manufacturing Technology,2008,36(11-12):1170-1179.

[7] GAO J, CHEN X, ZHENG D T, et al. Adaptive repair approach for recovering components from defects[J]. Chinese Journal of Mechanical Engineering,2008,21(1):57-60.

[8] GAO J,CHEN X,ZHENG D T,et al. Adaptive restoration of complex geometry parts through reverse engineering application[J]. Advances in Engineering Software,2006,37(9):592-600.

[9] 朱心雄. 自由曲线曲面造型技术 [M]. 北京:科学出版社,2000.

[10] FINKELSTEIN A, SALESIN D H. Multiresolution curves[C]. Computer Graphics Proceedings,SIGGRAPH 94,1994:261-268.

[11] ZHANG Y,HUANG Y. Wavelet shape blending[J]. The Visual Computer,2000,16(2):106-115.

[12] ZHANG D H,ZHANG Y,WU B H. Research on the adaptive machining technology of blisk[J]. Advanced Materials Research,2009,69-70,446-450.

第 5 章 超差区域自适应加工轨迹生成

在切削力、刀具磨损等因素的共同作用下，航空发动机叶片等薄壁件加工过程中通常会造成切削量不到位、局部区域出现以欠切为主的超差情况。一般情况下，因让刀变形引起的超差可通过对切削深度的修改以及切削参数的优化进行弥补。针对这类问题，一种典型的做法是，根据加工工艺的特点，通过加工余量的设计以改变加工过程中工件的刚度分布，提高零件抵抗变形的能力，从而减小加工过程中因切削力引起的让刀变形[1]。然而，由于自由曲面叶片等结构的复杂性，很难事先通过有限元仿真以及切削深度、切削参数的优化完全控制加工精度。同时，由于叶片等零件通常采用钛合金、高温合金等难加工材料制造，加工过程中的快速刀具磨损在所难免。因此，部分复杂叶片在铣削精加工后仍无法达到最终的精度要求，需要对未加工到位的超差区域进行补加工。这种情况下，一般只需要对存在超差的部分区域进行加工即可，无须对完整的表面进行补加工。因此，原有的完整加工程序不再适用，需要根据实际超差区域进行加工轨迹的自适应规划。较为典型的应用场景是：航空发动机风扇叶片精加工之后经常会出现叶身部分区域超差的情况，需要采用后续的磨削加工去除。此时，需要首先通过测量手段对超差区域进行提取，然后生成超差区域的自适应加工轨迹以实现叶片的最终成形。

5.1 薄壁件超差区域的自适应补加工流程

由于航空发动机叶片等零件结构和加工过程的复杂性，精加工后的超差区域通常并不是规则区域，且超差区域通常并非完全连通，可能存在多个互不相连的区域。此外，对于同一批零件，单个个体之间的超差区域也并非完全相同。这些问题的存在都给超差区域的补加工带来了困难。

5.1.1 超差区域的特点

超差区域的特点可以归纳为：

① 超差区域通常是非规则区域；

② 超差区域的欠切量一般较小；

③ 超差区域并不一定互相连通。

5.1.2 超差区域自适应补加工流程

砂带磨削是用高速运转的环形砂带加工工件表面的磨削方式，具有材料去除率高、磨削温度低和磨削消耗低等优点，一般被用于航空发动机叶片等超差区域的补加工。超差区域的自适应补加工流程一般分为以下几个步骤：

(1) 零件加工型面的测量

采用在机检测装置或三坐标测量机对零件的加工型面进行测量，获得零件表面的测量点数据，为超差区域的确定奠定基础。自由曲面叶片型面的测量相关内容可参照本书第 2 章内容。

(2) 形面超差区域的提取

根据型面的测量数据，判断每个测量点位置是否在公差带范围之内。若在公差带范围之内，则认为合格，否则就认为是超差点。在单点判断的基础上，确定并提取型面加工的超差区域。

(3) 超差区域加工轨迹规划

结合砂轮磨削工艺的特点规划超差区域的磨削轨迹，包括接触轮位置、矢量方向、磨削带宽等的确定。磨削轨迹规划过程中需要尽快确保超差区域在加工后与合格区域的光滑拼接。

(4) 超差区域自适应加工

根据规划的超差区域磨削轨迹，进行超差区域的补加工。

自由曲面叶片型面等超差区域的自适应补加工实施流程如图 5-1 所示，磨削过程中砂带轮与叶片之间的关系如图 5-2 所示。

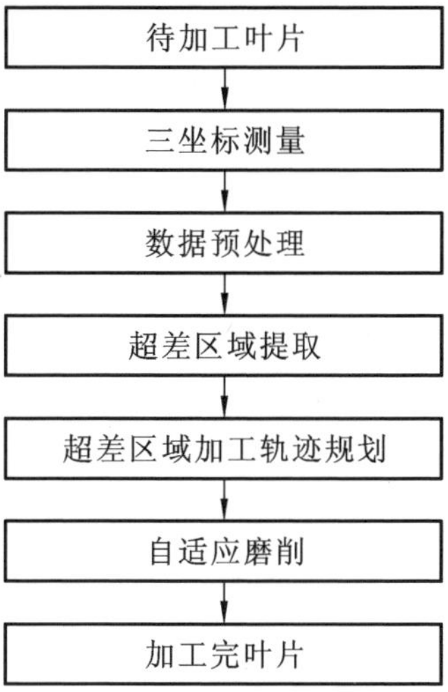

图 5-1　超差区域磨削实施流程

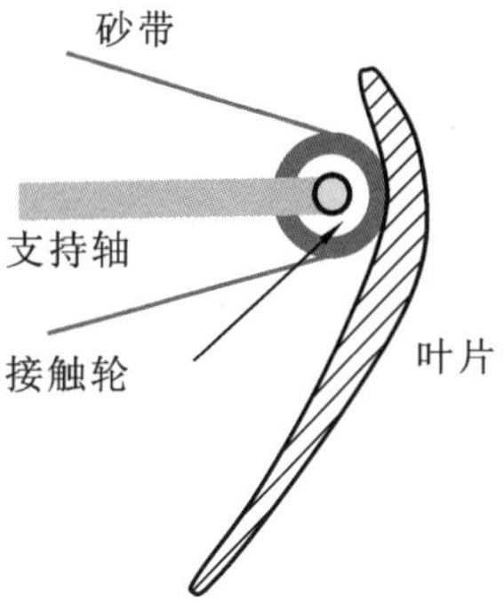

图 5-2　叶片砂带磨削示意图

5.2　叶片测量数据的处理

目前，航空发动机制造企业已广泛应用三坐标测量机进行叶片检测。随着三坐标测量技术的不断发展，测量效率越来越高，测量获得的坐标点数量越来越大。其中，三坐标测量数据的处理主要是解决噪声点和误差分析的问题。考虑到叶片数量大、种类多的特点，必须研究测量数据自动处理和误差分析技术，以保证叶片测量数据处理的效率和精度，提高叶片的生产检测效率。同时，叶片三坐标测量数据的处理技术也是实现叶片自适应铣削和磨削加工的基础。一方面，三坐标测量数据提供了叶片铣削加工后的变形误差分布信息，通过准确计算变形误差，才能建立反变形误差补偿模型；另一方面，自适应磨削加工中残余材料超差区域提取的依据也是三坐标测量数据。因此，针对叶片三坐标测量数据，一般需要进行测量数据去噪与筛选、测量数据配准等处理。

5.2.1 测量数据去噪与筛选

叶片三坐标测量过程中，受系统、环境、叶片表面质量以及人为操作等因素的影响会产生测量误差。尤其在叶身、截面、缘头等曲率变化剧烈的部位，得到的一些测量数据明显偏离理论位置，这类测量误差称为噪声点。测量数据去噪是对得到的叶片测量数据进行过滤，剔除异常数据，同时减少冗余测量信息，仅保留满足加工误差分析需要的测量数据。数据去噪能够减少测量误差对数据分析的影响，保证测量数据的准确可靠。最简单的数据去噪方法是通过人机交互去除严重偏离截面轮廓曲线的误差点。但这种方式不仅效率低，且去噪效果差，不能有效消除测量数据中的测量误差。

(1) 粗大误差的去除

测量过程中干涉、碰撞导致的测头意外触发或者因测杆的弹性变形导致的测量误差较大，明显偏离理论截面线，称为粗大误差。对于粗大误差的去除，一般以理论截面线为依据，给定公差 ε 建立等距公差带。计算测量数据点到曲线距离，剔除位于公差带以外的数据点。该方法仅能够消除粗大误差，主要作为初步去噪。另一类噪声点，不明显偏离截面曲线，但在这些点处曲线的曲率发生突变，在进行测头半径补偿或曲线偏置时会造成曲线自交，影响二维截面数据的分析。这类噪声点可以通过弦高差法去除，具体方法是：给定弦高差阈值 ε，简单情况下可以直线连接检查点 P_i 前后两点 P_{i-1}、P_{i+1}。计算当前点到该直线的距离 h，若 $h>\varepsilon$ 则认为该点为噪声点并剔除。

(2) 冗余点的去除

测量获得的数据量较大，往往超出误差评估的需要。为提高数据处理、分析的效率，通常要消除冗余测量数据。冗余信息的剔除是以配准和数据分析的需要为原则，一般可采用基于带最小距离约束的最小弦高方法进行去除。给定最小弦高差 ε_h 和最小步长 ε_L，若点 P_i 与其前后点的弦高差 $h<\varepsilon_h$，且其与相邻点的最大距离 $L<\varepsilon_L$，则认为该点为冗余点，并予以剔除。

(3) 测量点局部密度优化

等弦高法是截面线离散方法中与曲线曲率特征紧密相关的曲线离散方法。截面线曲率越大，测量点越密集。对于叶片截面线这种曲率变化较大的曲线，其拟合精度高于等弧长和等参数的方法。等弦高的离散是一个迭代计算过程，其控制参数为曲线到两离散点连线的最大距离 h。等弦高法能够很好地满足叶片测量点密度在局部稀疏分布的要求。根据叶片的气动设计，叶片叶型从叶根到叶尖，其厚度逐渐变薄，曲线曲率逐渐变小。由单一参数 h 控制的等弦高离散方法在离散曲率较小的曲线时会得到稀疏的测量点分布，不能满足检测需要。为提高这类区域的测量点密度，就要减小控制参数 h，但这样会导致曲面其他区域测量点的大量增加，从而引起测量时间的增加并引入大量冗余信息。

为解决等弦高法在小曲率位置离散点稀疏的问题，可通过引入两离散点之间容许的最大距离 $d_{\max}$ 进行控制，具体离散步骤如下：

① 对于曲线 $C(u)(u\in[0,1])$，计算其曲线首点及末点 $P_{\text{start}}=C(0)$，$P_{\text{end}}=C(1)$，定义两相邻点 P_{pre} 和 P_{next}，其对应的 u 参数分别为 u_{pre} 和 u_{next}，令 $u_{\text{pre}}=0$，$u_{\text{next}}=1$。

② 计算 $P_{\text{pre}}=C(u_{\text{pre}})$，$P_{\text{next}}=C(u_{\text{next}})$。

③ 计算曲线上P_{pre}和P_{next}两点的弦高h：若h小于或等于弦高控制参数h_c，则进入下一步；否则$u_{next}=(u_{pre}+u_{next})/2$，并返回步骤②。

④ 计算P_{pre}和P_{next}两点的距离d，若$d\leqslant d_{max}$，记录点P_{pre}，并令$P_{pre}=P_{next}$，$P_{next}=P_{end}$，判断：若$P_{pre}\neq P_{end}$，返回步骤③，若$P_{pre}=P_{end}$，转到步骤⑤；若$d>d_{max}$，则$u_{next}=(u_{pre}+u_{next})/2$，返回步骤②并跳过步骤③。

⑤ 将记录下的全部数据点导出，即为离散后的测量点。

引入距离约束的等弦高法，在保证曲线拟合精度的前提下，实现了测量点局部密度优化，解决了曲线离散过程中自适应测量点密度分布的问题。

5.2.2 测量数据配准

在叶片测量时由于装夹定位误差，会导致实际测量坐标系与理论坐标系不重合，从而使测量数据存在坐标系误差、数据评估结果不准确。这时需要首先将测量数据转换到CAD模型坐标系下，实现测量坐标系与设计坐标系的对齐。

叶片榫头由于其刚性大，相对形状简单，变形较小，可视为无变形区。因此一般通过配准叶片榫头到CAD模型，获得测量坐标系到CAD坐标系的变换矩阵，然后将测量坐标系MCS下的坐标数据通过坐标变换方法变换到设计坐标系下。

叶片测量数据与设计模型的配准采用经典的迭代最近点算法(iterative closest point，ICP)求解。其实质是通过求取距离最小平方和来减小每一次迭代过程中对应点集的平均误差，以及通过查找最近邻点来减小对应点对之间的距离。设集合$\boldsymbol{P}$与集合$\boldsymbol{Q}$为两个待配准数据集，ICP算法主要分为以下三个步骤：

① 对于集合$\boldsymbol{P}$中的每一个点在集合$\boldsymbol{Q}$中找到最近点；

② 计算对应点对间的最小均方误差；

③ 将点集$\boldsymbol{P}$变换到新的位置，重新计算最小均方误差。

配准参数可以统一为$(\alpha,\beta,\gamma,x,y,z)$。配准之后测量点可以表示为：

$$\boldsymbol{Q}_i=f(\boldsymbol{P}_i)=\boldsymbol{R}\cdot\boldsymbol{P}_i+\boldsymbol{T} \tag{5-1}$$

其中，$\boldsymbol{Q}_i=(x_i',y_i',z_i')^{\mathrm{T}}$为配准后的点，$\boldsymbol{P}_i=(x_i,y_i,z_i)^{\mathrm{T}}$为测量点，$\boldsymbol{R}$为三维旋转矩阵，$\boldsymbol{T}=(\Delta x,\Delta y,\Delta z)^{\mathrm{T}}$为平移矩阵。

$$\boldsymbol{R}=\boldsymbol{R}_Z(\gamma)\boldsymbol{R}_Y(\beta)\boldsymbol{R}_X(\alpha)=\begin{bmatrix}\cos\beta\cos\gamma & -\cos\alpha\sin\gamma+\sin\alpha\sin\beta\cos\gamma & \sin\alpha\sin\gamma+\cos\alpha\sin\beta\cos\gamma\\ \cos\beta\sin\gamma & \cos\alpha\cos\gamma+\sin\alpha\sin\beta\sin\gamma & -\sin\alpha\cos\gamma+\cos\alpha\sin\beta\sin\gamma\\ -\sin\beta & \sin\alpha\cos\beta & \cos\alpha\cos\beta\end{bmatrix} \tag{5-2}$$

其中，α、β、γ分别为绕X、Y、Z轴的旋转角度，正方向符合右手坐标系。

5.3 超差区域的提取方法

一般情况下，叶片等零件的加工工艺中都会设定其表面的公差带。这个公差带一方面作为加工质量控制的要求，另一方面将在叶片装机后整体平衡中进行使用。如图5-3所示，公差带有上公差限S_{upper}与下公差限S_{lower}两个控制限。对于任意一点P，如果其在测量曲面上的对应点Q在公差带内，也就是说，这个点(Q_2,Q_3,Q_4)满足加工要求；如果这个点Q_1超过上公差限，则称为误差点，存在多余的材料需要进一步的磨削加工；如果Q_5低于下公差限，则这个工件在此点处过切，这在薄壁件加工过程中是不允许的。上述情况中，只有前两种情况才需要补偿加工或已经满足公差要求，第三种情况是不合格品。因此，本书只讨论需要补偿加工的情况。

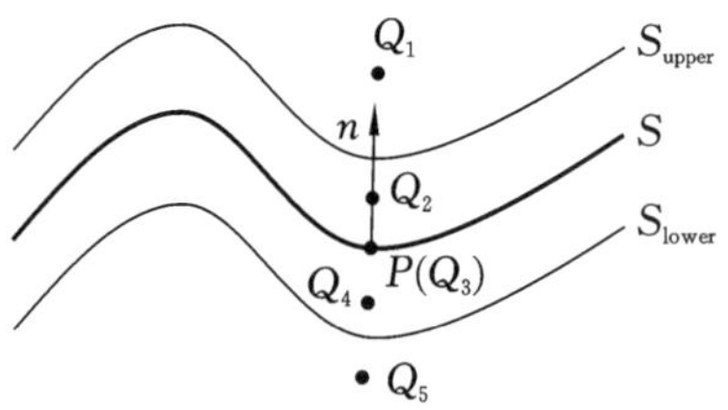

图 5-3 公差带与误差类型

根据叶片零件的公差带要求及加工后的表面测量数据，采用曲面相交法确定工件的误差区域。如果薄壁件存在超差区域，则测量曲面 S_m 与薄壁件上公差限曲面 S_{upper} 必然相交于一条 NURBS 曲线 C_{in}，其表达式为：

$$S_{upper}(x,y,z)-S_m(x,y,z)=0 \tag{5-3}$$

一般情况下，求解曲面相交曲线是一个很复杂的问题，可以采用数值分析的算法解决[2]。在这种情况下，测量曲面被分为两种类型的区域：合格的区域和误差区域。图 5-4 所示是误差区域确定示意图，那些位于区域 R_1 的点集是合格的，而在 R_2 与 R_3 两个区域内的点集是超差的，因为超差区域是 CA 段与 BD 段所示的两个区域。

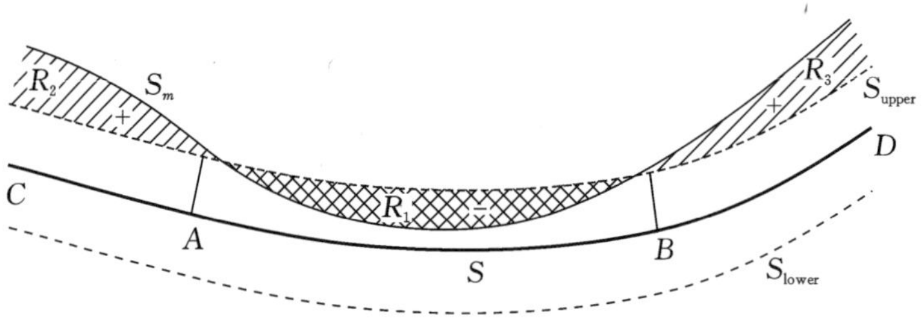

图 5-4 误差区域确定示意图

通过上述方法确定超差区域的边界后，将封闭的边界连接起来即组成了超差区域。需要注意的是，通过上述方法确定处理的超差区域可能存在多个且互不连通，在形状上也不一定是规则的区域，需要一定的处理之后才可以进行加工轨迹的规划。

5.4 超差区域的磨削加工轨迹规划

航空发动机叶片的表面一般是自由曲面，同多轴铣削加工轨迹规划一样，采用多轴磨削方式进行补偿加工时也需要确定砂带轮与叶片曲面之间的接触关系及砂带轮的方向矢量[3]。

5.4.1 砂带轮定位与矢量方向确定方法

当砂带轮沿轨迹曲线 $c=c(u(t)、v(t))=c(t)$ 磨削到某一个时刻时，砂带轮与薄壁件曲面 $S=S(u,v)$ 之间的接触点为 $P=c(t_p)$，也即砂带轮与薄壁件曲面在 P 点进行磨削加工。在 P 点建立局部坐标系（O_P；X_C，Y_C，Z_C），其中，Y_C 轴是沿着薄壁件曲面在 P 点处的曲面法矢 $\boldsymbol{n}$ 方向，X_C 是砂带轮的切削方向，Z_C 是由 X_C 轴与 Y_C 轴交叉相乘获得的方向，表示砂带轮的进给方向。因此，局部坐标系的三个单位矢量方程可以表示如下：

$$e_{Px}(t)=\left.\frac{c'(t)}{|c'(t)|}\right|_{t=t_p} \tag{5-4}$$

$$e_{Py}(t)=\left.\frac{n(t)}{|n(t)|}\right|_{t=t_p} \tag{5-5}$$

$$e_{P_z}(t)=[e_{P_x}(t)\times e_{P_y}(t)]|_{t=t_p} \tag{5-6}$$

定义刀具坐标系(O_1；X_T,Y_T,Z_T)，其中 O_1 是坐标原点，Z_T 轴平行于砂带轮轴，X_T 轴与 Z_T 轴位于垂直于砂带轮轴的平面内。刀具坐标系也可以认为是局部坐标系按照两个旋转角度(前倾角 α 和侧偏角 β)旋转得到的，即当 $\alpha=\beta=0$ 时，局部坐标系的三个坐标轴与刀具坐标系的三个坐标轴完全重合。则两者之间的旋转矩阵为：

$$M=\begin{bmatrix}\cos\beta & 0 & \sin\beta\\ 0 & 1 & 0\\ -\sin\beta & 0 & \cos\beta\end{bmatrix}\begin{bmatrix}1 & 0 & 0\\ 0 & \cos\alpha & -\sin\alpha\\ 0 & \sin\alpha & \cos\alpha\end{bmatrix} \tag{5-7}$$

砂带轮与薄壁件曲面的接触状态如图 5-5 所示。

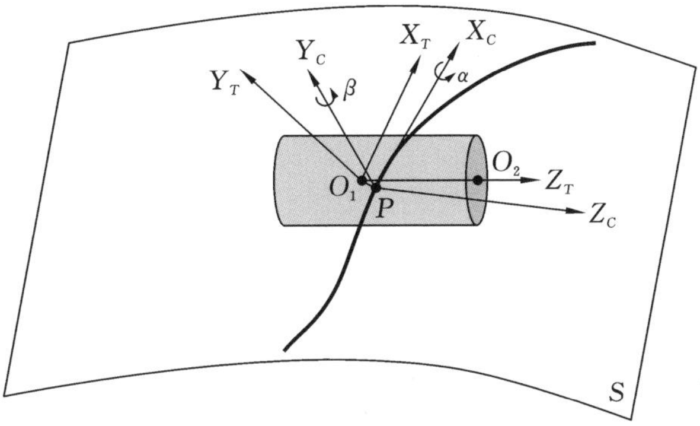

图 5-5　砂带轮与薄壁件曲面的接触状态

刀具的中心点 O_1 为：

$$\begin{bmatrix}x_{o_1}\\ y_{o_1}\\ z_{o_1}\end{bmatrix}=M\cdot\left(\begin{bmatrix}x_p\\ y_p\\ z_p\end{bmatrix}+\begin{bmatrix}0\\ R\\ 0\end{bmatrix}\right) \tag{5-8}$$

其中，R 是砂带轮的圆柱半径，(x_p,y_p,z_p)是 P 点的坐标，(x_{o_1},y_{o_1},z_{o_1})是 O_1 的坐标。

对于任意组合(α_i,β_j)，砂带轮的刀具位置和刀轴矢量都可以根据式(5-7)与式(5-8)获得。

5.4.2　磨削加工的带宽计算方法

砂带轮是一个圆柱曲面，用薄壁件曲面的截平面与圆柱曲面相交运算，则相交曲线为二次曲线。如果截平面垂直于砂带轮轴，则相交曲线的二次曲线是一个圆。相似地，如果截平面与薄壁件曲面相交，则其相交曲线是一个 NURBS 曲线 C_f。

如图 5-6 所示，在圆曲线 C_r 上有两个限制位置点 Q_L 与 Q_R，在下半圆的最大区间 [Q_L,Q_R]是磨削加工过程中砂带轮可能达到的区域。相对应地，在曲面的截面相交线 C_f，这个区域是[P_L,P_R]。对于[P_L,P_R]区间中的任意一点 P_j($P_j\in[P_{\text{left}},P_{\text{right}}]$)以及其法矢 $\boldsymbol{n}_p$ 形成一条直线，这条直线与圆曲线 C_r 可能没有相交点。在这种情况下，其从 P_j 到 C_r 的距离设定为一个无穷大的值。否则，在圆曲线上存在一个点 Q_j($Q_j\in[Q_{\text{left}},Q_{\text{right}}]$)，其距离 $|P_jQ_j|$ 可以计算出来。

定义曲线 C_f 上位于圆心 Q_i 正下方的参考点为 P_i。将自由曲线 C_f 在参考点 P_i 处两侧离散成一系列的点集。计算所有离散点到圆的距离 $D=\{d_i|i=-N,-N+1,\cdots,-1,0,1,\cdots,$

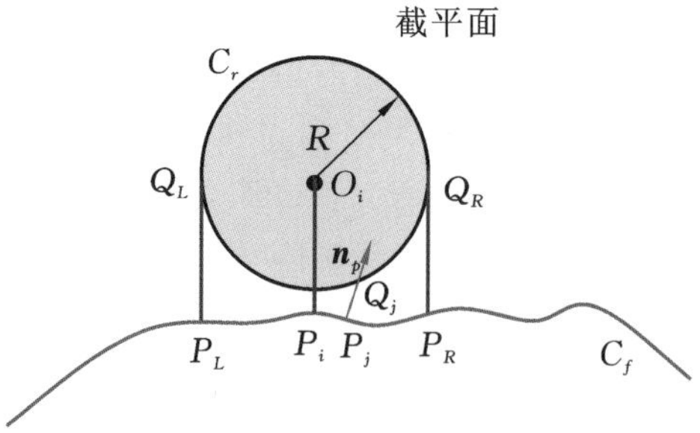

图 5-6 在某个截平面内砂带轮与薄壁曲面的磨削过程

$N+1,N\}$，其中 N 是居参考点 P_i 某一侧点的数目，并且参考点的下标 $i=0$。最后，在这些距离中可以得到最小的距离值 $d_{\min}$。

$$d_{\min}=\min\{D\} \tag{5-9}$$

如果最小的距离值小于设定的残留高度 h，则表明在这个砂带轮姿态下，此截面圆处于砂带轮磨削加工区域内。然后，沿着砂带轮轴向按照一定的距离向两个方向计算所有的截面，重复以上的算法直到在一个截面内所有的点均大于残留高度为止。由此可以得到砂带轮沿轴向参与磨削的宽度 ω。

在大部分情形下，砂带轮轴向与砂带轮进给方向不一致。因此，为了计算在工件坐标系下的磨削宽度，需将已经计算获得的在刀具坐标下的磨削宽度投影到工件坐标下，计算砂带轮轴向和进给方向的夹角 θ。

$$\theta=|\arccos(e_{Px}\cdot l_{3x}+e_{Py}\cdot l_{3y}+e_{Pz}\cdot l_{3z})| \tag{5-10}$$

其中，(e_{Px},e_{Py},e_{Pz}) 由式(5-4)、式(5-5)、式(5-6)计算得到，(l_{3x},l_{3y},l_{3z}) 为 $\boldsymbol{Z}_T$ 的矢量方向。因此，在工件坐标系的砂带轮磨削宽度 ω' 为：

$$\omega'=\omega\cdot\cos(\theta) \tag{5-11}$$

在计算完成所有的砂带轮方向角度组合 (α_i,β_j) 之后，得到最大的磨削宽度：

$$\omega_{\max}=\max\{\omega'_{i,j}\} \tag{5-12}$$

在磨削宽度计算之后，通过磨削宽度值和参考点 P 计算下一条磨削行的点 $Q=Q(u,v)=Q(x,y,z)$，直线 PQ 平行于 e_z 方向，并且其长度等于最大的磨削宽度 $\omega_{\max}$。则 Q 的坐标为：

$$\begin{cases}Q_x=P_x+w_{\max}\cdot e_{Px}\\ Q_y=P_y+w_{\max}\cdot e_{Py}\\ Q_z=P_z+w_{\max}\cdot e_{Pz}\end{cases} \tag{5-13}$$

5.4.3 磨削轨迹构造

对于图 5-7 所示的不规则误差区域，假设磨削方向沿着曲面的 u 参数方向，误差区域有可能被分为数个小段，每个子段能用子参数区间表示，即 $C_{\text{seg}}=\{[u_{\text{seg,min}},u_{\text{seg,max}}],v\}$，则所有的子段形成初始的磨削轨迹：

$$C_{\text{in}}=\left\{\begin{matrix}u\in[u_{1,\min},u_{1,\max}]\\ u\in[u_{2,\min},u_{2,\max}]\\ \cdots\\ u\in[u_{N_s,\min},u_{N_s,\max}]\end{matrix},v\right\} \tag{5-14}$$

其中，$[u_{i,\min}, u_{i,\max}]$表示参数下标 i 的参数子区间，并且 $N_s(1\leqslant N_s)$是曲线段的数目。

如果砂带轮沿着设定的方向和初始的路径磨削加工曲面，能保证属于参数空间的区域被完全加工。然而，误差区域是不规则的，并且下一条磨削轨迹有可能比当前磨削轨迹长，这样，一些特殊的区域在当前的磨削轨迹下不能被磨削，而且下一条磨削下也不能加工到，造成在加工完成之后依然存在部分区域未加工。在这种情形下，需要采用可达区域方法来校正初始轨迹。

对于一段需要修正的磨削路径，假设 P 是初始轨迹的任意点，定义点 P 处的局部坐标系。当旋转角 α 为 0 时，轴 Y_T 与法矢 $\boldsymbol{e}_y$ 重合，并且砂带轮在 $\pi/2$ 到 $-\pi/2$ 之间旋转。如图 5-8 所示，砂带轮两侧的端点投影在自由曲面上的两个点确定了砂带轮的可达区域。假设 $|P^*Q^*|$ 是砂带轮到自由曲面的距离。其中，P^* 是最远可达点，Q^* 是位于 Q_2 正下方的自由曲面上的点。直线 $|PQ^*|$ 平行于砂带轮轴矢量 Z_T。则 Q^* 的坐标可以确定：

$$\begin{bmatrix} x_{Q^*} \\ y_{Q^*} \\ z_{Q^*} \end{bmatrix} = M \cdot \begin{bmatrix} x_p \\ y_p \\ z_p \pm L/2 \end{bmatrix} \tag{5-15}$$

其中，M 是式(5-7)中计算得到的旋转矩阵，L 为砂带轮长度。“±”由矢量 PQ^* 与砂带轮轴矢量 Z_T 的方向确定，同向为正，反向为负。

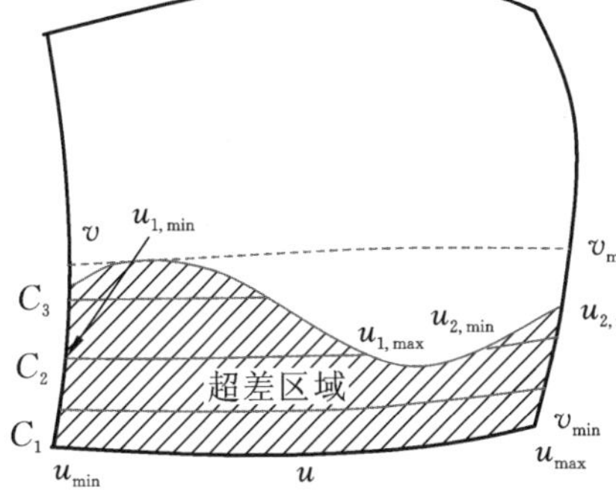

图 5-7 初始的磨削轨迹曲线段

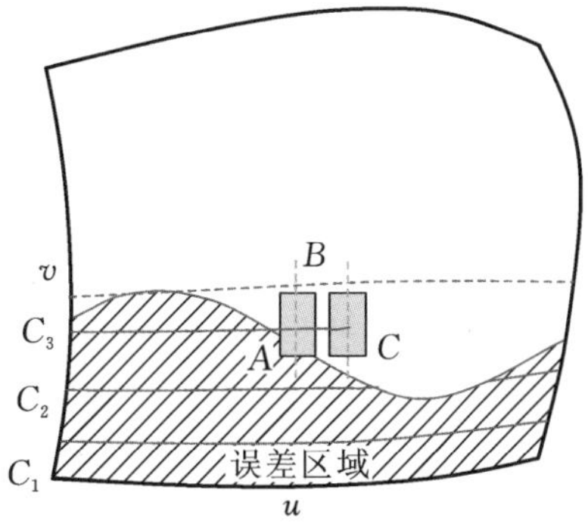

图 5-8 初始磨削路径修正示意图

直线 $|P^*Q^*|$ 平行于轴 Y_T，Q^* 是自由曲面与直线 $|P^*Q^*|$ 的交点，将点 Q^* 从笛卡尔空间转换到参数空间，则获得最大的和最小的可达区域参数 $v_{\text{next},\min}$，$v_{\text{next},\max}$。

依据上面讨论的可达区域计算方法，在每一条磨削路径的末点沿着参数 v 延长初始的磨削路径，如图 5-8 所示，将新生成的点转化为磨削路径的末点，依此计算 $v_{\text{next},\min}$、$v_{\text{next},\max}$，直至在末点确定的可达区域均不在已有的参数空间内，则可完成初始的磨削路径修正。

5.4.4 首末磨削路径计算方法

在参数空间内，一般情况下磨削路径是沿着其中一个参数曲线计算得到的。因为误差区域由四个参数限构成：$\{u_{\min}, u_{\max}, v_{\min}, v_{\max}\}$，则首条磨削轨迹线是沿着四个参数中的其中一个参数曲线得到的。然而，误差区域是非规则的，首条磨削轨迹可能是一个点或者是一条曲线，则需要一个参数增量 Δ 以确定首条磨削轨迹曲线。则有：

$$\chi' = \chi + \Delta \tag{5-16}$$

其中，χ 是其中一个参数限，χ'是首条磨削轨迹线的参数。并且，如果 χ 是最大的参数限，则 Δ 的符号为"－"，否则，其符号为"＋"。

末条磨削轨迹由切削行宽计算方法确定。根据以上介绍可知，总的磨削带宽是获得下条磨削轨迹点的基础。如果下个点 P_n 不在误差区域内，则磨削轨迹规划完成，这种情况下将导致部分超差区域未磨削。因而，必须基于磨削带宽计算方法计算 P_n 的下一条磨削轨迹位置点 P_a，如果 P_a 在超差区域内，则用 P_a 代替 P_n 作为下一条磨削轨迹位置点，由此确定末条磨削轨迹曲线。

5.5 案　　例

以某型号发动机压气机叶片曲面为例，如图 5-9 所示。叶片宽度约为 108 mm，并且从叶身根部到叶身尖部长约 240 mm。

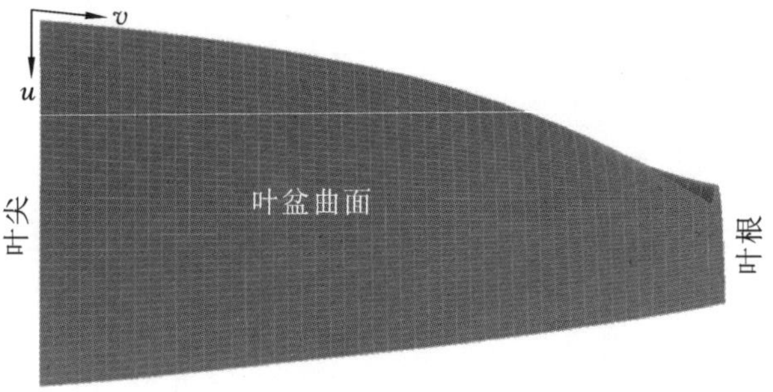

图 5-9　航空发动机压气机叶片曲面

如图 5-10 所示，在三坐标测量机上采用连续扫描的方法测量已经经过精加工的叶片曲面，总共选择了 8 条截面曲线，共得到 6923 个测量点。经过数据处理，显示了叶片曲面的误差分布和超差区域。依据叶片曲面给定的设计上容差为 0.02 mm。在叶片曲面上共有 1542 个超差位置点。图 5-11 中显示了超差区域的分布。最终，四条相交曲线 C_1、C_2、C_3、C_4 是超差区域的边界线，并且在叶片曲面上存在着 R_1、R_2、R_3、R_4 四个超差区域。

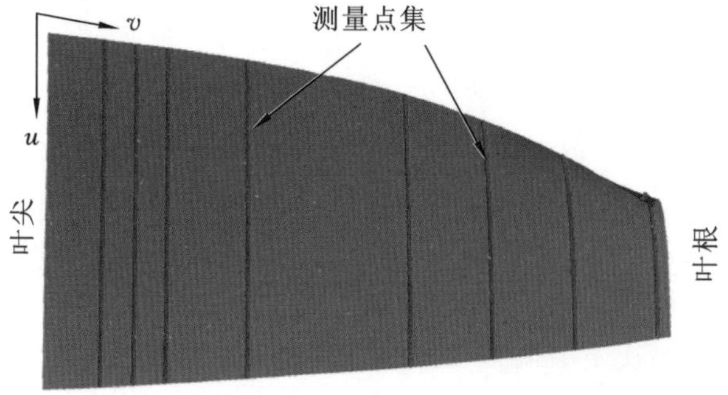

图 5-10　三坐标测量机测量的叶片曲面位置点

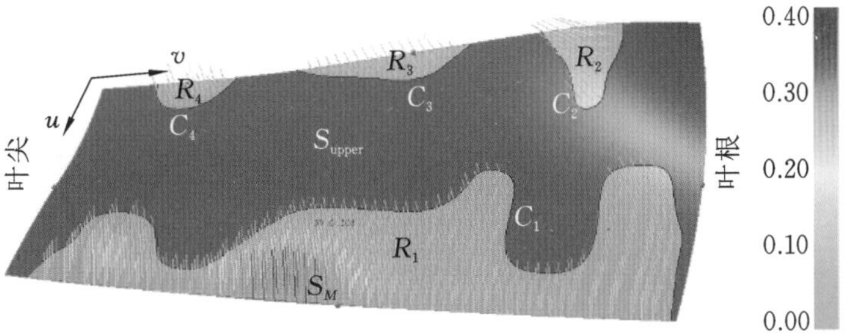

图 5-11　叶片曲面上的误差分布和超差区域

以误差区域 R_1 为例，砂带轮的直径为 22 mm，长度为 8 mm。初始磨削轨迹曲线增量 Δ 为 0.01。整个超差区域曲面的磨削轨迹如图 5-12 所示，超差区域能完全覆盖。由于叶片曲面的结构，磨削路径是不均匀分布的，即曲面越平坦，磨削轨迹曲线分布就越少。

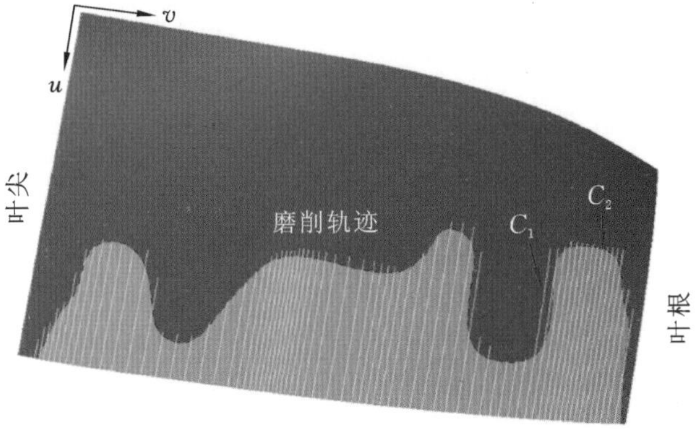

图 5-12　误差区域磨削轨迹曲线

参考文献

[1] YAN Q, LUO M, TANG K. Multi-axis variable depth-of-cut machining of thin-walled workpieces based on the workpiece deflection constraint[J]. Computer-Aided Design, 2018, 100: 14-29.

[2] A L, F T. Geometric algorithms for the intersection of curves and surfaces[J]. Computer graphics, 1995, 19(3): 391-403.

[3] YANG J, ZHANG D, WU B, et al. A path planning method for error region grinding of aero-engine blades with free-form surface[J]. The International Journal of Advanced Manufacturing Technology, 2015, 81(1): 717-728.

第 6 章 自由曲面侧铣加工自适应刀具轮廓设计

自由曲面侧铣加工主要研究刀具轮廓面与被加工曲面间的接触状态，涉及加工轨迹优化和最佳刀具轮廓设计两方面的问题。加工轨迹优化是指通过修改刀位点或刀轴矢量，继而调整刀具与工件被加工曲面间啮合关系，借此增加切削带宽，达到在保证加工精度的前提下提高加工效率的目的。最佳刀具轮廓设计问题则主要是指通过修改刀具轮廓几何参数，在合理的范围内最大限度地提高刀具与工件被加工曲面间的啮合量，进而达到增加加工带宽、提高加工效率的目的[1]。

6.1 圆锥曲线母线轮廓刀具设计方法

圆锥曲线为母线类型的刀具是凸曲面刀具，无论被加工曲面是凸曲面还是凹曲面都能使用。并且由于该种类型刀具的侧刃曲线具有变化曲率，使该种刀具与加工型面更为匹配，能显著提高加工带宽、提高加工效率与精度[2-3]。

6.1.1 自由曲面几何模型分析

自由曲面的特性分析和研究需要借助微分几何，通过无穷小分析方法对曲面几何性质进行研究。为建立刀具与被加工曲面间的局部啮合关系模型，需要对被加工曲面及刀具曲面进行一系列的分析，计算切触点处曲面的切矢、法矢、法曲率等，构造切平面、法平面等，运用数学方法建立曲率匹配关系。假设被加工曲面是光滑的曲面，则曲面参数表达式的基本形式为：

$$\boldsymbol{S}=\boldsymbol{S}(u,v)=\begin{bmatrix} x(u,v) \\ y(u,v) \\ z(u,v) \end{bmatrix} \tag{6-1}$$

其中 u、v 为参数方程的两个参数，并且 $0\leqslant u,v\leqslant 1$。

对于曲面上的任意一点 $\boldsymbol{P}$，根据微分几何分析，得到该曲面上一阶、二阶偏导数：

$$\boldsymbol{S}_u=\frac{\partial \boldsymbol{S}}{\partial u},\boldsymbol{S}_v=\frac{\partial \boldsymbol{S}}{\partial v},\boldsymbol{S}_{uu}=\frac{\partial^2 \boldsymbol{S}}{\partial u^2},\boldsymbol{S}_{vv}=\frac{\partial^2 \boldsymbol{S}}{\partial v^2},\boldsymbol{S}_{uv}=\frac{\partial^2 \boldsymbol{S}}{\partial u \partial v} \tag{6-2}$$

如图 6-1 所示，$\boldsymbol{P}$ 点处曲面的切矢量可以表示为

$$d\boldsymbol{S}(u,v)=\boldsymbol{S}_u(u,v)du+\boldsymbol{S}_v(u,v)dv \tag{6-3}$$

该点的单位法向量

$$\boldsymbol{n}=\frac{\boldsymbol{S}_u\times\boldsymbol{S}_v}{|\boldsymbol{S}_u\times\boldsymbol{S}_v|} \tag{6-4}$$

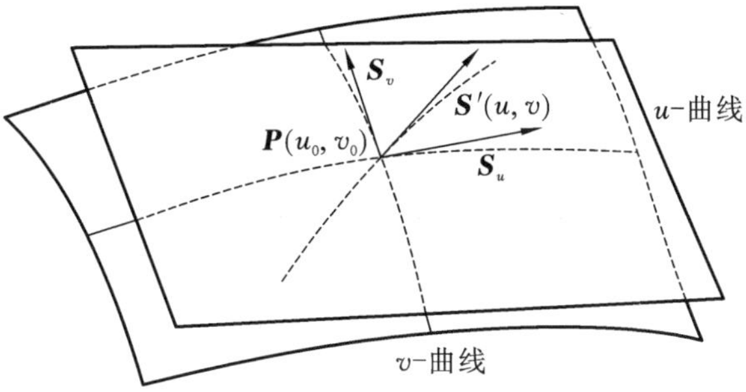

图 6-1　自由曲面示意图

P 点处曲面在方向$(d)=du:dv$上的法曲率是：

$$k_n=\frac{w^{\mathrm{T}}\varphi_2 w}{w^{\mathrm{T}}\varphi_1 w},w=\begin{bmatrix}du\\dv\end{bmatrix} \tag{6-5}$$

$$\varphi_1=\begin{bmatrix}\boldsymbol{S}_u\boldsymbol{S}_u & \boldsymbol{S}_u\boldsymbol{S}_u\\ \boldsymbol{S}_v\boldsymbol{S}_u & \boldsymbol{S}_v\boldsymbol{S}_u\end{bmatrix}=\begin{bmatrix}E & F\\ F & G\end{bmatrix},\varphi_2=\begin{bmatrix}\boldsymbol{n}\boldsymbol{S}_{uu} & \boldsymbol{n}\,\boldsymbol{S}_{uv}\\ \boldsymbol{n}\boldsymbol{S}_{uv} & \boldsymbol{n}\,\boldsymbol{S}_{vv}\end{bmatrix}=\begin{bmatrix}L & M\\ M & N\end{bmatrix} \tag{6-6}$$

其中 φ_1、φ_2 分别是曲面的第一、第二基本形式；$E=\boldsymbol{S}_u\cdot\boldsymbol{S}_u$，$F=\boldsymbol{S}_u\cdot\boldsymbol{S}_u$，$G=\boldsymbol{S}_v\cdot\boldsymbol{S}_u$ 是曲面的第一类基本量；$L=\boldsymbol{n}\cdot\boldsymbol{S}_{uu}$，$M=\boldsymbol{n}\cdot\boldsymbol{S}_{uv}$，$N=\boldsymbol{n}\cdot\boldsymbol{S}_{vv}$是曲面的第二类基本量。

曲面上 **P** 点处法曲率的最大值和最小值称为 **P** 点的主曲率

$$k_1=H+\sqrt{H^2-K},k_2=H-\sqrt{H^2-K} \tag{6-7}$$

其中，H 是自由曲面的平均曲率；K 是自由曲面的高斯曲率。

$$\begin{cases}H=\dfrac{1}{2}(k_1+k_2)=\dfrac{LG-2MF+NE}{2(EG-F^2)}\\[2ex] K=k_1k_2=\dfrac{LN-M^2}{EG-F^2}\end{cases} \tag{6-8}$$

过点 **P** 沿方向(d)（即 $d\boldsymbol{S}(u,v)=\boldsymbol{S}_u(u,v)du+\boldsymbol{S}_v(u,v)dv$）画一线段 PN，使其长度等于 $\sqrt{1/k_n}$ $(k_n>0)$，则对于切平面上所有的方向，N 点的轨迹称为曲面在 **P** 点的正向杜邦指标线（signed Dupin indicatrix），如图 6-2 所示。对于自由曲面 **S** 上的 **P** 点，当

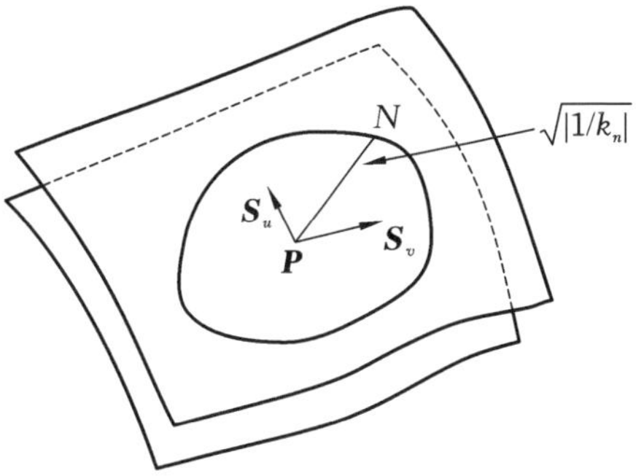

图 6-2　曲面正向杜邦指标线几何意义

① $K>0$，该点为椭圆点。

(a) $k_1>0$，$k_2>0$ 时，称该点为凹椭圆点，曲面朝向该点处法矢方向弯曲，其正向杜邦指标线为一椭圆；

(b) $k_1<0$，$k_2<0$ 时，称该点为凸椭圆点，曲面朝向该点处法矢反向弯曲，其正向杜邦指标线不存在。

② $K<0$，称该点为双曲点，曲面分别朝该点处法矢量两侧弯曲，此时其正向杜邦指标线为一双曲线。

③ $K=0$，该点为抛物点。

(a) $k_1=0, k_2<0$ 时，称该点为凸抛物点，其正向杜邦指标线不存在；

(b) $k_1>0, k_2=0$ 时，曲面朝向该点处法矢量方向弯曲，其正向杜邦指标线为两条平行直线；

(c) $k_1=0, k_2=0$ 时，称该点为平点，其正向杜邦指标线不存在。

6.1.2　圆锥曲线母线类型刀具曲面模型

圆锥曲线母线类型刀具如图 6-3 所示，刀轴方向与 x 轴同向，刀具切削部分是回转面，母线是一段圆锥曲线。在笛卡尔平面 $\{\boldsymbol{O};x,y\}$ 上，二元二次方程 $ax^2+bxy+cy^2+dx+ey+f=0$ 是圆锥曲线，根据判别式的不同，它包含了椭圆、双曲线、抛物线以及圆(圆弧曲线)等各种退化情形。

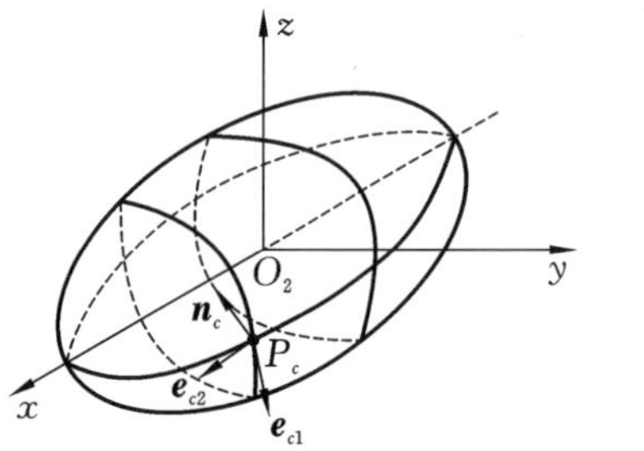

图 6-3　圆锥曲线母线类型刀具简图

(1) 圆锥曲线几何模型分析

为了简化运算分析，本节仅对圆锥曲线的标准方程进行讨论。

椭圆、双曲线、抛物线标准方程可以统一表达成

$$Ax^2+By^2+Cx=D \tag{6-9}$$

式(6-9)表示的圆锥曲线上一点 $\boldsymbol{P}_0(x_0, y_0)$ 处的曲率为

$$k_{p_0}=\frac{|y_0''|}{(1+y_0'^2)^{\frac{3}{2}}}=\frac{2B(4AD+C^2)}{[(2By_0)^2+(2Ax_0+C)^2]^{\frac{3}{2}}} \tag{6-10}$$

其中

$$\begin{cases} y_0'=-\dfrac{2Ax_0+C}{2By_0} \\ y_0''=-\left[\dfrac{4AD+C^2}{4B^2y_0{}^3}\right] \end{cases} \tag{6-11}$$

曲线在点 $\boldsymbol{P}_0$ 处的斜率为

$$k_0=y_0'=-\frac{2Ax_0+C}{2By_0} \tag{6-12}$$

由此可知，该点处法线方向为

$$\boldsymbol{n}_0=(2Ax_0+C, 2By_0) \tag{6-13}$$

如图 6-3 所示，在笛卡尔直角坐标系 $\{\boldsymbol{O};x,y,z\}$ 中，回转刀具曲面 $\boldsymbol{f}(x,y,z)$ 表达式为

$$Ax^2+B(y^2+z^2)+Cx=D \tag{6-14}$$

回转面有如下性质：

① 回转面上任意点的法线与回转轴共面，且即为过此点的母线的法线；

② 回转面上的经线与纬线都为曲率线，两者的切线方向即为回转曲面上各点的两个主方向；

③ 回转面上任意点法线与轴线的交点为该点处纬线方向的主曲率中心，该点处的母线曲率中心为回转面的经线方向的主曲率中心。

根据上述回转曲面的性质，在圆锥曲线母线型刀具上一点 $\boldsymbol{P}_c(x_c, y_c, z_c)$ 处，刀具曲面的最大主方向 $\boldsymbol{e}_{c1}$ 是过点 $\boldsymbol{P}_c$ 处纬线的切线方向，对应的最小主曲率半径 r_{c1} 为点 $\boldsymbol{P}_c$ 处法线与轴线交

点到点 $\boldsymbol{P}_c$ 的距离。曲面最小主方向 $\boldsymbol{e}_{c2}$ 与最大主方向垂直，是过 $\boldsymbol{P}_c$ 点处经线的切线方向，对应的最大主曲率半径 r_{c2} 为过切触点母线在点 $\boldsymbol{P}_c$ 处的曲率半径，$\boldsymbol{P}_c$ 点处曲面的法线 $\boldsymbol{n}_c$ 即为过此点母线的法线。

（2）椭圆曲线母线类型刀具模型

椭圆曲线母线型刀具的关键设计参数是椭圆曲线的长短轴长度，确定椭圆母线的形状即可确定刀具切削刃的外形。以椭圆曲线为母线的回转体刀具在空间上是旋转椭球体，如图 6-4 所示，以椭球球心 $\boldsymbol{O}$ 为坐标系原点建立笛卡尔直角坐标系 $\{\boldsymbol{O};x,y,z\}$，x 轴与刀轴同向，在 $\{\boldsymbol{O};x,y,z\}$ 中，旋转椭球面的标准方程为

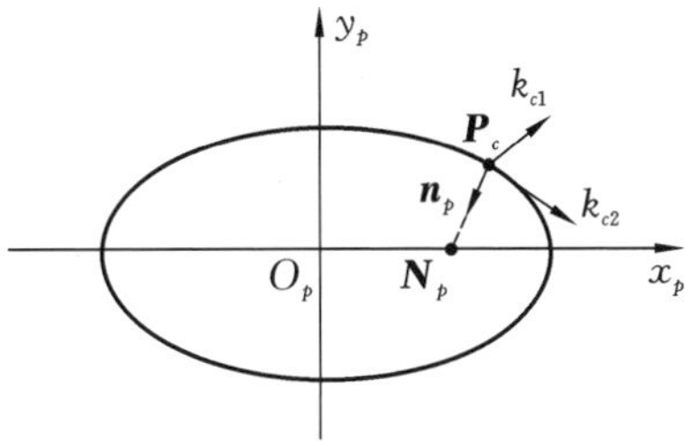

图 6-4　回转刀具主曲率在母线上的体现

$$\frac{x^2}{a^2}+\frac{y^2}{b^2}+\frac{z^2}{b^2}=1 \tag{6-15}$$

其中 a、b 都是参数且 $a>b$。

对于刀具曲面上的点 $\boldsymbol{P}_c(x_c,y_c,z_c)$，该点处纬线是以点$(x_c,0,0)$为圆心，半径值为 $\sqrt{y_c^2+z_c^2}$ 的圆，此时刀具母线方程如下：

$$\frac{x^2}{a^2}+\frac{y^2}{b^2}=1 \tag{6-16}$$

如图 6-4 所示，该式表示的是球心在 $\boldsymbol{O}$，长轴长度为 $2a$，短轴长度为 $2b$ 的椭圆方程。

刀具曲面上点 $\boldsymbol{P}_c$ 处最小主曲率即是过点 $\boldsymbol{P}_c$ 的母线在点 $\boldsymbol{P}_c$ 处的曲率，在母线平面内建立 $\{\boldsymbol{O}_p;x_p,y_p\}$ 坐标系。在该坐标系中，由公式(6-10)可得到

$$k_{c2}=\frac{a^4b^4}{(a^4y_p^2+b^4x_p^2)^{3/2}} \tag{6-17}$$

当 $x_p\neq 0$ 且 $y_p\neq 0$ 时，点 $\boldsymbol{P}_c$ 处法线方向为

$$\boldsymbol{n}_p=(b^2x_p,a^2y_p) \tag{6-18}$$

法线方程为

$$y-y_p=\frac{a^2y_p}{b^2x_p}(x-x_p) \tag{6-19}$$

由此可得到点 $\boldsymbol{P}_c$ 处法线与轴线的交点 $\boldsymbol{N}_p$

$$\begin{cases} y-y_p=\dfrac{a^2y_p}{b^2x_p}(x-x_p) \\ y=0 \end{cases} \rightarrow \begin{cases} x=x_p\left(1-\dfrac{b^2}{a^2}\right) \\ y=0 \end{cases} \tag{6-20}$$

根据点 $\boldsymbol{P}_c$ 与 $\boldsymbol{N}_p$ 间的距离，可得点 $\boldsymbol{P}_c$ 处最小主曲率半径 r_{c1}

$$r_{c1}=\sqrt{\left(x_p-x_p\left(1-\frac{b^2}{a^2}\right)\right)^2+(y_p-0)^2}=\sqrt{x_p^2\frac{b^4}{a^4}+y_p^2} \tag{6-21}$$

相应的最大主曲率为

$$k_{c1}=\frac{1}{r_{c1}}=\frac{1}{\sqrt{x_p^2\dfrac{b^4}{a^4}+y_p^2}}=\frac{a^2}{\sqrt{b^4x_p^2+a^4y_p^2}} \tag{6-22}$$

在坐标系 $\{\boldsymbol{O};x,y,z\}$ 中，式(6-17)和式(6-22)可表示为

$$\begin{cases} k_{c1}=\dfrac{a^2}{\sqrt{b^4x_c^2+a^4(y_c^2+z_c^2)}} \\ k_{c2}=\dfrac{a^4b^4}{[b^4x_c^2+a^4(y_c^2+z_c^2)]^{3/2}} \end{cases} \tag{6-23}$$

(3) 圆弧曲线母线类型刀具模型

圆弧曲线是圆锥曲线的一种特殊退化形式，常规铣削刀具如球头刀的刃形也是圆弧曲线与直线的组合。圆弧曲线母线型刀具通常也被称为鼓形刀具，其母线(圆弧曲线)比椭圆曲线的表达形式简单。如图 6-5 所示，鼓形刀具的母线曲率半径与刀具回转半径是相互独立的，与椭圆曲线母线型刀具相比，鼓形刀具在参数选择上相对更自由。与椭圆曲线母线型刀具类似，$\boldsymbol{P}_c$ 是刀具曲面上一点，$\boldsymbol{e}_{c1}$ 和 $\boldsymbol{e}_{c2}$ 分别表示点 $\boldsymbol{P}_c$ 处的最大和最小主曲率方向，$\boldsymbol{n}_c$ 表示刀具曲面在点 $\boldsymbol{P}_c$ 处的单位法矢，$\boldsymbol{n}_c$ 与刀具旋转轴相交于点 $\boldsymbol{N}$。点 $\boldsymbol{P}_c$ 处的最小主曲率方向 $\boldsymbol{e}_{c2}$ 是刀具曲面上过点 $\boldsymbol{P}_c$ 的经线的切线方向，最大主曲率方向 $\boldsymbol{e}_{c1}$ 与曲面法矢 $\boldsymbol{n}_c$ 及最小主曲率方向 $\boldsymbol{e}_{c2}$ 相互垂直。

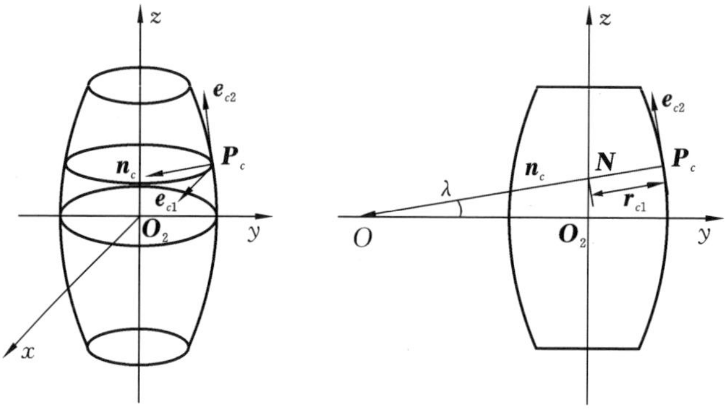

图 6-5 鼓形刀具简化模型

最大主曲率方向所对应的最大主曲率半径 $\boldsymbol{r}_{c1}$ 的值为点 $\boldsymbol{P}_c$ 与点 $\boldsymbol{N}$ 之间的距离，根据图 6-5 可以得到刀具曲面上点 $\boldsymbol{P}_c$ 处的最大主曲率为

$$k_{c1}=\frac{1}{r_{c1}}=\frac{\cos\lambda}{r-R(1-\cos\lambda)} \tag{6-24}$$

根据回转体几何特性可以得到点 $\boldsymbol{P}_c$ 处的最小主曲率半径即为刀具母线的曲率半径，因此刀具曲面上点 $\boldsymbol{P}_c$ 处的最小主曲率为：

$$k_{c2}=\frac{1}{R} \tag{6-25}$$

6.1.3 圆锥曲线母线刀具与被加工曲面的局部啮合关系

对凸椭圆点、凸抛物点和平点，刀具在任意方向均位于被加工曲面上方，不会产生干涉；在其余情况中，当刀具曲面的正向杜邦指标线位于被加工曲面的正向杜邦指标线内时，表明刀具曲面在任意方向上的曲率均大于被加工曲面的曲率。此时，刀具在任意方向上均位于被加工曲面上方，不会有干涉发生。对凸椭圆点、凸抛物点和平点，定义其正向杜邦指标线为无穷大，在切触点处，当刀具曲面的正向杜邦指标线位于被加工曲面的正向杜邦指标线内时，则刀具不会过切被加工曲面。因此有：在切触点 $\boldsymbol{C}$，刀具曲面 $\boldsymbol{f}$ 不会过切被加工曲面 $\boldsymbol{S}$ 的充要条件是刀

具曲面 $\boldsymbol{f}$ 的正向杜邦指标线位于被加工曲面 $\boldsymbol{S}$ 的正向杜邦指标线之内。

刀具曲面的正向杜邦指标线位于被加工曲面的正向杜邦指标线内，说明在切触点对应的曲面切平面内，沿所有方向刀具曲面的曲率均大于被加工曲面的曲率，即沿法矢方向，刀具曲面始终位于被加工曲面之上，不会有干涉的发生。因此，考察曲面 $z=\boldsymbol{f}(x,y)-\boldsymbol{s}(x,y)$，当该曲面的正向杜邦指标线为一椭圆时，说明曲面 $z=\boldsymbol{f}(x,y)-\boldsymbol{s}(x,y)$ 朝向被加工曲面 $\boldsymbol{S}$ 的法矢量正向弯曲，即在切触点 $\boldsymbol{C}$ 处，刀具曲面始终位于被加工曲面之上，不会有过切的发生。

如图 6-6 所示，点 $\boldsymbol{C}$ 为切触点，在切触点处刀具曲面与被加工曲面的法矢共线，两曲面保持相切。以被加工曲面在点 $\boldsymbol{C}$ 处的两个主方向 $\boldsymbol{e}_1$、$\boldsymbol{e}_2$ 及法矢 $\boldsymbol{n}$ 建立局部坐标系 $\{\boldsymbol{C};\boldsymbol{e}_1,\boldsymbol{e}_1,\boldsymbol{n}\}$。$\boldsymbol{e}_{c1}$、$\boldsymbol{e}_{c2}$ 分别为刀具在 $\boldsymbol{C}$ 点处的主方向，$\boldsymbol{e}_1$ 到 $\boldsymbol{e}_{c1}$ 的角度为 θ（逆时针为正，顺时针为负）。

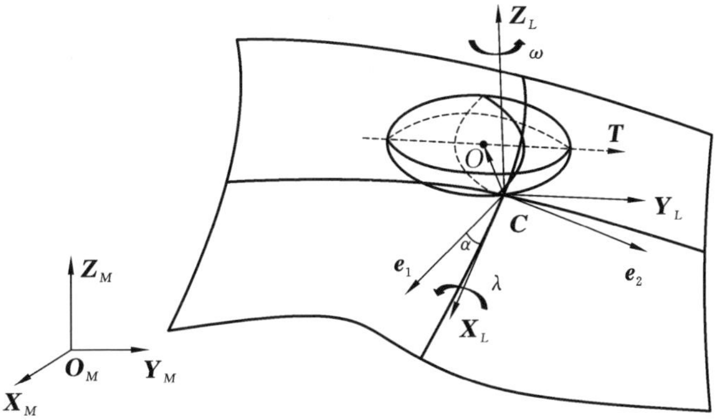

图 6-6　五坐标侧铣加工坐标系的建立

在 $\{\boldsymbol{C};\boldsymbol{e}_1,\boldsymbol{e}_1,\boldsymbol{n}\}$ 坐标系内，由微分几何相关知识得到被加工曲面和刀具曲面在切触点 $\boldsymbol{C}$ 处的局部二阶泰勒近似分别为

$$\boldsymbol{S}(x_1,x_2)=\frac{1}{2}(k_1x_1^2+k_2x_2^2) \tag{6-26}$$

$$\boldsymbol{f}(x_1,x_2)=\frac{1}{2}k_{c1}(x_1\cos\theta+x_2\sin\theta)^2+\frac{1}{2}k_{c2}(-x_1\sin\theta+x_2\cos\theta)^2 \tag{6-27}$$

因此，曲面 $z=\boldsymbol{f}-\boldsymbol{s}$ 的正向杜邦指标线为

$$(k_{c1}\cos^2\theta+k_{c2}\sin^2\theta-k_1)x_1^2+2(k_{c1}-k_{c2})\sin\theta\cos\theta x_1x_2+(k_{c1}\sin^2\theta+k_{c2}\cos^2\theta-k_2)x_2^2=1 \tag{6-28}$$

令

$$\begin{cases}a_1=k_{c1}\cos^2\theta+k_{c2}\sin^2\theta-k_1\\b_1=(k_{c1}-k_{c2})\sin\theta\cos\theta\\c_1=k_{c1}\sin^2\theta+k_{c2}\cos^2\theta-k_2\end{cases} \tag{6-29}$$

根据二次曲线不变量，式(6-28)为一椭圆的充要条件是

$$\begin{cases}b_1^2-a_1c_1<0\\a_1+c_1>0\end{cases} \tag{6-30}$$

为了最大限度地提高加工带宽，在局部微观曲率匹配的基础上，对刀具曲面与被加工曲面之间相应主方向的夹角 θ 做出了一定限制。

如图 6-7(a)所示，当 $k_1<0$，$k_2>0$ 时，为了在满足切触点为刀具曲面 $\boldsymbol{f}$ 上曲率最小点 $\boldsymbol{P}_m$ 时不发生过切，将 $\theta=\pi/2$ 代入式(6-29)可得到

$$\begin{cases}a_1=k_{c2}-k_1\\b_1=0\\c_1=k_{c1}-k_2\end{cases}\tag{6-31}$$

将式(6-31)式带入式(6-30)可得到

$$k_{c1}>k_2\tag{6-32}$$

如图 6-7(b)所示，当 $k_1>0,k_2>0$ 时，为了在满足切触点为刀具曲面 $\boldsymbol{f}$ 上曲率最小点 $\boldsymbol{P}_m$ 时不发生过切，将 $\theta=0$ 代入式(6-29)可得到

$$\begin{cases}a_1=k_{c1}-k_1\\b_1=0\\c_1=k_{c2}-k_2\end{cases}\tag{6-33}$$

将式(6-33)代入式(6-30)即可得到

$$\begin{cases}k_{c1}>k_1\\k_{c2}>k_2\end{cases}\tag{6-34}$$

当 $k_1<0,k_2>0$ 时，若 $k_{m1}>k_2$ 成立，则在设计曲面上所有点处式(6-32)都成立；

当 $k_1>0,k_2>0$ 时，若 $k_{m1}>k_1,k_{m2}>k_2$ 成立，则在设计曲面上所有点处式(6-34)都成立。

其中，k_{m1} 和 k_{m2} 分别为刀具曲面 $\boldsymbol{f}$ 上绝对值最小的最大主曲率和最小主曲率。

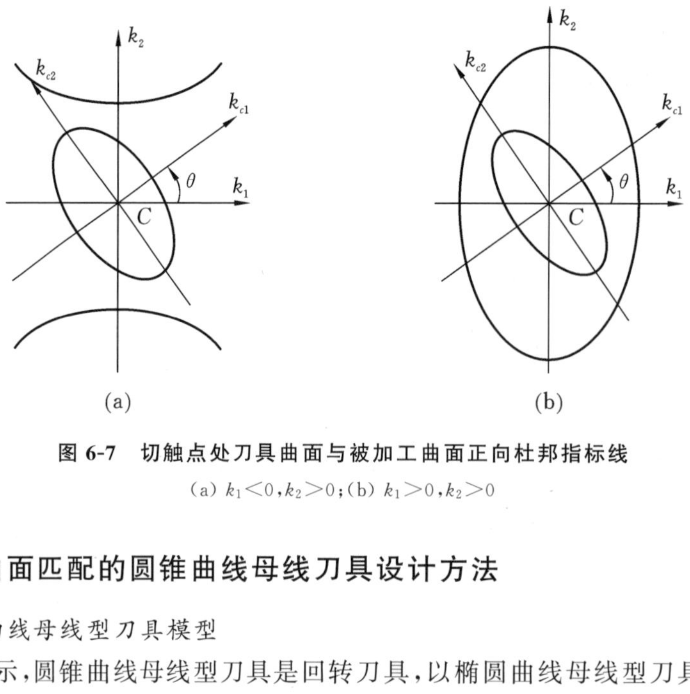

图 6-7 切触点处刀具曲面与被加工曲面正向杜邦指标线

(a) $k_1<0,k_2>0$；(b) $k_1>0,k_2>0$

6.1.4 基于曲面匹配的圆锥曲线母线刀具设计方法

6.1.4.1 椭圆曲线母线型刀具模型

如图 6-8 所示，圆锥曲线母线型刀具是回转刀具，以椭圆曲线母线型刀具为例，刀具由三部分组成：刀杆、侧刃、球头部分。刀具的侧刃为回转面，母线为椭圆曲线的一部分，中心为 $\boldsymbol{O}$，椭圆曲线的长半轴长度 a、短半轴长度 b；刀具底部为一与侧刃相切、半径为 r 的圆弧，圆心为 $\boldsymbol{O}_1$，椭圆中心 $\boldsymbol{O}$ 与球头圆心 $\boldsymbol{O}_1$ 的距离为 d；刀具长度为 L，刀杆半径为 r_l。确定了刀具以上主要参数即可建立刀具设计模型。

对于决定刀具回转母线形状参数 a 和 b 的确定，可以通过前述刀具曲面与被加工曲面间的啮合关系来计算。但前述刀具与被加工曲面间的啮合关系是针对当前切触点而言的微分关

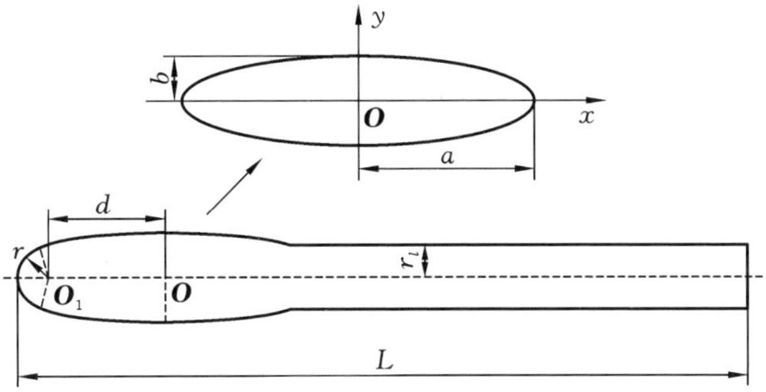

图 6-8 椭圆曲线母线型刀具示意图

系，不能完整地表示被加工曲面整体与刀具间的曲率关系。为此，将被加工曲面离散成若干点 $\boldsymbol{P}_i\{\boldsymbol{P}_i\in\boldsymbol{S},1\leqslant i\leqslant n\}$，针对各离散点计算相应的参数值，比较在各离散点处计算得到的参数 a、b 的范围 $\{a\leqslant A_i;b\leqslant B_i\}$，从中选择最小范围的上限 $A_{\min}$、$B_{\min}$ 作为参数 a、b 的值。

对于刀具曲面上的一任意点 $\boldsymbol{C}(x_c,y_c,z_c)$，令 $f=b^4x_c^2+a^4(y_c^2+z_c^2)$，将其代入公式(6-23)得到刀具曲面上点的主曲率分别为：

$$k_{c1}=\frac{a^2}{\sqrt{f}},\quad k_{c2}=\frac{a^4b^4}{f^{3/2}} \tag{6-35}$$

由于 $f=b^4x_c^2+a^4(y_c^2+z_c^2)=-x_c^2b^2(a^2-b^2)+a^4b^2$，其中 $a>b$，所以当 $x_c=0$ 时 f 可取最大值 $f_{\max}=a^4b^2$，将其代入式(6-35)计算得到的主曲率即为刀具曲面上绝对值最小的主曲率值：

$$k_{m1}=\frac{1}{b},\quad k_{m2}=\frac{b}{a^2} \tag{6-36}$$

被加工曲面 $\boldsymbol{S}$ 上某一离散点 $\boldsymbol{P}_i$ 处的主曲率分别为 k_{1i}、k_{2i}，将 k_{1i}、k_{2i} 及式(6-36)代入刀具曲面与被加工曲面的啮合关系中，得到参数 a、b 与离散点 $\boldsymbol{P}_i$ 处被加工曲面主曲率间的关系，并由此可以得到针对离散点 $\boldsymbol{P}_i$ 处的参数 a、b 的取值范围：

$$\begin{cases} b\leqslant\dfrac{1}{k_{1i}},a\leqslant\sqrt{\dfrac{b}{k_{2i}}}(k_{1i}>0,k_{2i}>0) \\ b\leqslant\dfrac{1}{k_{2i}}(k_{1i}\leqslant 0,k_{2i}>0) \end{cases} \tag{6-37}$$

其中，k_{1i}、k_{2i} 分别为离散点 $\boldsymbol{P}_i$ 处被加工曲面的主曲率。

对曲面 $\boldsymbol{S}$ 上所有离散点 $\boldsymbol{P}_i\{\boldsymbol{P}_i\in\boldsymbol{S},1\leqslant i\leqslant n\}$ 都进行以上参数 a、b 取值范围的计算，每一个离散点 $\boldsymbol{P}_i$ 处都得到一组对应的参数范围 $\{a\leqslant A_i;b\leqslant B_i\}$，通过比较得到其中的最小上限 $A_{\min}$、$B_{\min}$。刀具设计时，$A_{\min}$ 和 $B_{\min}$ 即为参数 a、b 的选值。

根据经验选择了椭圆中心 $\boldsymbol{O}$ 与球头圆心 $\boldsymbol{O}_1$ 的距离 d 后，即知道了圆心，可得到球头回转圆弧的圆心 $\boldsymbol{O}_1$ 在坐标系 $\{\boldsymbol{O}_p;x_p,y_p\}$ 中的位置

$$\begin{cases} x_{O_1}=-d \\ y_{O_1}=0 \end{cases} \tag{6-38}$$

由于需要保证球头圆弧与侧刃母线相切，令该圆弧圆心 $\boldsymbol{O}_1$ 与刀具侧刃母线的衔接点为 $\boldsymbol{P}(x_p,y_p)$，所以该圆弧的半径 r 为圆弧圆心 $\boldsymbol{O}_1$ 到衔接点 $\boldsymbol{P}(x_p,y_p)$ 的距离，通过式(6-20)可以

计算出衔接点坐标

$$\begin{cases} x_p = x_{O_1} \cdot \dfrac{a^2}{a^2-b^2} \\ y_p = \pm b\sqrt{1-x_{O_1}^2 \dfrac{a^2}{(a^2-b^2)^2}} \end{cases} \tag{6-39}$$

将式(6-39)代入距离公式可以计算得到衔接点处的曲率半径 r

$$r = b\sqrt{1-\frac{x_{O_1}^2}{a^2-b^2}} \tag{6-40}$$

对于航空发动机叶盘叶片零件的五轴侧铣加工，叶片间的分布状态、距离、流道深度等也限制了侧铣刀具的回转半径(对于椭圆曲线母线型刀具，刀具最大回转半径即为参数 b 的值)、刀具长度等，所以在计算参数值时也需将这些影响考虑在内，需要合理选择刀具半径、刀具长度以避免发生全局干涉。

6.1.4.2 圆弧曲线母线型刀具模型

如图 6-9 所示，与椭圆曲线母线型刀具一样，圆弧曲线母线型刀具(鼓形刀具)也是回转类刀具。刀具由刀杆、侧刃、球头三部分组成。刀具的侧刃为回转曲面，回转中心为 $\boldsymbol{O}_2$，回转半径为 r；刀具母线为圆弧曲线，圆心为 $\boldsymbol{O}$，圆弧半径为 R；刀具端部的圆弧(球头部分)与侧刃相切，圆弧半径为 r_1，圆心为 $\boldsymbol{O}_1$；球头圆心 $\boldsymbol{O}_1$ 与刀具回转中心 $\boldsymbol{O}_2$ 的距离为 d；刀具总长度为 L，刀杆半径为 r_l。

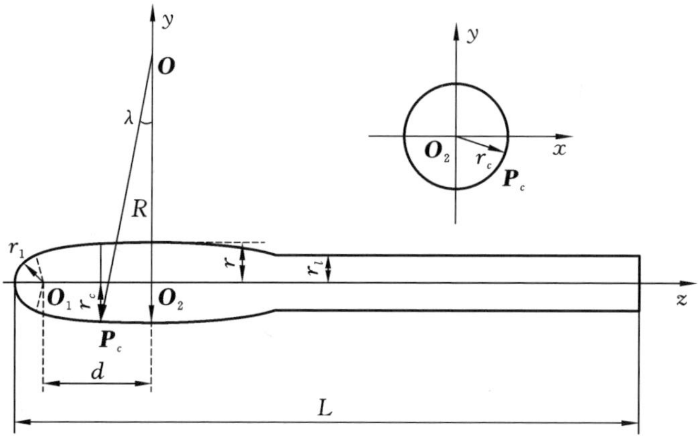

图 6-9 圆弧曲线母线型刀具

刀具曲面上主曲率最小的地方为 $\lambda=0$ 处，刀具曲面上绝对值最小的主曲率值：

$$k_{m1} = \frac{1}{r}, \quad k_{m2} = \frac{1}{R} \tag{6-41}$$

根据刀具曲面与被加工曲面的啮合关系可以得到：

$$\begin{cases} r \leqslant \dfrac{1}{k_{1i}}, R \leqslant \dfrac{1}{k_{2i}} & (k_{1i}>0, k_{2i}>0) \\ r \leqslant \dfrac{1}{k_{2i}} & (k_{1i}\leqslant 0, k_{2i}>0) \end{cases} \tag{6-42}$$

其中，k_{1i}、k_{2i} 分别为离散点 $\boldsymbol{P}_i$ 处被加工曲面的主曲率。

对曲面 $\boldsymbol{S}$ 上所有离散点 $\boldsymbol{P}_i\{\boldsymbol{P}_i \in \boldsymbol{S}, 1 \leqslant i \leqslant n\}$ 都进行以上刀具参数取值范围的计算，每一

个离散点 $\boldsymbol{P}_i$ 处都得到一组对应的参数范围 $\{R\leqslant R_i;r\leqslant r_i\}$，通过比较得到其中的最小上限 $R_{\min}$、$r_{\min}$。刀具设计时，$R_{\min}$ 和 $r_{\min}$ 即为参数 R、r 的选值。其余参数的计算和选择与椭圆曲线母线型刀具类似。

6.1.4.3　加工误差的计算

刀具优化的最终目的是使刀具曲面与被加工曲面在无过切的基础上最大程度匹配，判断匹配程度及是否过切的参考量是加工误差，即判断误差值是否为负值、测量点处误差的标准均方差是否足够小。为计算自由曲面加工时的误差，可将设计曲面离散成等参数点云，将曲面间的距离计算转换为点与曲面间的距离计算。

根据微分几何知识，设计曲面的离散点的坐标 (x_s, y_s, z_s)、单位法向量 $\boldsymbol{n}(n_0, n_1, n_2)$ 以及主曲率半径都可以通过设计曲面的几何信息得到。根据曲率匹配算法，可以得到初始刀具曲面 $\boldsymbol{S}_0$。设计曲面与刀具曲面在切触点处的相对位置是十分重要的，如图 6-10 所示。刀具在切触点处的不同姿态对应设计曲面点与刀具曲面的不同距离，因此在计算离散点到刀具曲面的距离之前需要确定刀具与设计曲面的相对位置关系。根据 6.1.3 节刀具与被加工曲面间的啮合关系，当切触点处刀具曲面的最小主曲率方向与设计曲面的最小主曲率方向一致时，加工带宽达到最大。因此，设定刀具在切触点处的姿态如图 6-10 所示，$\boldsymbol{e}_1$ 和 $\boldsymbol{e}_2$ 分别表示切触点 $\boldsymbol{C}$ 在设计曲面上的最大和最小主曲率方向。向量 $\boldsymbol{n}(n_0, n_1, n_2)$、$\boldsymbol{e}_1$ 和 $\boldsymbol{e}_2$ 相互正交。同时，最大和最小主曲率方向分别与刀具的最大和最小主曲率方向平行，即 z 轴正方向与 $\boldsymbol{n}$ 重合，x 轴、y 轴分别与向量 $\boldsymbol{e}_1$、$\boldsymbol{e}_2$ 平行。

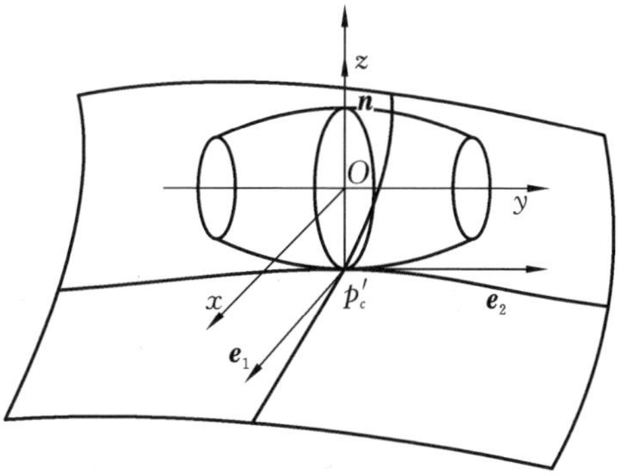

图 6-10　设计曲面与刀具曲面间的相对位置关系

确定了刀具的位置后，即可通过刀具曲面与设计曲面间的位置几何关系计算出设计曲面离散点到刀具回转面的法向距离 ε_i。根据加工误差的定义，刀具曲面与设计曲面、离散点处的误差 ε_i 存在以下关系：

$$\boldsymbol{P}_{ci}-\boldsymbol{P}_i=\varepsilon_i\boldsymbol{n}_i \tag{6-43}$$

$$(x_{ci}-x_i, y_{ci}-y_i, z_{ci}-z_i)=\varepsilon_i(n_{i0}, n_{i1}, n_{i2}) \tag{6-44}$$

其中，$\boldsymbol{P}_i$ 表示离散点云中的第 i 个离散点，$\boldsymbol{n}_i$ 表示设计曲面上点 $\boldsymbol{P}_i$ 处的单位法矢量，$\boldsymbol{P}_{ci}$ 表示点 $\boldsymbol{P}_i$ 的法矢与刀具曲面的交点。

式(6-44)转变为如下方程组：

$$\begin{cases} x_{ci}=x_i+\varepsilon_i n_{i0} \\ y_{ci}=y_i+\varepsilon_i n_{i1} \\ z_{ci}=z_i+\varepsilon_i n_{i2} \end{cases} \tag{6-45}$$

将刀具曲面上点 $\boldsymbol{P}_{ci}$ 的坐标表达式(6-45)代入刀具回转曲面表达式，可以得到关于变量 ε_i 的方程式。

① 椭圆曲线母线型刀具

$$b_j^2\ (x_i+\varepsilon_i n_{i0})^2+a_j^2\ (y_i+\varepsilon_i n_{i1})^2+a_j^2\ (z_i+\varepsilon_i n_{i2})^2=a_j^2 b_j^2 \tag{6-46}$$

其中，a_j、b_j 分别表示第 j 次优化后的刀具参数。

② 圆弧曲线母线型刀具

$$\sqrt{(x_i+\varepsilon_i n_{i0})^2+(z_i+\varepsilon_i n_{i2})^2}=\sqrt{R_j^2-(y_i+\varepsilon_i n_{i1})^2}-(R_j-r_j) \tag{6-47}$$

其中，R_j、r_j 分别表示第 j 次优化后的刀具参数。

式(6-46)与式(6-47)中除了 ε_i 是未知待求，刀具参数与设计曲面离散点的坐标和单位法矢都是已知量，因此式(6-46)与式(6-47)是关于变量 ε_i 的一元方程式。通过求解以上两个方程可以得到每个离散点处的误差值 ε_i。通过以上方法计算出切触点附近所有的离散点 $\boldsymbol{P}_i(0\leqslant i\leqslant n)$ 距离刀具曲面的距离 ε_i。

6.1.4.4　刀具参数优化过程

刀具优化的目的是使优化后的刀具曲面与设计曲面尽可能地贴合。圆锥曲线母线刀具优化设计算法的基本思路是：在预设的切触点处，根据曲面拟合算法搜寻到一个回转曲面，要求该回转曲面与设计曲面上点附近的区域尽可能地贴合，搜寻到的最佳回转曲面即为刀具优化曲面。因此，在优化过程中可采用最小二乘算法(LS)进行曲面拟合：

$$\min E=\frac{1}{n}\sum_{n}^{1}\varepsilon_i^2 \tag{6-48}$$

其中，ε_i 表示设计曲面上第 i 个离散点距刀具曲面的距离。

很明显，不是所有离散点都适合参与刀具曲面拟合，当一些离散点处的误差浮动过大时将对式(6-48)的计算结果有较大的影响。因此，在进行拟合前需要对参与拟合的离散点进行筛选。一般情况下，满足 $\boldsymbol{P}_i(0\leqslant\varepsilon_i\leqslant\delta, 0\leqslant i\leqslant n)$ 条件的离散点才能参与拟合。

最小二乘算法是一个迭代过程，需要给定一个初始值，通过循环迭代计算得到满足精度的计算值。为此，以曲率约束算法得到的刀具参数作为迭代拟合的初始输入值以加快拟合计算的收敛速度。每次拟合计算得到的刀具参数都作为下一次迭代的计算初值，直至相邻两次迭代计算的 ε_i 方均根之差满足精度：

$$|E_{j+1}-E_j|\leqslant\xi \tag{6-49}$$

其中，ξ 表示迭代约束值。随着迭代次数的增加，当相邻两次迭代计算结果满足式(6-49)时表示整个计算过程趋于稳定，第 $j+1$ 次的刀具参数计算值即为该切触点处的刀具优化解。

单个切触点处的刀具参数优化过程如上所述，迭代计算后得到该切触点的刀具参数局部优化值。但是，刀具设计需要针对整张叶片曲面的全局优化，因此需要在整张曲面上进行上述拟合过程。在每个切触点处都得到一个刀具参数计算值，针对整张叶片曲面的刀具参数全局优化值则是这些计算值中的最小值。通过这种方式，最终优化后的刀具曲面既能保证无过切又能达到与设计曲面极度匹配。

综上，基于曲面自适应匹配的刀具优化算法的基本思想是：根据自由曲面与刀具曲面啮合关系模型，利用曲率匹配算法得到初始刀具参数；在此基础上，运用曲面匹配算法对刀具参数进行优化得到最终的刀具优化参数，建立刀具模型。针对自由曲面侧铣加工的圆锥曲线母线型刀具设计的具体流程可归纳如下：

① 离散自由曲面。对被加工叶片曲面进行离散，得到一系列离散点 $\boldsymbol{P}_i\{\boldsymbol{P}_i\in\boldsymbol{S}, 1\leqslant i\leqslant n\}$。

② 计算刀具参数取值范围。针对单一离散点，计算曲面在该点处的主曲率 k_1、k_2，利用6.1.4.1节和6.1.4.2节中的计算方法算出刀具参数的取值范围，对每个离散点重复这个过程，直至所有点都经过计算。

③ 获得基于曲率约束的刀具设计参数。比较步骤②中得到的刀具参数的取值范围，从中选出最小上限作为刀具参数的计算值。

④ 计算刀具优化参数范围。以步骤③中基于曲率约束得到的刀具计算值作为刀具优化的初值，在每个预设的切触点 $\boldsymbol{C}_i\{\boldsymbol{C}_i\in\boldsymbol{S},1\leqslant i\leqslant m\}$ 处根据刀具优化算法得到每个切触点处的刀具参数优化值。

⑤ 获得刀具优化参数。比较步骤④中得到的刀具参数优化值，从中选出最小值作为刀具参数的计算值。

⑥ 计算刀具其余参数。根据刀具长度 L、球头半径 r、球头圆心与刀具回转中心的距离 d 等参数与主要参数(R、r;a、b)之间的关联关系计算出相应的值。

6.1.4.5　圆锥曲线曲面刀具设计案例

图 6-11 所示为一自由曲面叶轮叶片，计算得到的叶片最大、最小主曲率半径分别为 $|r_{C1}|=48.392$ mm、$|r_{C2}|=95.711$ mm，将其代入式(6-42)得到 $R_{\min}=95.711$ mm、$r_{\min}=48.392$ mm。但叶轮叶片间的最小距离为 12.168 mm，同时叶轮叶片型面有一定的扭曲，如果刀具半径过大，则在加工中刀具摆角范围明显减小，增加了刀具轨迹规划难度，且在加工叶根处时可能会发生干涉，甚至刀具无法到达叶根处。为了避免这些问题，刀具回转直径必须比相邻叶片间距小，以避免刀具与相邻叶片发生干涉。根据实际情况，参数 r 取值 6 mm。

基于曲率约束的刀具参数值得到后，以该参数计算值作为迭代计算初值，根据前述刀具优化算法对刀具参数进一步优化。优化后的刀具参数分别为 $R=45$ mm，$r=5$ mm。刀具长径比选择 $L/D=7$，计算得到刀具长度 $L=70$ mm；根据经验取 $d=7$ mm，通过式(6-40)求出球头半径 $r=4.5$ mm。

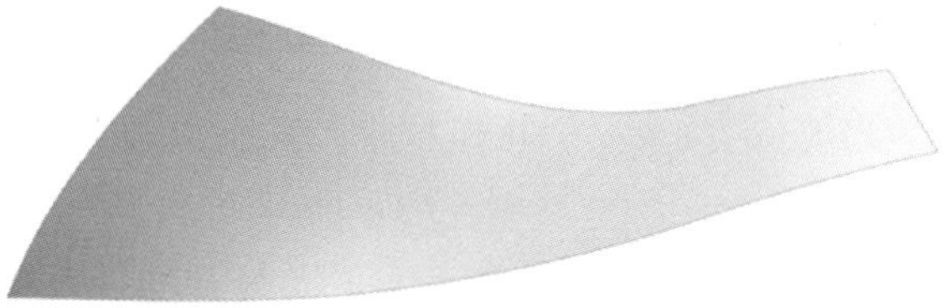

图 6-11　自由曲面叶轮叶片

6.2　基于带宽向量场的侧铣加工轨迹规划方法

本节重点介绍利用给定的通用圆锥曲线母线刀具进行侧铣加工的轨迹规划方法。

6.2.1　最大带宽向量场

设被加工曲面 S 上当前切削位置为点 $\boldsymbol{c}$，$\boldsymbol{f}$ 为走刀方向，$\boldsymbol{t}$ 为刀轴方向，以 $\boldsymbol{c}$ 为坐标原点，点 $\boldsymbol{c}$ 在曲面 S 上的法向 $\boldsymbol{n}_c$ 为 z_l 轴，$(\boldsymbol{f}-(\boldsymbol{f}\cdot\boldsymbol{n}_c)\boldsymbol{n}_c)/\|\cdot\|$ 为 x_l 轴，$\boldsymbol{n}_c\times\boldsymbol{f}/\|\cdot\|$ 为 y_l 轴，建立局部坐标系 $\boldsymbol{c}$-$x_ly_lz_l$。如图 6-12 所示，令刀轴矢量 $\boldsymbol{t}$ 由二元组(λ,ω)确定，其中，λ 绕 x_l 轴旋转$(\lambda\in[0,\pi/2])$，ω 绕 z_l 轴旋转$(\omega\in[-\pi/2,\pi/2])$。

根据距离监视内核算法，能够很容易确定给定刀位上刀具工件间的干涉量 d_p^a，而实际加工中一般允许在满足加工精度要求下残留一定的材料，其可以通过控制切削行与行之间的残留高度 h 来实现。因此，需要对干涉判断条件中 $d_p^a>0$ 时做进一步判断，即当 $d_p^a\leqslant h$ 时，被加

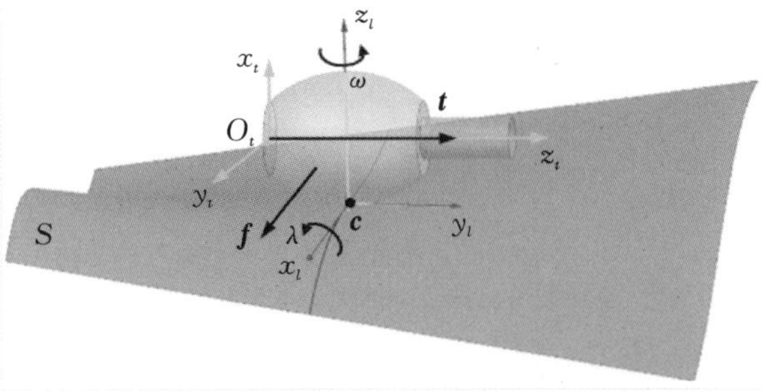

图 6-12 侧铣加工局部坐标系

工曲面上 $\boldsymbol{p}$ 点处的材料残留满足加工要求，对应刀具上 $\boldsymbol{g}$ 点为切削点；当 $d_p^a > h$ 时，$\boldsymbol{p}$ 点处材料残留过大，不满足加工要求。通过上述判断即可获取被加工曲面切削位置 $\boldsymbol{c}$ 处，对应刀轴矢量 $\boldsymbol{t}(\lambda,\omega)$ 下刀具上的所有切削点 $\boldsymbol{G}(\boldsymbol{c},\boldsymbol{t})=\{\boldsymbol{g}_k \mid k=1,2,\cdots,K\}$，$K$ 为切削点数量，如图 6-13 所示。

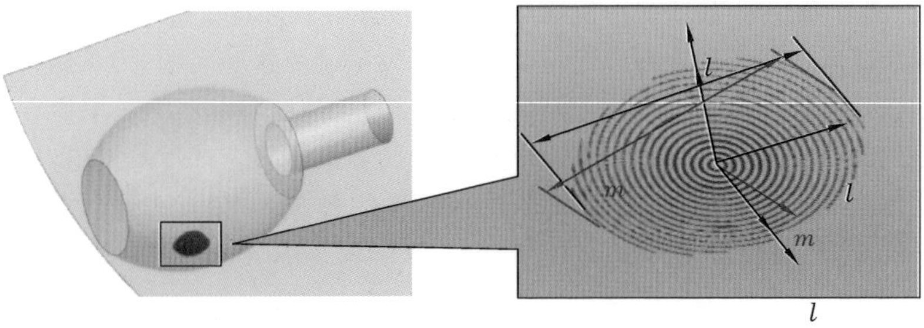

图 6-13 刀具上的切削点及加工带宽

则被加工曲面 S 上的切削位置 $\boldsymbol{c}$ 处，在进给方向 $\boldsymbol{f}$ 下的加工带宽 W_f 为

$$W_f = \max_{1 \leqslant i,j \leqslant K} \left| (\boldsymbol{n}_c \times \boldsymbol{f}) \cdot (\boldsymbol{g}_i - \boldsymbol{g}_j) \right| \tag{6-50}$$

由上式可以看出，加工带宽 W_f 与进给方向 $\boldsymbol{f}$ 相关。为获取最大加工带宽 W_m，可将工件坐标系下的切削点 $\boldsymbol{g}_k$ 变换到局部坐标系 $\boldsymbol{c}\text{-}x_l y_l z_l$ 中得到 $\boldsymbol{g}_{\tilde{k}}$，其中

$$\boldsymbol{g}_{\tilde{k}} = \boldsymbol{M}_l \cdot (\boldsymbol{g}_k - \boldsymbol{c}) \tag{6-51}$$

式中，$\boldsymbol{M}_l$ 为工件坐标系到局部坐标系的变换矩阵，有 $\boldsymbol{M}_l = [\boldsymbol{x}_l, \boldsymbol{y}_l, \boldsymbol{z}_l]^{-1}$。

因此，式(6-50)可以简化为

$$W_f = \max_{1 \leqslant i,j \leqslant K} \left| g_{\tilde{i},y} - g_{\tilde{j},y} \right| \tag{6-52}$$

则最大带宽 W_m 可表示为

$$W_m = \max_{1 \leqslant i,j \leqslant K} \sqrt{((g_{\tilde{i},x} - g_{\tilde{j},x})^2 + (g_{\tilde{i},y} - g_{\tilde{j},y})^2)} \tag{6-53}$$

对应刀具上的切削点分别为 $\boldsymbol{g}_{\tilde{k0}}$ 和 $\boldsymbol{g}_{\tilde{k1}}$，则利用下式可将其变换回工件坐标系，得到 $\boldsymbol{g}_{k0}$ 和 $\boldsymbol{g}_{k1}$。

$$\boldsymbol{g}_k = \boldsymbol{M}_l^{-1} \cdot \boldsymbol{g}_{\tilde{k}} + \boldsymbol{c} \tag{6-54}$$

则最大带宽进给方向 $\boldsymbol{f}_m$ 为

$$\boldsymbol{f}_m = \begin{cases} \boldsymbol{f}_a, & \boldsymbol{f}_a \cdot \boldsymbol{f} \geqslant 0 \\ -\boldsymbol{f}_a, & \boldsymbol{f}_a \cdot \boldsymbol{f} < 0 \end{cases} \tag{6-55}$$

式中：

$$\boldsymbol{f}_a = \frac{(\boldsymbol{g}_{k1} - \boldsymbol{g}_{k0}) \times \boldsymbol{n}_c}{\| (\boldsymbol{g}_{k1} - \boldsymbol{g}_{k0}) \times \boldsymbol{n}_c \|} \tag{6-56}$$

在被加工曲面 S 上切削位置 $\boldsymbol{c}$ 处，刀轴矢量 $\boldsymbol{t}$ 的变化也可能影响最大加工带宽 W_m。因此，考虑刀轴矢量变化情况下的最大加工带宽 W_{mm} 为

$$W_{mm}=\max_{\substack{\lambda\in[0,\arcsin(H/R)]\\ \omega\in[-\pi/2,\pi/2]}} W_m(\lambda,\omega),\boldsymbol{t}(\lambda,\omega)\in\Omega \tag{6-57}$$

式中，Ω 为刀具可行域，刀轴矢量在该可行域中不会与被加工曲面发生干涉。

由上述推导过程可知，最大加工带宽 W_{mm} 对应的进给方向为 $\boldsymbol{f}_{mm}$。图 6-14 给出了相同残留高度 h 下，刀轴矢量引起的加工带宽变化。图 6-14(a)所示为指定走刀方向 $\boldsymbol{f}$ 下不同刀轴矢量引起的加工带宽的变化，可以看出随着 λ 的减小，加工带宽 W 增大，但增幅较小。当 $\lambda=0.61$ 时，加工带宽有明显下降，这是由于 λ 接近临界值 $\arcsin(H/R)$ 时，刀具上切削位置 $\boldsymbol{c}$ 移到了靠近刀具边缘的位置，导致刀具上部分区域落在了工件外部而不参与切削，继而减小了加工带宽。同时，由图中可以看出，ω 对加工带宽有显著影响，且大致呈对称分布，这是由于 ω 的取值使刀具近乎对称地分布在走刀方向 $\boldsymbol{f}$ 两侧，导致切削状态相近。图 6-14(b)所示为不指定走刀方向下刀轴矢量引起的最大带宽变化趋势，同样，λ 的变化对最大带宽影响不明显，而 ω 的变化对最大带宽的改变起着主要作用。

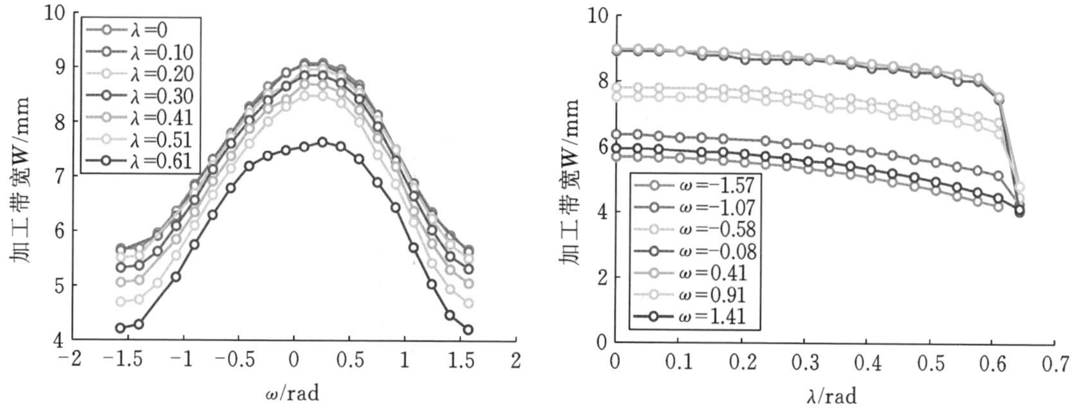

(a)

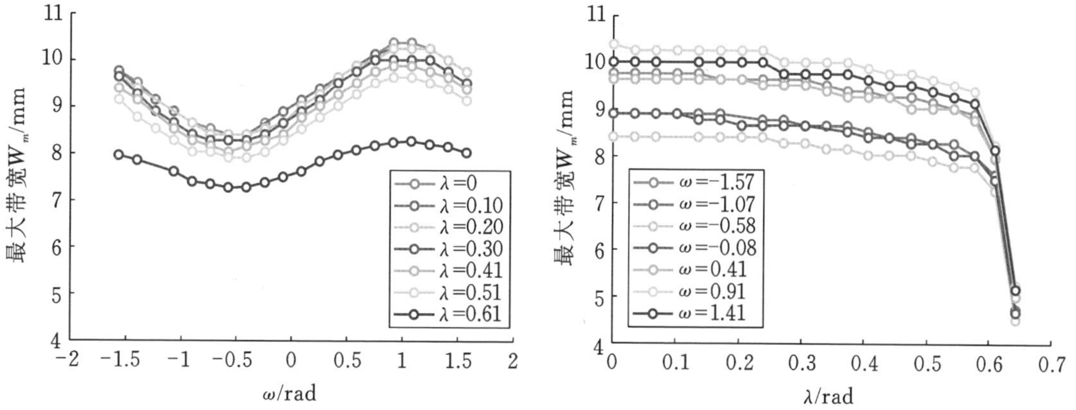

(b)

图 6-14　刀轴矢量引起的加工带宽变化

(a) 指定走刀方向下刀轴矢量(λ,ω)引起的加工带宽 W 的变化；

(b) 不指定走刀方向下刀轴矢量(λ,ω)引起的最大带宽 W_m 的变化

由上述分析可知，在进行最大加工带宽 W_{mm} 求解时，可以通过固定 λ 来简化求解过程，因此式(6-57)可进一步简化为单参数优化问题

$$W_{mm}=\max_{\omega\in[-\pi/2,\pi/2]} W_m(\lambda^*,\omega),\boldsymbol{t}(\lambda^*,\omega)\in\Omega \tag{6-58}$$

式中，λ^* 为优化前给定的刀轴矢量倾角，有 $\lambda^*\in[0,\arcsin(H/R)]$。一般为避免最大带宽的明显下降，$\lambda^*$ 的取值应尽量远离 $\arcsin(H/R)$。

类似的，限定走刀方向 $\boldsymbol{f}$ 后的最大带宽 W_{fm} 可由下式求得

$$W_{fm}=\max_{\omega\in[-\pi/2,\pi/2]} W_f(\lambda^*,\omega),t(\lambda^*,\omega)\in\Omega \tag{6-59}$$

令被加工曲面 $\boldsymbol{S}$ 上 $\boldsymbol{S}(u_c,v_c)$ 点处 u、v 参数方向上的偏矢分别为 $\boldsymbol{S}_u$、$\boldsymbol{S}_v$，它们之间的夹角为 θ，最大带宽 W_{mm} 对应走刀方向 $\boldsymbol{f}_{mm}$ 与 $\boldsymbol{S}_u$ 之间的夹角为 γ，则物理空间中走刀方向 $\boldsymbol{f}_{mm}$ 在参数域中的方向 $\boldsymbol{a}_f$ 为

$$\boldsymbol{a}_f=\left(\frac{\|\boldsymbol{S}_v\|\sin(\theta-\gamma)}{A},\frac{\|\boldsymbol{S}_u\|\sin\gamma}{A}\right) \tag{6-60}$$

式中：

$$A=\sqrt{(\|\boldsymbol{S}_v\|\sin(\theta-\gamma))^2+(\|\boldsymbol{S}_u\|\sin\gamma)^2} \tag{6-61}$$

通过在曲面 S 上进行采样，可以获得图 6-15 所示的参数域下的最大带宽向量场，云图表示最大带宽在参数域中的分布，箭头表示当前位置上的最大带宽对应的走刀方向。

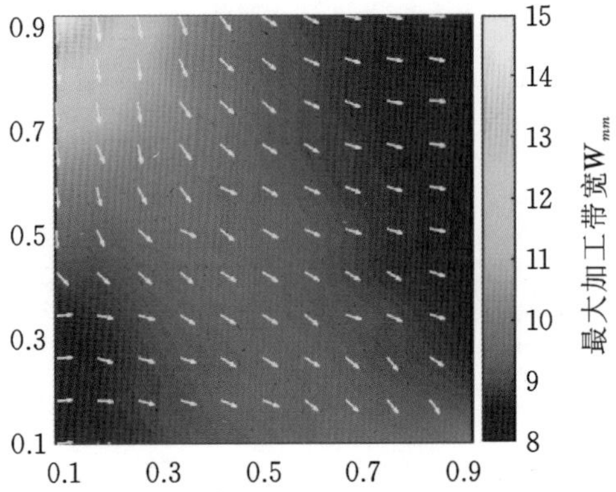

图 6-15 参数域下的最大带宽及最大带宽向量场(单位：mm)

6.2.2 初始加工轨迹选取

一般在宽行加工轨迹规划前需要给定一条初始切削行，而该切削行一般取曲面的一条等参数线或边界曲线，后续切削行一般基于该切削行依次构建。由图 6-14 可以看出，在相同刀轴矢量 $\boldsymbol{t}$ 下，给定走刀方向 $\boldsymbol{f}$ 后的加工带宽和最大加工带宽相差较大，因此当初始切削行选择不合适时，将会减小整个面的加工带宽，进而增加加工时间。为解决上述问题，本节基于参数域下的最大带宽向量场，结合流线确定初始轨迹。

为了评价一条轨迹的优劣，这里给出如下平均带宽 W_{avg} 的计算公式

$$W_{avg}=\frac{\sum_{j=1}^{n}s_jW_{fm,j}}{\sum_{j=1}^{n}s_j} \tag{6-62}$$

式中，s_j 为轨迹线上 $\boldsymbol{c}_0$ 点到 $\boldsymbol{c}_j$ 点的弧长，$W_{fm,j}$ 为 $\boldsymbol{c}_j$ 点处走刀方向沿 $\boldsymbol{c}_j$ 切矢方向时的最大带宽，n 为轨迹上离散点 $\{\boldsymbol{c}_j\}$ 的数量。

在轨迹规划过程中，后续轨迹的生成总是依赖前一条轨迹，因此初始轨迹选择的好坏直接影响着整个轨迹规划过程。为了获取较好的初始轨迹，这里取该轨迹为平均加工带宽 W_{avg} 最大的一条切削行。目前主要的做法是在曲面上选择一点（一般取最大带宽在曲面上的对应点），并以该点为起点逐步搜索获取后续点，直到曲面边界位置，最后将获得的点依次连接起来作为初始轨迹[4-5]。这样的做法虽然能够获取较优的初始轨迹，但并不是最优的轨迹，且获取的轨迹一般并不光滑。为解决上述问题，这里引入流线的概念，流线在流体力学中用来表示某一时刻流体的运动状态，同一条流线上流函数的值相等。在最大带宽向量场中，定义流函数 $\Psi(u,v)$ 为

$$d\Psi = \frac{\partial \Psi}{\partial u}du + \frac{\partial \Psi}{\partial v}dv = -V_v du + V_u dv \tag{6-63}$$

式中：$\boldsymbol{V} = (V_u, V_v)$ 为曲面参数域中 (u,v) 处的速度，有 $\boldsymbol{V} = W_{mm} \cdot \boldsymbol{a}_f$。

当 Ψ 为常数时，可得到流线的微分方程

$$-V_v du + V_u dv = 0 \tag{6-64}$$

则通过在图 6-15 所示的参数域下的最大带宽向量场中给定不同的 Ψ_i，即可得到一组流线 $\{C_i \mid \Psi(u,v) = \Psi_i, i = 1,2,\cdots,n\}$，则流线上的切向一定为该位置上的最大带宽进给方向，图 6-16 所示为最大带宽向量场中的流线簇。

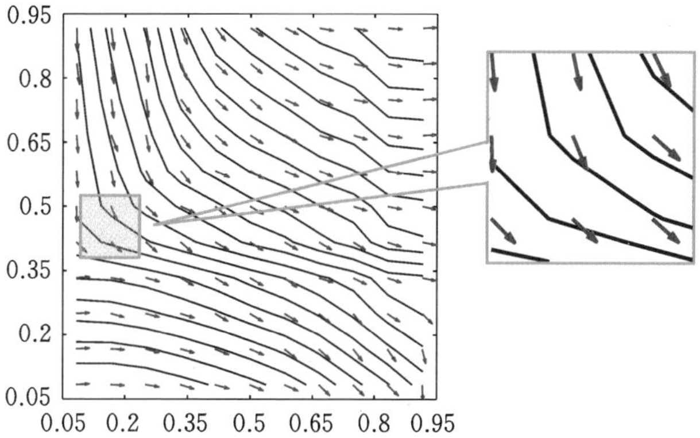

图 6-16　最大带宽向量场中的流线簇

由于流线受进给方向影响较大，导致图 6-16 中流线簇发生较大扭曲，故不能直接作为轨迹线使用。为获取光滑的加工轨迹，可以在参数域内分别对流线 C_i 进行光顺处理，得到图 6-17(a) 所示平滑的流线 $C_{s,i}$，该流线在物理空间中对应的轨迹线如图 6-17(b) 所示。

由于上述光顺过程可能改变曲线原有位置上的切向，导致该位置上的走刀方向发生改变，进而影响该位置上的实际最大加工带宽。因此，需要根据这时的流线 $C_{s,i}$，在物理空间中利用式(6-62) 计算平均加工带宽 $W_{avg,i}$，并取 $W_{avg}^* = \max\{W_{avg,i}\}$ 时对应的轨迹 C_s^* 作为初始加工轨迹。利用该方法计算图 6-17 中 20 条流线的平均带宽，得到图 6-18 所示的平均加工带宽分布，取最大平均带宽 10.7 mm 所对应的第 12 条轨迹线作为初始轨迹线。

6.2.3　宽行侧铣轨迹规划

在被加工曲面 S 上，令初始轨迹线 $C_0(t)$ 上一点 $\boldsymbol{S}(u_i, v_i)$，对应的实际加工最大带宽

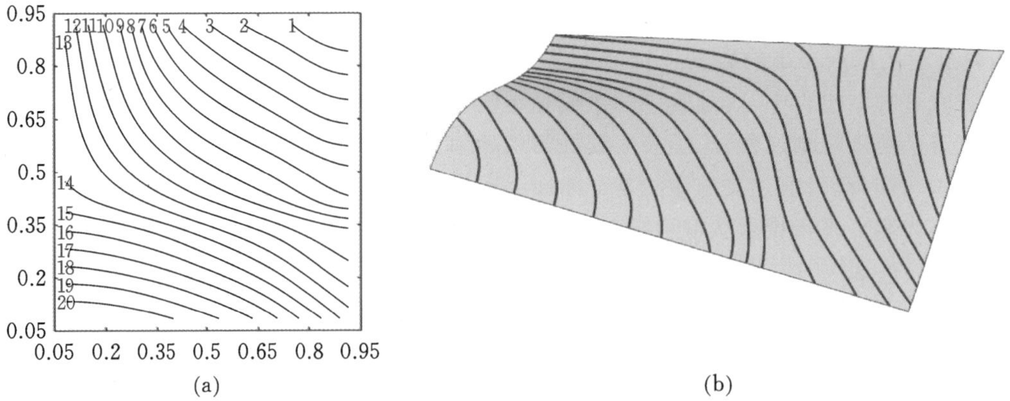

图 6-17　拟合后的平滑流线簇

(a) 参数域中的流线簇；(b) 物理空间中的轨迹线簇

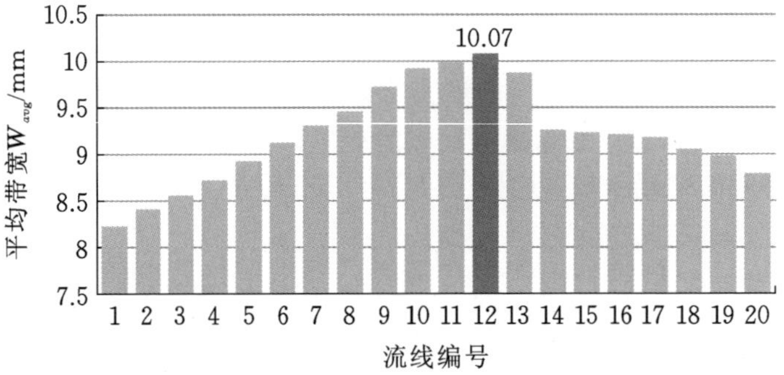

图 6-18　流线簇上平均加工带宽分布

$W_{fm,i}$，则与其相邻的轨迹线 $C_1(t)$ 上的点为 $\boldsymbol{S}(u_i+\Delta u_i, v_i+\Delta v_i)$，则有

$$\begin{cases}(\boldsymbol{S}(u_i+\Delta u_i, v_i+\Delta v_i)-\boldsymbol{S}(u_i, v_i))\left(\boldsymbol{S}_u(u_i, v_i)\dfrac{du_i}{dt}+\boldsymbol{S}_v(u_i, v_i)\dfrac{dv_i}{dt}\right)=0 \\ \|\boldsymbol{S}(u_i+\Delta u_i, v_i+\Delta v_i)-\boldsymbol{S}(u_i, v_i)\|=\boldsymbol{W}_{fm,i}\end{cases} \tag{6-65}$$

将 $\boldsymbol{S}(u_i+\Delta u, v_i+\Delta v)$ 在 (u_i, v_i) 处泰勒展开后得到

$$\boldsymbol{S}(u_i+\Delta u_i, v_i+\Delta v_i)=\boldsymbol{S}(u_i, v_i)+\boldsymbol{S}_u(u_i, v_i)\Delta u_i+\boldsymbol{S}_v(u_i, v_i)\Delta v_i \tag{6-66}$$

将上式代入式(6-65) 中并求解，可得

$$\begin{cases}\Delta u_i=\dfrac{\pm W_{fm,i}\left(F\dfrac{du_i}{dt}+G\dfrac{dv_i}{dt}\right)}{\sqrt{EG-F^2}\sqrt{E\left(\dfrac{du_i}{dt}\right)^2+2F\dfrac{du_i}{dt}\dfrac{dv_i}{dt}+G\left(\dfrac{dv_i}{dt}\right)^2}} \\ \Delta v_i=\dfrac{\mp W_{fm,i}\left(E\dfrac{du_i}{dt}+F\dfrac{dv_i}{dt}\right)}{\sqrt{EG-F^2}\sqrt{E\left(\dfrac{du_i}{dt}\right)^2+2F\dfrac{du_i}{dt}\dfrac{dv_i}{dt}+G\left(\dfrac{dv_i}{dt}\right)^2}}\end{cases} \tag{6-67}$$

式中：E、F、G 为曲面第一基本量，有 $E=\boldsymbol{S}_u\cdot\boldsymbol{S}_u$，$F=\boldsymbol{S}_u\cdot\boldsymbol{S}_v$，$G=\boldsymbol{S}_v\cdot\boldsymbol{S}_v$。

按照这一方法计算与初始轨迹线 $C_0(t)$ 相邻的轨迹上的所有点，则得到相应的轨迹线 $C_1(t)$。按照相同的方法，分别向初始轨迹线的两侧搜索，则可得到图 6-19 所示的轨迹线。

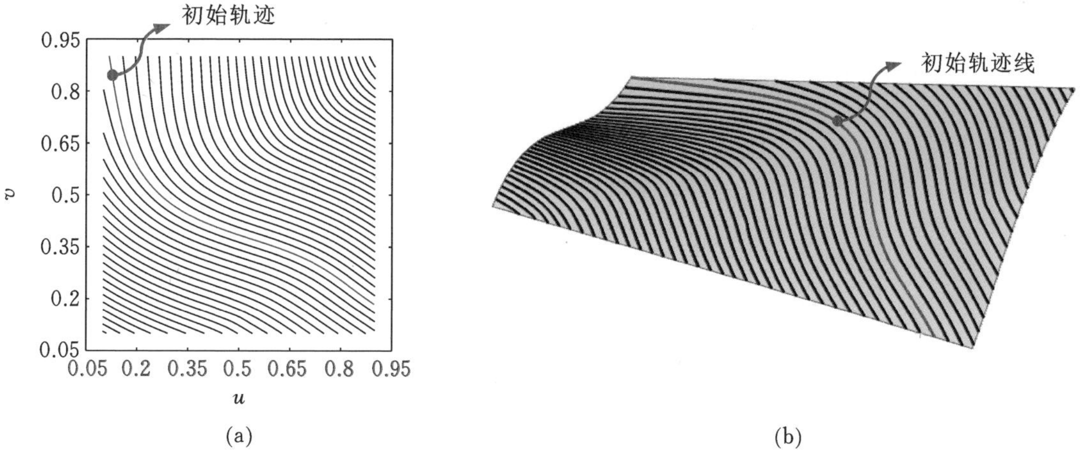

图 6-19　由一条初始轨迹线生成的加工轨迹

(a) 参数域中的轨迹线；(b) 物理空间中的轨迹线

图 6-20 所示为上述加工轨迹的平均带宽 W_{avg} 分布。可以看出，当轨迹计算由初始轨迹向两侧进行过程中，平均加工带宽逐步减小，这是由于进给方向 $\boldsymbol{f}$ 与该位置处原有最大带宽进给方向 $\boldsymbol{f}_{mm}$ 发生偏离导致的。当偏离达到一定程度后，该轨迹行上的平均加工带宽将达到较低水平，这时该行及后续行上的轨迹将不能达到高效加工的目的。

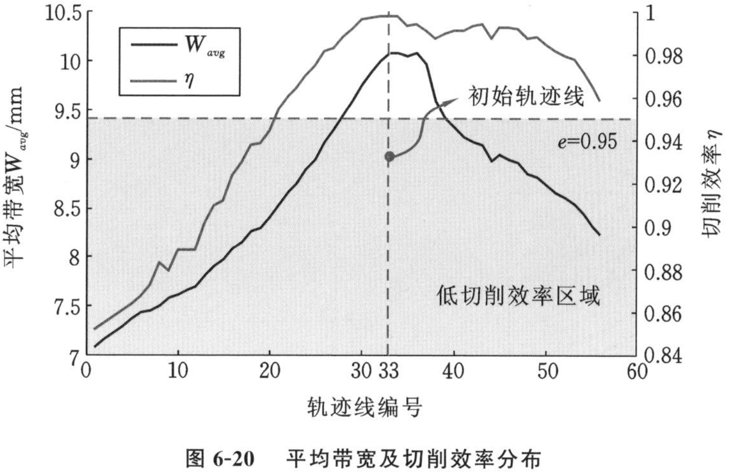

图 6-20　平均带宽及切削效率分布

图 6-21 所示为一条切削行上的实际加工最大带宽与理想最大带宽。为衡量带宽的偏离程度，定义切削效率 η

$$\eta = \frac{\sum_{j=1}^{n} s_j W_{fm,j}}{\sum_{j=1}^{n} s_j W_{\mathrm{mm},j}} \tag{6-68}$$

式中，$W_{\mathrm{mm},j}$ 为 $\boldsymbol{c}_j$ 点处不限定走刀方向时的最大加工带宽。

由于理想最大加工带上每一个切削位置处的带宽为不限定走刀方向时的最大带宽 W_{mm}，实际最大加工带上每个切削位置处的最大带宽 W_{fm} 为限定走刀方向 $\boldsymbol{f}$ 后的最大带宽，故一般

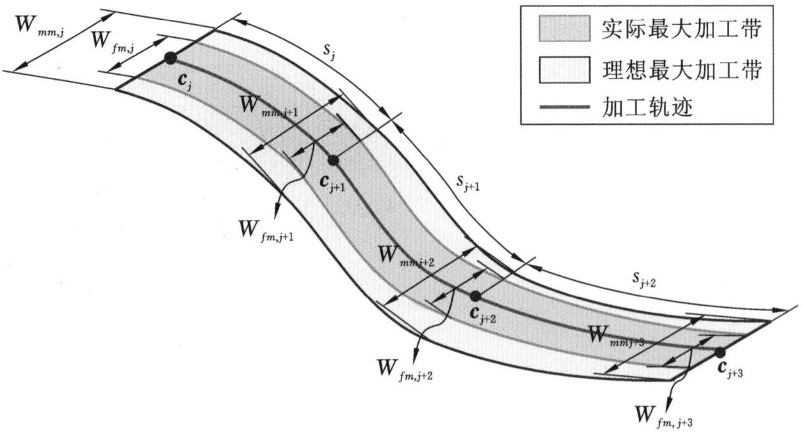

图 6-21　实际加工最大带宽与理想最大带宽

$W_{mm} \geqslant W_{fm}$，因此有 $\eta \leqslant 1$，当且仅当实际最大加工带为理想最大加工带时，$\eta = 1$。

图 6-20 所示为图 6-19 中所有轨迹线上切削效率的分布。给定 $e \in (0,1)$，则定义切削效率 $\eta < e$ 的区域为低切削效率区域，该区域内的所有轨迹线将不能满足高效加工的要求，应放弃这些轨迹线，并在对应区域中重新选择一条初始轨迹，由该轨迹开始实现剩余区域的轨迹规划。重复上述过程，直到加工轨迹完全覆盖整个被加工曲面为止。图 6-22(a) 为参数域中的低切削效率区域，该区域中包含了图 6-17 中的 6 条流线，图 6-22(b) 所示为对应的带宽分布图，取最大带宽 9.11 对应的流线为新的初始轨迹线。图 6-23 所示为最终得到的高效宽行侧铣加工轨迹。

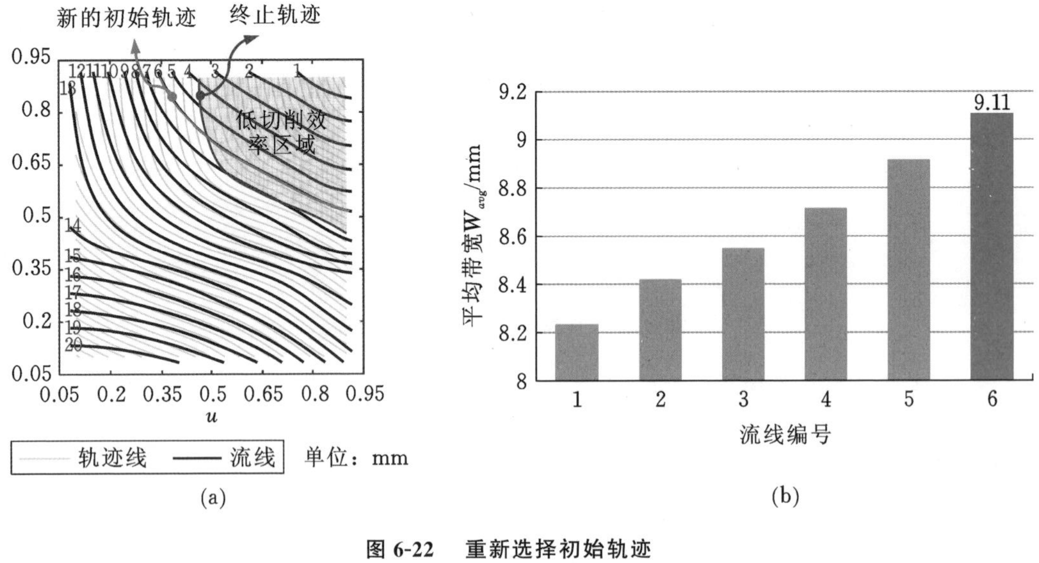

图 6-22　重新选择初始轨迹

(a) 参数域中的低切削效率区域；(b) 低切削效率区域上流线簇的平均加工带宽分布

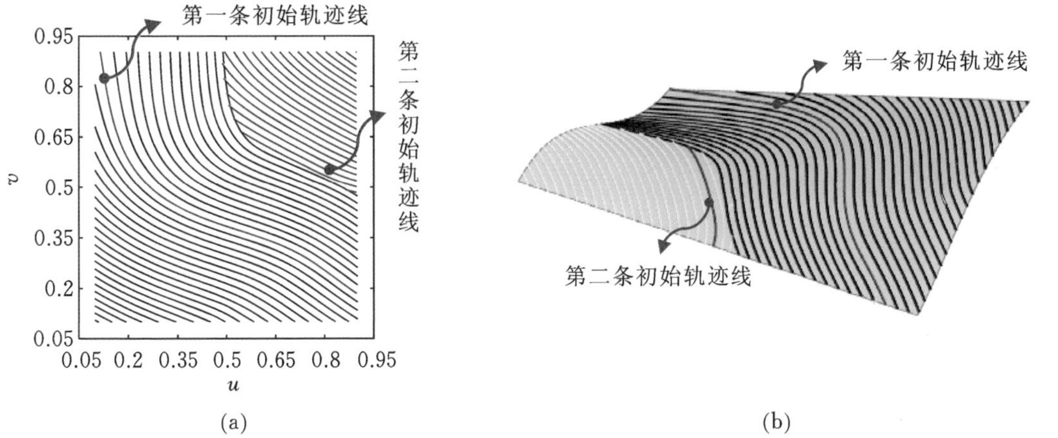

图 6-23　最大带宽控制下的侧铣加工轨迹(单位:mm)

(a) 参数域中的轨迹线;(b) 物理空间中的轨迹线

6.3　多轴侧铣加工轨迹整体光顺方法

6.3.1　加工轨迹整体优化模型建立

对自由曲面的侧铣加工中主要存在的问题有两点:一是刀具与工件间的干涉问题;二是刀轴光顺问题。其中干涉问题会导致刀具与工件间发生过切或欠切现象,影响加工精度。而刀轴光顺问题则会引起相邻刀轴间角度变化过大,而导致瞬时加速度或切削力增大,继而影响切削表面质量甚至引发断刀风险。为解决上述加工中存在的问题,可以建立一种侧铣加工轨迹整体优化模型进行优化。

(1) 基于加工误差的优化模型

多轴加工过程中,刀轴轨迹面为一张直纹面,除了通过该节中给出的直纹面表达方式外,还可以通过两条边界曲线 $\boldsymbol{Q}_s(t)$ 和 $\boldsymbol{Q}_e(t)$ 表述,即有

$$\boldsymbol{S}_{\text{axis}}(u,t)=\frac{u_e-u}{u_e-u_s}\boldsymbol{Q}_s(t)+\frac{u-u_s}{u_e-u_s}\boldsymbol{Q}_e(t) \tag{6-69}$$

其中,

$$\begin{cases}\boldsymbol{Q}_s(t)=\sum\limits_{j=0}^{n}N_{j,k}(t)\boldsymbol{V}_{s,j}\\ \boldsymbol{Q}_e(t)=\sum\limits_{j=0}^{n}N_{j,k}(t)\boldsymbol{V}_{e,j}\end{cases} \tag{6-70}$$

式中,u、t 为曲面的两个参数方向,有 $u\in[u_s,u_e]$,$t\in[t_s,t_e]$,$N_{j,k}(t)$ 为 k 次 B 样条基函数,$\{\boldsymbol{V}_{s,0},\cdots,\boldsymbol{V}_{s,n}\}$ 为边界曲线 $\boldsymbol{Q}_s(t)$ 上的控制顶点,$\{\boldsymbol{V}_{e,0},\cdots,\boldsymbol{V}_{e,n}\}$ 为边界曲线 $\boldsymbol{Q}_e(t)$ 上的控制顶点,$n+1$ 为边界曲线上控制点数量。

则 t 时刻,刀轴的瞬时方向 $\boldsymbol{l}_{\text{tool}}(t)$ 可以表示为

$$\boldsymbol{l}_{\text{tool}}(t)=\frac{\boldsymbol{Q}_e(t)-\boldsymbol{Q}_s(t)}{\|\boldsymbol{Q}_e(t)-\boldsymbol{Q}_s(t)\|}=\frac{\sum\limits_{j=0}^{n}N_{j,k}(t)(\boldsymbol{V}_{e,j}-\boldsymbol{V}_{s,j})}{\left\|\sum\limits_{j=0}^{n}N_{j,k}(t)(\boldsymbol{V}_{e,j}-\boldsymbol{V}_{s,j})\right\|} \tag{6-71}$$

对四轴加工而言，由于刀轴始终在固定的摆刀平面 Π 内运动，设 Π 对应的法矢为 $\boldsymbol{n}_{\Pi}$，则有 $\boldsymbol{l}_{\text{tool}}(t)\cdot\boldsymbol{n}_{\Pi}=0$，即

$$\sum_{j=0}^{n}N_{j,k}(t)(\boldsymbol{V}_{e,j}-\boldsymbol{V}_{s,j})\cdot\boldsymbol{n}_{\Pi}=0 \tag{6-72}$$

上式恒成立的充分条件是

$$\begin{cases}(\boldsymbol{V}_{e,j}-\boldsymbol{V}_{s,j})\cdot\boldsymbol{n}_{\Pi}=0\\ \boldsymbol{V}_{e,j}\neq\boldsymbol{V}_{s,j}\end{cases},j=0,1,\cdots,\boldsymbol{n} \tag{6-73}$$

定义 $\boldsymbol{w}=[\boldsymbol{V}_{s,0}^{\mathrm{T}},\cdots,\boldsymbol{V}_{s,j}^{\mathrm{T}},\cdots,\boldsymbol{V}_{s,n}^{\mathrm{T}},\boldsymbol{V}_{e,0}^{\mathrm{T}},\cdots,\boldsymbol{V}_{e,j}^{\mathrm{T}},\cdots,\boldsymbol{V}_{e,n}^{\mathrm{T}}]^{\mathrm{T}}$，则为减小加工误差，以刀具工件间干涉量的平方和为优化目标，建立如下侧铣加工轨迹优化模型：

$$\begin{cases}\min D(\boldsymbol{w})=\dfrac{1}{m+1}\displaystyle\sum_{i=0}^{m}(d_{p_i}^{a}(\boldsymbol{w}))^2\\ \text{s.t.}\quad \xi_1\leqslant d_{p_i}^{a}(\boldsymbol{w})\leqslant\xi_2,i=0,1,\cdots,m\\ \qquad(\omega_{j+n}-\omega_j)\cdot\boldsymbol{n}_{\Pi}=0,\quad j=0,1,\cdots,n\\ \qquad\omega_{j+n}\neq\omega_j,\quad \omega_j=[w_{3j},w_{3j+1},w_{3j+2}]^{\mathrm{T}}\end{cases} \tag{6-74}$$

式中，$m+1$ 为工件上的采样点 $\boldsymbol{p}_i$ 的数量，d_{pi}^{a} 为刀具与工件在 $\boldsymbol{p}_i$ 点处的干涉量，$[\xi_1,\xi_2]$ 为加工过程中工件允许的偏差范围，$\boldsymbol{n}_{\Pi}$ 为四轴加工中摆刀平面 Π 的法矢。

对于五轴加工而言，没有摆刀平面 Π 的约束，因此相应的加工误差优化模型如下：

$$\begin{cases}\min D(\boldsymbol{w})=\dfrac{1}{m+1}\displaystyle\sum_{i=0}^{m}(d_{p_i}^{a}(\boldsymbol{w}))^2\\ \text{s.t.}\quad \xi_1\leqslant d_{p_i}^{a}(\boldsymbol{w})\leqslant\xi_2,i=0,1,\cdots,m\end{cases} \tag{6-75}$$

(2) 基于刀轴光顺的优化模型

为了保证刀轴在加工过程中平滑过渡，应保证刀轴轨迹面 $\boldsymbol{S}_{\text{axis}}(\boldsymbol{w},u,t)$ 尽可能光顺。曲面的几何光顺性通常可以用曲面的应变能量来表示，为简化计算，这里引入薄板能量模型 $E(\boldsymbol{w})$ 近似该曲面能量来表示轨迹面 $\boldsymbol{S}_{\text{axis}}(\boldsymbol{w},u,t)$ 的光顺性。

$$E(\boldsymbol{w})=\iint\left(\left\|\frac{\partial^2\boldsymbol{S}_{\text{axis}}(\boldsymbol{w};u,t)}{\partial u^2}\right\|^2+2\left\|\frac{\partial^2\boldsymbol{S}_{\text{axis}}(\boldsymbol{w};u,t)}{\partial u\partial t}\right\|^2+\left\|\frac{\partial^2\boldsymbol{S}_{\text{axis}}(\boldsymbol{w};u,t)}{\partial t^2}\right\|^2\right)\mathrm{d}u\mathrm{d}t \tag{6-76}$$

将刀轴上任一点的坐标代入上式整理后可得

$$E(\boldsymbol{w})=\boldsymbol{w}^{\mathrm{T}}\cdot\boldsymbol{M}\cdot\boldsymbol{w} \tag{6-77}$$

其中，$\boldsymbol{M}$ 为 $6(n+1)\times6(n+1)$ 的刚度矩阵，可以表示为

$$\boldsymbol{M}=\iint\left(\left[\frac{\partial^2\boldsymbol{B}}{\partial u^2}\right]^{\mathrm{T}}\left[\frac{\partial^2\boldsymbol{B}}{\partial u^2}\right]+2\left[\frac{\partial^2\boldsymbol{B}}{\partial u\partial t}\right]^{\mathrm{T}}\left[\frac{\partial^2\boldsymbol{B}}{\partial u\partial t}\right]+\left[\frac{\partial^2\boldsymbol{B}}{\partial t^2}\right]^{\mathrm{T}}\left[\frac{\partial^2\boldsymbol{B}}{\partial t^2}\right]\right)\mathrm{d}u\mathrm{d}t \tag{6-78}$$

$\boldsymbol{B}$ 为 $3\times6(n+1)$ 的矩阵，可以表示为

$$\boldsymbol{B}=[\boldsymbol{B}_{00}\quad\cdots\quad\boldsymbol{B}_{i0}\quad\cdots\quad\boldsymbol{B}_{n0}\quad\boldsymbol{B}_{01}\quad\cdots\quad\boldsymbol{B}_{i1}\quad\cdots\quad\boldsymbol{B}_{01}] \tag{6-79}$$

结合式(6-69)，可知

$$\begin{cases}\boldsymbol{B}_{i0}=\dfrac{u_e-u}{u_e-u_s}N_{i,k}(t)\cdot\boldsymbol{I}_{3\times3}\\ \boldsymbol{B}_{i1}=\dfrac{u-u_s}{u_e-u_s}N_{i,k}(t)\cdot\boldsymbol{I}_{3\times3}\end{cases},i=0,\cdots,n \tag{6-80}$$

加工过程中为了保证刀轴整体光顺，依然可以通过调整 $\boldsymbol{w}$ 中控制点的位置，在保证加工精

度的前提下，降低曲面应变能以达到光顺刀轴轨迹面，继而实现刀轴整体光顺的目的。因此，建立如下四轴加工下基于刀轴光顺的侧铣加工轨迹优化数学模型：

$$\begin{cases} \min E(\boldsymbol{w}) \\ \text{s.t.}\quad \xi_1 \leqslant d_{p_i}^{a}(\boldsymbol{w}) \leqslant \xi_2, i=0,1,\cdots,m \\ \quad (\omega_{j+n}-\omega_j)\cdot \boldsymbol{n}_{\Pi}=0 \\ \quad \omega_{j+n}\neq \omega_j, \end{cases} \quad j=0,1,\cdots,n \tag{6-81}$$

相应的五轴加工轨迹优化数学模型如下：

$$\begin{cases} \min E(\boldsymbol{w}) \\ \text{s.t.}\quad \xi_1 \leqslant d_{p_i}^{a}(\boldsymbol{w}) \leqslant \xi_2, i=0,1,\cdots,m \end{cases} \tag{6-82}$$

(3) 加工轨迹整体优化模型

为提高加工精度、改善切削状态、提升零件表面质量，这里基于加工误差优化模型和刀轴光顺优化模型，建立了如下四轴加工下的轨迹整体优化模型。

$$\begin{cases} \min F(\boldsymbol{w}) = \alpha\left(\dfrac{D(\boldsymbol{w})-D^*}{D^*}\right)^2 + (1-\alpha)\left(\dfrac{E(\boldsymbol{w})-E^*}{E^*}\right)^2 \\ \text{s.t.}\quad \xi_1 \leqslant d_{p_i}^{a}(\boldsymbol{w}) \leqslant \xi_2, i=0,1,\cdots,m \\ \quad (\omega_{j+n}-\omega_j)\cdot \boldsymbol{n}_{\Pi}=0 \\ \quad \omega_{j+n}\neq \omega_j, \end{cases} \quad j=0,1,\cdots,n \tag{6-83}$$

式中，α 为权系数，用于控制加工误差和刀轴光顺性在优化过程中所占的比重，有 $\alpha \in [0,1]$；$D(\boldsymbol{w})$ 为加工误差函数，由式(6-74) 给出；$E(\boldsymbol{w})$ 为曲面能量函数，由式(6-81) 给出；D^* 为式(6-74) 优化结果中目标函数 $D(\boldsymbol{w})$ 的值；E^* 为式(6-81) 优化结果中目标函数 $E(\boldsymbol{w})$ 的值。

由于 D^* 为式(6-74) 优化结果中目标函数 $D(\boldsymbol{w})$ 的值，并且两式具有相同的约束条件，因此 $D(\boldsymbol{w}) \geqslant D^*$ 恒成立；同理，$E(\boldsymbol{w}) \geqslant E^*$ 也恒成立。因此，式(6-83) 可简化为

$$\begin{cases} \min F(\boldsymbol{w}) = \alpha\dfrac{D(\boldsymbol{w})-D^*}{D^*} + (1-\alpha)\dfrac{E(\boldsymbol{w})-E^*}{E^*} \\ \text{s.t.}\quad \xi_1 \leqslant d_{p_i}^{a}(\boldsymbol{w}) \leqslant \xi_2, i=0,1,\cdots,m \\ \quad (\omega_{j+n}-\omega_j)\cdot \boldsymbol{n}_{\Pi}=0 \\ \quad \omega_{j+n}\neq \omega_j, \end{cases} \quad j=0,1,\cdots,n \tag{6-84}$$

相应的五轴加工轨迹整体优化模型如下：

$$\begin{cases} \min F(\boldsymbol{w}) = \alpha\dfrac{D(\boldsymbol{w})-D^*}{D^*} + (1-\alpha)\dfrac{E(\boldsymbol{w})-E^*}{E^*} \\ \text{s.t.}\quad \xi_1 \leqslant d_{p_i}^{a}(\boldsymbol{w}) \leqslant \xi_2, i=0,1,\cdots,m \end{cases} \tag{6-85}$$

式中：$D(\boldsymbol{w})$ 为加工误差函数，由式(6-75) 给出；$E(\boldsymbol{w})$ 为曲面能量函数，由式(6-82) 给出；D^* 为式(6-75) 优化结果中目标函数 $D(\boldsymbol{w})$ 的值；E^* 为式(6-82) 优化结果中目标函数 $E(\boldsymbol{w})$ 的值。

6.3.2　优化模型求解策略

下面以四轴加工下的轨迹整体优化模型为例，给出利用序列逼近法求解过程中初始刀位的计算方法和对应优化模型的转换方法。

(1) 初始刀位的计算

为减少优化问题求解过程的迭代步数，应尽可能保证初始参数 $\boldsymbol{w}_0$ 与最优值近似。故这里

给出基于两点偏置的初始刀位计算方法。如图 6-24 所示，设工件曲面 $\boldsymbol{S}_{\text{part}}(u,v)$ 的参数 $u \times v \in [u_s, u_e] \times [v_s, v_e]$。

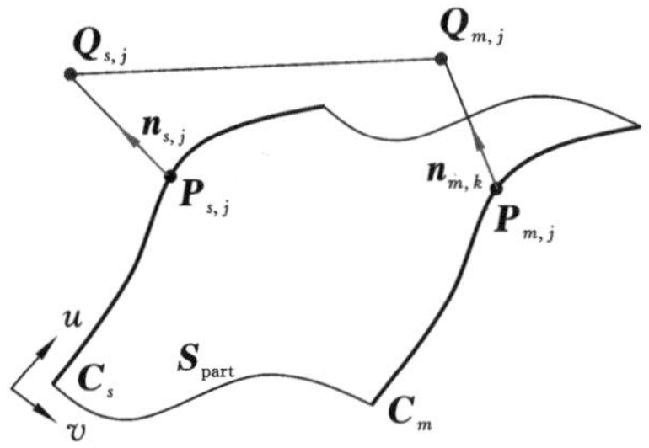

图 6-24 工件曲面与刀轴之间位置关系

则有

$$\begin{cases} \boldsymbol{Q}_{s,j} = \boldsymbol{P}_{s,j} + \dfrac{D}{2} \cdot \boldsymbol{n}_{s,j} \\ \boldsymbol{Q}_{m,j} = \boldsymbol{P}_{m,j} + \dfrac{D}{2} \cdot \boldsymbol{n}_{m,j} \end{cases}, j = 0,1,\cdots,a \tag{6-86}$$

式中：$\boldsymbol{P}_{s,j}$ 为边界线 $\boldsymbol{C}_s$ 上第 j 个点，有 $\boldsymbol{P}_{s,j} = \boldsymbol{S}_{\text{part}}(u_j, v_s)$；$\boldsymbol{P}_{m,j}$ 为边界线 $\boldsymbol{C}_m$ 上第 j 个点，有 $\boldsymbol{P}_{m,j} = \boldsymbol{S}_{\text{part}}(u_j, v_m)$；$\boldsymbol{n}_{s,j}$ 为点 $\boldsymbol{P}_{s,j}$ 在曲面 $\boldsymbol{S}_{\text{part}}$ 上的法矢；$\boldsymbol{n}_{m,j}$ 为点 $\boldsymbol{P}_{m,j}$ 在曲面 $\boldsymbol{S}_{\text{part}}$ 上的法矢；$a+1$ 为采样点数量。

对于四轴加工而言，为将初始刀轴约束在摆刀平面 Π 内，则令

$$\boldsymbol{Q}_{e,j} = \boldsymbol{Q}_{s,j} + \frac{\boldsymbol{n}_{\Pi} \times (\boldsymbol{Q}_{m,j} - \boldsymbol{Q}_{s,j}) \times \boldsymbol{n}_{\Pi}}{\| \boldsymbol{n}_{\Pi} \times (\boldsymbol{Q}_{m,j} - \boldsymbol{Q}_{s,j}) \times \boldsymbol{n}_{\Pi} \|} \cdot L \tag{6-87}$$

则 $\boldsymbol{Q}_{s,j}\boldsymbol{Q}_{m,j}$ 为当前位置上对应的初始刀轴矢量。为计算初始刀轴矢量对应参数 $\boldsymbol{w}_0$，利用两端具有重复节点的 k 次 B 样条曲线拟合点集 $\{\boldsymbol{Q}_{s,0},\cdots,\boldsymbol{Q}_{s,j},\cdots,\boldsymbol{Q}_{s,a}\}$ 和 $\{\boldsymbol{Q}_{e,0},\cdots,\boldsymbol{Q}_{e,j},\cdots,\boldsymbol{Q}_{e,a}\}$，令拟合后的控制点为 $\{\boldsymbol{V}_{s,0},\cdots,\boldsymbol{V}_{s,i},\cdots,\boldsymbol{V}_{s,n}\}$ 和 $\{\boldsymbol{V}_{e,0},\cdots,\boldsymbol{V}_{e,i},\cdots,\boldsymbol{V}_{e,n}\}$，为保证点 $\boldsymbol{Q}_{s,j}$ 和 $\boldsymbol{Q}_{e,j}$ 在各自拟合曲线 $\boldsymbol{CC}_s$ 和 $\boldsymbol{CC}_e$ 上有相同参数，可按照如下方法配置样条节点向量。

利用弦长参数化法分别对两组拟合点进行参数化处理，即有

$$\bar{u}_{s(e),j} = \begin{cases} 0 & j = 0 \\ \bar{u}_{s(e),j-1} + \dfrac{\| \boldsymbol{Q}_{s(e),j} - \boldsymbol{Q}_{s(e),j-1} \|}{\sum\limits_{g=1}^{a} \| \boldsymbol{Q}_{s(e),g} - \boldsymbol{Q}_{s(e),g-1} \|}, & j = 1,2,\cdots,a-1 \\ 1 & j = a \end{cases} \tag{6-88}$$

为保证拟合曲线上参数一致性，结合统一平均技术(UAVG)[6] 给出节点配置公式：

$$u_i = \begin{cases} 0 & i = 0,1,\cdots,k \\ \dfrac{1}{2(a-n+k)} \left(\sum\limits_{j=i-k}^{a-n-1+i} \bar{u}_{s,j} + \sum\limits_{j=i-k}^{a-n-1+i} \bar{u}_{e,j} \right), & i = k+1,k+2,\cdots,n \\ 1 & i = n+1,n+2,\cdots,n+k+1 \end{cases} \tag{6-89}$$

式中：$a+1$ 为待拟合散乱点数；$n+1$ 为样条拟合时控制顶点数；k 为拟合样条次数。

拟合过程中应保证拟合曲线经过点集的首尾点，即 $\boldsymbol{Q}_{s(e),0} = \boldsymbol{V}_{s(e),0}$，$\boldsymbol{Q}_{s(e),a} = \boldsymbol{V}_{s(e),n}$。其余数据点 $\boldsymbol{Q}_{s(e),j}(j = 1,2,\cdots,a-1)$ 在最小二乘意义下被逼近，即使函数 $f = \sum\limits_{j=1}^{a-1} \| \boldsymbol{Q}_{s(e),j} -$

$\boldsymbol{CC}_{s(e)}(\bar{u}_{s(e),j})\|^2$ 关于$(n+1)$个控制顶点 $\boldsymbol{V}_{s(e),i}(i=0,1,\cdots,n)$ 达到最小。

由于曲线首末端点分别与 $\boldsymbol{Q}_{s(e),0}$、$\boldsymbol{Q}_{s(e),a}$ 重合，故有 $\boldsymbol{V}_{s(e),0}=\boldsymbol{Q}_{s(e),0}$，$\boldsymbol{V}_{s(e),n}=\boldsymbol{Q}_{s(e),a}$。令

$$R_{s(e),j}=\boldsymbol{Q}_{s(e),j}-N_{0,k}(\bar{u}_{s(e),j})\boldsymbol{Q}_{s(e),0}-N_{n,k}(\bar{u}_{s(e),j})\boldsymbol{Q}_{s(e),a},j=1,2,\cdots,a-1 \tag{6-90}$$

$$f=\sum_{j=1}^{a-1}\|R_{s(e),j}-\sum_{i=1}^{n-1}N_{i,k}(\bar{u}_{s(e),j})\boldsymbol{V}_{s(e),i}\|^2 \tag{6-91}$$

应用标准线性最小二乘技术，对 f 关于控制点 $\boldsymbol{V}_{s(e),l}(l=1,2,\cdots,n-1)$ 求偏导，并取

$$\frac{\partial f}{\partial \boldsymbol{V}_{s(e),l}}=\boldsymbol{0} \tag{6-92}$$

则有

$$\sum_{i=1}^{n-1}\sum_{j=1}^{a-1}N_{l,k}(\bar{u}_{s(e),j})N_{i,k}(\bar{u}_{s(e),j})\boldsymbol{V}_{s(e),i}=\sum_{j=1}^{a-1}N_{l,k}(\bar{u}_{s(e),j})\boldsymbol{R}_{s(e),j} \tag{6-93}$$

取 $l=1,2,\cdots,n-1$，则可以得到$(n-1)$个方程，令

$$(\boldsymbol{N}^{\mathrm{T}}\cdot\boldsymbol{N})\cdot\boldsymbol{V}=\boldsymbol{R} \tag{6-94}$$

其中，

$$\boldsymbol{N}=\begin{bmatrix}N_{1,k}(\bar{u}_{s(e),1}) & \cdots & N_{n-1,k}(\bar{u}_{s(e),1})\\ \vdots & \ddots & \vdots\\ N_{1,k}(\bar{u}_{s(e),a-1}) & \cdots & N_{n-1,k}(\bar{u}_{s(e),a-1})\end{bmatrix},V=\begin{bmatrix}\boldsymbol{V}_{s(e),1}\\ \vdots\\ \boldsymbol{V}_{s(e),n-1}\end{bmatrix},R=\begin{bmatrix}\sum\limits_{j=1}^{a-1}N_{1,k}(\bar{u}_{s(e),j})R_{s(e),j}\\ \vdots\\ \sum\limits_{j=1}^{a-1}N_{n-1,k}(\bar{u}_{s(e),j})R_{s(e),j}\end{bmatrix}。$$

由于 UAVG 技术配置节点过程中保证了每个节点区间内至少包含一个数据点 $\bar{u}_{s(e),j}$，故式(6-94)中矩阵$(\boldsymbol{N}^{\mathrm{T}}\boldsymbol{N})$正定，因此一定能够得到一组满足要求的控制顶点 $\boldsymbol{V}$。

(2) 优化模型的转换

令 $\boldsymbol{w}^{(s)}$ 为第 s 次序列逼近得到的刀轴轨迹面，将 $d_p^a(\boldsymbol{w})$ 在 $\boldsymbol{w}^{(s)}$ 处一阶 Taylor 展开，有

$$d_p^a(\boldsymbol{w}^{(s)}+\Delta\boldsymbol{w})=d_p^a(\boldsymbol{w}^{(s)})+\left(\frac{\partial d_p^a(\boldsymbol{w}^{(s)})}{\partial\boldsymbol{w}^{(s)}}\right)^{\mathrm{T}}\Delta\boldsymbol{w}+\boldsymbol{O}((\boldsymbol{w}^{(s)})^2) \tag{6-95}$$

则考虑微分扰动 $\boldsymbol{w}^{(s)}+\Delta\boldsymbol{w}$ 下，式(6-74)的非线性问题转化为如下线性最小二乘问题：

$$\begin{cases}\min\hat{D}(\Delta\boldsymbol{w})=\dfrac{1}{m+1}\sum\limits_{i=0}^{m}\left(d_{p_i}^a(\boldsymbol{w}^{(s)})+\left(\dfrac{\partial d_{p_i}^a(\boldsymbol{w}^{(s)})}{\partial\boldsymbol{w}^{(s)}}\right)^{\mathrm{T}}\Delta\boldsymbol{w}\right)^2\\ \text{s. t.}\quad \xi_1\leqslant\left(d_{p_i}^a(\boldsymbol{w}^{(s)})+\left(\dfrac{\partial d_{p_i}^a(\boldsymbol{w}^{(s)})}{\partial\boldsymbol{w}^{(s)}}\right)^{\mathrm{T}}\Delta\boldsymbol{w}\right)\leqslant\xi_2,i=0,\cdots,m\\ \qquad\Delta\boldsymbol{\omega}_j\cdot\boldsymbol{n}_{\Pi}=0,j=0,1,\cdots,2n+1\end{cases} \tag{6-96}$$

其中，$\Delta\boldsymbol{\omega}_j=[\Delta\boldsymbol{w}_{3j},\Delta\boldsymbol{w}_{3j+1},\Delta\boldsymbol{w}_{3j+2}]$。

定义 $\boldsymbol{w}=\boldsymbol{w}^{(s)}+\Delta\boldsymbol{w}$，并令

$$\hat{E}(\Delta\boldsymbol{w})=E(\boldsymbol{w}^{(s)}+\Delta\boldsymbol{w})=(\boldsymbol{w}^{(s)})^{\mathrm{T}}\cdot\boldsymbol{M}\cdot\boldsymbol{w}^{(s)}+2(\boldsymbol{M}\cdot\boldsymbol{w}^{(s)})^{\mathrm{T}}\cdot\Delta\boldsymbol{w}+\Delta\boldsymbol{w}^{\mathrm{T}}\cdot\boldsymbol{M}\cdot\Delta\boldsymbol{w} \tag{6-97}$$

在考虑微分扰动 $\boldsymbol{w}^{(s)}+\Delta\boldsymbol{w}$ 下，式(6-81)的非线性问题转化为如下二次规划问题：

$$\begin{cases}\min\hat{E}(\Delta\boldsymbol{w})=(\boldsymbol{w}^{(s)})^{\mathrm{T}}\cdot\boldsymbol{M}\cdot\boldsymbol{w}^{(s)}+2(\boldsymbol{M}\cdot\boldsymbol{w}^{(s)})^{\mathrm{T}}\cdot\Delta\boldsymbol{w}+\Delta\boldsymbol{w}^{\mathrm{T}}\cdot\boldsymbol{M}\cdot\Delta\boldsymbol{w}\\ \text{s. t.}\quad \xi_1\leqslant\left(d_{p_i}^a(\boldsymbol{w}^{(s)})+\left(\dfrac{\partial d_{p_i}^a(\boldsymbol{w}^{(s)})}{\partial\boldsymbol{w}^{(s)}}\right)^{\mathrm{T}}\Delta\boldsymbol{w}\right)\leqslant\xi_2,i=0,\cdots,m\\ \qquad\Delta\omega_j\cdot\boldsymbol{n}_{\Pi}=0,j=0,1,\cdots,2n+1\end{cases} \tag{6-98}$$

同理，在考虑微分扰动 $\boldsymbol{w}^{(s)}+\Delta\boldsymbol{w}$ 下，将式(6-95)和式(6-97)代入式(6-84)，则四轴加工下的轨迹整体优化问题转化为如下二次规划子问题

$$
\begin{cases}
\min\hat{F}(\Delta\boldsymbol{w})=\alpha\dfrac{\dfrac{1}{m+1}\displaystyle\sum_{i=0}^{m}\left(d_{p_i}^{a}(\boldsymbol{w}^{(s)})+\left(\dfrac{\partial d_{p_i}^{a}(\boldsymbol{w}^{(s)})}{\partial\boldsymbol{w}^{(s)}}\right)^{\mathrm{T}}\Delta\boldsymbol{w}\right)^{2}-D^{*}}{D^{*}}+ \\
\qquad(1-\alpha)\dfrac{(\boldsymbol{w}^{(s)})^{\mathrm{T}}\cdot\boldsymbol{M}\cdot\boldsymbol{w}^{(s)}+2(\boldsymbol{M}\cdot\boldsymbol{w}^{(s)})^{\mathrm{T}}\cdot\Delta\boldsymbol{w}+\Delta\boldsymbol{w}^{\mathrm{T}}\cdot\boldsymbol{M}\cdot\Delta\boldsymbol{w}-E^{*}}{E^{*}} \\
\text{s.t.}\quad \xi_1\leqslant\left(d_{p_i}^{a}(\boldsymbol{w}^{(s)})+\left(\dfrac{\partial d_{p_i}^{a}(\boldsymbol{w}^{(s)})}{\partial\boldsymbol{w}^{(s)}}\right)^{\mathrm{T}}\Delta\boldsymbol{w}\right)\leqslant\xi_2,i=0,\cdots,m \\
\qquad\Delta\omega_j\cdot\boldsymbol{n}_{II}=0,j=0,1,\cdots,2n+1
\end{cases}
\tag{6-99}
$$

6.3.3 侧铣加工轨迹整体光顺案例

图 6-25 所示试件中曲面 $\boldsymbol{S}$ 为加工对象，规划鼓形刀四轴侧铣加工轨迹，其中鼓形刀参数如表 6.1 所示。

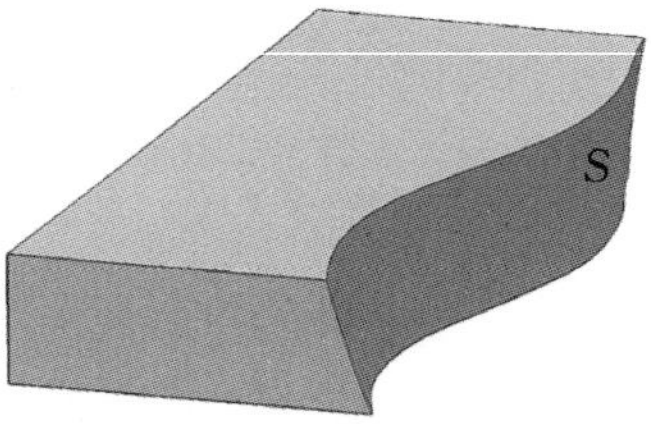

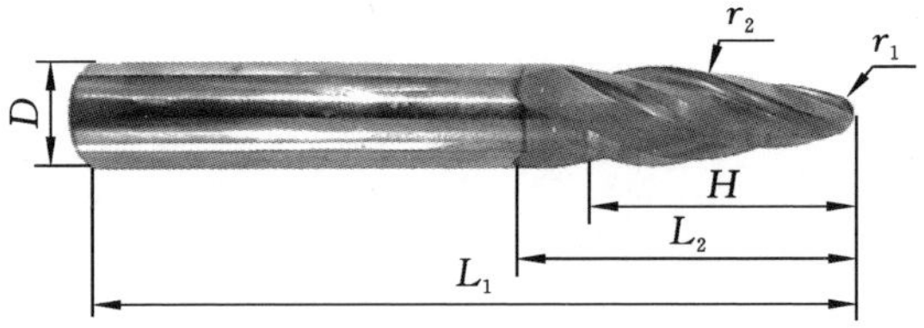

图 6-25 侧铣加工试件及刀具

(a) 试件；(b) 鼓形刀

表 6.1 鼓形刀参数

刀具直径 D(mm)	刀具长度 L_1(mm)	刀具齿数 n	刀具刃长 L_2(mm)	圆角半径 r_1(mm)	鼓形中心 H(mm)	鼓形半径 r_2(mm)
10	72	4	26	2	24.11	85

按照上述初始刀位计算方法，得到初始刀轴轨迹面上控制顶点如表 6.2 所示，相应的侧铣加工初始轨迹如图 6-26 所示，可以看到这时刀具与工件间的偏差较大。

表 6.2 初始刀轴轨迹面上的控制顶点

刀尖位置控制顶点		刀杆末端位置控制顶点	
序号	坐标(mm)	序号	坐标(mm)
#1	(2.54,5.55,3.81)	#1	(−2.78,5.55,43.45)
#2	(3.14,9.65,3.77)	#2	(−1.99,9.65,43.47)
#3	(4.92,15.48,3.62)	#3	(2.49,15.48,43.57)
#4	(6.51,23.73,3.59)	#4	(5.03,23.73,43.56)

续表 6.2

刀尖位置控制顶点		刀杆末端位置控制顶点	
序号	坐标(mm)	序号	坐标(mm)
#5	(7.07,29.43,3.50)	#5	(6.70,29.43,43.51)
#6	(7.02,34.63,3.42)	#6	(7.95,34.63,43.41)
#7	(6.46,39.85,3.32)	#7	(8.79,39.85,43.25)
#8	(5.15,45.52,3.28)	#8	(8.00,45.52,43.18)
#9	(3.39,51.65,3.16)	#9	(7.71,51.65,42.94)
#10	(1.46,57.75,3.04)	#10	(7.26,57.75,42.63)
#11	(−0.41,63.86,2.93)	#11	(6.56,63.86,42.32)
#12	(−1.98,70.03,2.87)	#12	(5.58,70.03,42.15)
#13	(−2.77,75.24,2.72)	#13	(6.03,75.24,41.75)
#14	(−3.18,80.47,2.60)	#14	(6.58,80.47,41.40)
#15	(−3.16,85.67,2.50)	#15	(7.64,85.67,41.02)
#16	(−2.29,93.99,2.41)	#16	(9.15,93.99,40.75)
#17	(−0.63,99.94,2.24)	#17	(12.47,99.94,40.06)
#18	(0.56,103.83,2.16)	#18	(14.39,103.83,39.70)

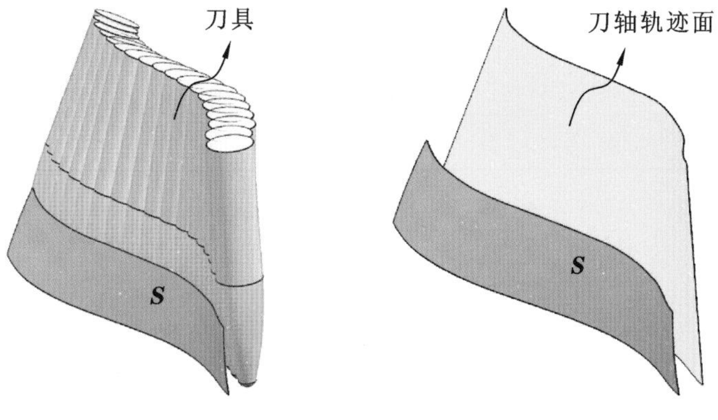

(a)　　(b)

图 6-26　初始侧铣加工轨迹

(a) 刀位分布；(b) 刀轴轨迹

令加工过程中工件允许的偏差范围为[−0.02 mm,0.2 mm]，并取优化过程中的加权系数 $\alpha=0.8$，则利用轨迹整体优化模型(6-84)进行优化，可以得到表 6.3 所示优化后的刀轴轨迹面控制顶点，相应的侧铣加工轨迹如图 6-27 所示。

表 6.3 优化后刀轴轨迹面上的控制顶点

刀尖位置控制顶点		刀杆末端位置控制顶点	
序号	坐标(mm)	序号	坐标(mm)
#1	(0.22,5.55,－1.24)	#1	(1.31,5.55,38.74)
#2	(0.77,9.56,－1.41)	#2	(2.88,9.56,38.57)
#3	(2.32,15.47,－1.06)	#3	(7.02,15.47,38.68)
#4	(3.63,23.81,－1.06)	#4	(8.41,23.81,38.66)
#5	(3.98,28.99,－1.05)	#5	(9.92,28.99,38.52)
#6	(3.87,34.21,－0.93)	#6	(10.80,34.21,38.47)
#7	(3.34,39.43,－1.14)	#7	(11.56,39.43,38.01)
#8	(2.00,45.62,－1.04)	#8	(10.84,45.62,37.97)
#9	(0.17,51.74,－0.98)	#9	(10.33,51.74,37.71)
#10	(－1.82,57.83,－1.07)	#10	(9.54,57.83,37.29)
#11	(－3.90,63.93,－1.06)	#11	(9.03,63.93,36.80)
#12	(－5.65,70.06,－1.09)	#12	(7.49,70.06,36.69)
#13	(－6.70,75.28,－0.91)	#13	(7.93,75.28,36.33)
#14	(－7.27,80.49,－1.19)	#14	(8.30,80.49,35.67)
#15	(－7.35,85.70,－0.97)	#15	(9.37,85.70,35.37)
#16	(－6.46,93.99,－1.12)	#16	(11.27,93.99,34.75)
#17	(－4.80,99.91,－1.19)	#17	(14.67,99.91,33.77)
#18	(－3.66,103.83,－1.20)	#18	(16.39,103.83,33.41)

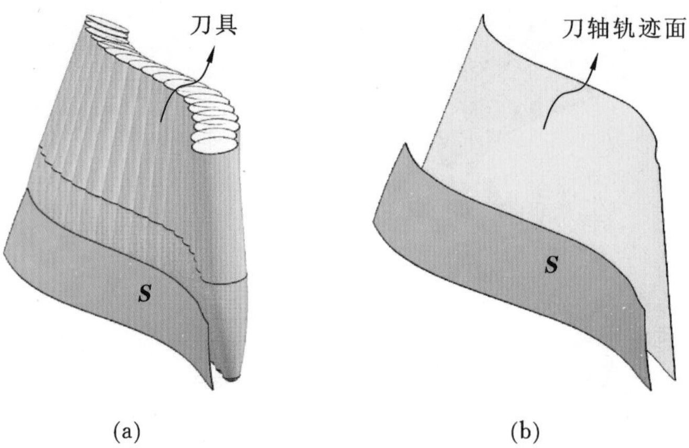

图 6-27 优化后的侧铣加工轨迹

(a) 刀位分布;(b) 刀轴轨迹

通过测量可以得到被加工曲面 $\boldsymbol{S}$ 上的误差分布如图 6-28 所示，可以看出工件上的加工误差整体较小，且控制在[−0.01 mm，0.07 mm]范围内。

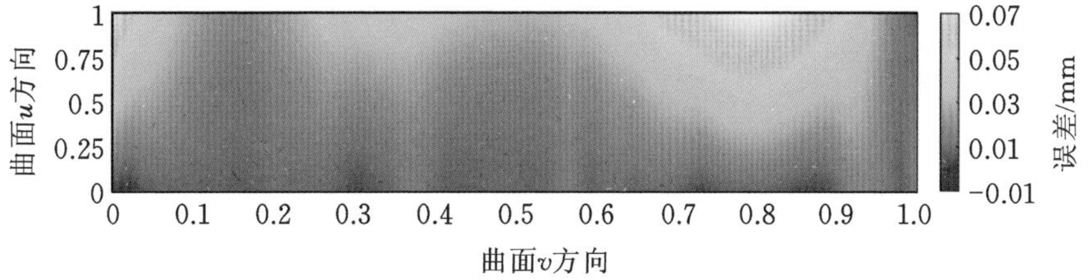

图 6-28　曲面上的误差分布

6.4　自由曲线轮廓刀具与加工轨迹同步优化

除前述圆锥曲线母线刀具以外，在自由曲面叶片等自由曲面零件的加工中，还会用到更为复杂母线形状的刀具，如自由曲线母线刀具，本节将介绍这类刀具的设计方法。

6.4.1　同步优化模型建立

设刀具母线为一条 k 次 B 样条曲线，曲线的控制点为 $\boldsymbol{\tau}=[\boldsymbol{V}_{t,0}^{\mathrm{T}},\cdots,\boldsymbol{V}_{t,j}^{\mathrm{T}},\cdots,\boldsymbol{V}_{t,r}^{\mathrm{T}}]^{\mathrm{T}}$，这里称 $\boldsymbol{\tau}$ 为刀具轮廓参数。将刀具轮廓参数与刀轴轨迹曲面控制参数 $\boldsymbol{w}$ 组合，得到 $\boldsymbol{x}=[\boldsymbol{w}^{\mathrm{T}},\boldsymbol{\tau}^{\mathrm{T}}]^{\mathrm{T}}$。参考式(6-75)建立侧铣加工中刀具轮廓与加工误差同步优化模型：

$$\begin{cases}\min D(\boldsymbol{x})=\dfrac{1}{m+1}\displaystyle\sum_{i=0}^{m}[d_{p_i}^{a}(\boldsymbol{x})]^2\\ \text{s.t.}\quad \xi_1\leqslant d_{p_i}^{a}(\boldsymbol{x})\leqslant\xi_2,i=0,1,\cdots,m\end{cases}\tag{6-100}$$

为实现刀具参数与刀轴整体光顺的同步优化，参考式(6-77)，有

$$E(\boldsymbol{x})=\boldsymbol{x}^{\mathrm{T}}\cdot\boldsymbol{K}\cdot\boldsymbol{x}\tag{6-101}$$

其中，

$$\boldsymbol{K}=\begin{bmatrix}\boldsymbol{M} & \boldsymbol{O}_{6(n+1)\times3(r+1)}\\ \boldsymbol{O}_{3(r+1)\times6(n+1)} & \boldsymbol{O}_{3(r+1)\times3(r+1)}\end{bmatrix}\tag{6-102}$$

式中，$r+1$ 为刀具母线控制顶点个数。

参考式(6-82)，可以建立侧铣加工中刀具轮廓与刀轴整体光顺下的同步优化模型：

$$\begin{cases}\min E(\boldsymbol{x})\\ \text{s.t.}\quad \xi_1\leqslant d_{p_i}^{a}(\boldsymbol{x})\leqslant\xi_2,i=0,1,\cdots,m\end{cases}\tag{6-103}$$

为实现同步优化侧铣加工中的刀具轮廓和加工轨迹，参考式(6-85)可建立对应的同步优化模型：

$$\begin{cases}\min F(\boldsymbol{x})=\alpha\dfrac{D(\boldsymbol{x})-D^*}{D^*}+(1-\alpha)\dfrac{E(\boldsymbol{x})-E^*}{E^*}\\ \text{s.t.}\quad \xi_1\leqslant d_{p_i}^{a}(\boldsymbol{x})\leqslant\xi_2,i=0,1,\cdots,m\end{cases}\tag{6-104}$$

上述优化模型(6-100)、(6-103)和(6-104)中变量 $\boldsymbol{x}$ 包含了刀具轮廓参数 $\boldsymbol{\tau}$，因此在求解前必须同时给定初始刀具轮廓参数 $\boldsymbol{\tau}_0$，故下面给出 $\boldsymbol{\tau}_0$ 的计算方法。

令 $\boldsymbol{S}_{\text{part}}$ 上两条边界曲线分别为 $\boldsymbol{C}_s$ 和 $\boldsymbol{C}_m$，边界线上第 k 个点分别为 $\boldsymbol{P}_{s,k}$ 和 $\boldsymbol{P}_{m,k}$，$k=0,1,\cdots,a$，点 $\boldsymbol{P}_{s,k}$、$\boldsymbol{P}_{m,k}$ 在曲面 $\boldsymbol{S}_{\text{part}}$ 上的法矢分别为 $\boldsymbol{n}_{s,k}$ 和 $\boldsymbol{n}_{m,k}$，设刀具平均直径期望值为 R_0，如图 6-29 所示。

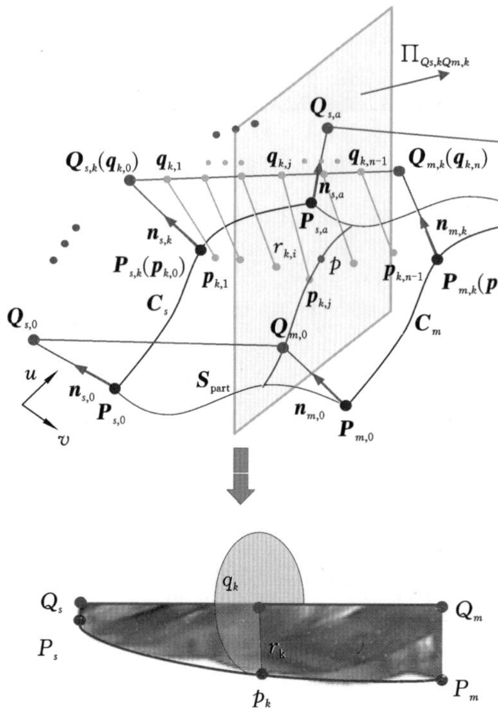

图 6-29　刀具初始形状参数计算

则有

$$
\begin{cases}
\boldsymbol{Q}_{s,k}=\boldsymbol{P}_{s,k}+R_0\cdot\boldsymbol{n}_{s,k}\\
\boldsymbol{Q}_{m,k}=\boldsymbol{P}_{m,k}+R_0\cdot\boldsymbol{n}_{m,k}\\
\boldsymbol{P}_{s,k}=\boldsymbol{S}_{\text{part}}(u_k,v_s)\\
\boldsymbol{P}_{m,k}=\boldsymbol{S}_{\text{part}}(u_k,v_e)
\end{cases}
\tag{6-105}
$$

将直线 $\boldsymbol{Q}_{s,k}\boldsymbol{Q}_{m,k}$ 按照等间距离散，得到离散点 $\boldsymbol{q}_{k,i}$

$$
\boldsymbol{q}_{k,i}=\boldsymbol{Q}_{s,k}+\frac{i}{n}\cdot\frac{\boldsymbol{Q}_{m,k}-\boldsymbol{Q}_{s,k}}{\|\boldsymbol{Q}_{m,k}-\boldsymbol{Q}_{s,k}\|},i=0,1,\cdots,n \tag{6-106}
$$

令以 $\boldsymbol{Q}_{s,k}\boldsymbol{Q}_{m,k}$ 为法矢的平面为 $\Pi_{Q_{s,k}Q_{m,k}}$，计算离散点 $\boldsymbol{q}_{k,i}$ 在平面 $\Pi_{Q_{s,k}Q_{m,k}}$ 上到工件曲面的最近距离点 $\boldsymbol{p}_{k,i}$，则其满足：

$$
r_{k,i}=\|\boldsymbol{q}_{k,i}-\boldsymbol{p}_{k,i}\|=\min_{p\in(\boldsymbol{S}_{\text{part}}\cap\Pi_{Q_{s,k}Q_{m,k}})}\|\boldsymbol{q}_{k,i}-\boldsymbol{p}\| \tag{6-107}
$$

上述计算过程中，当没有得到点 $\boldsymbol{q}_{k,i}$ 上的 $r_{k,i}$ 时，从点集 $\{\boldsymbol{p}_{k,i}\mid i=0,1,\cdots,n\}$ 中删除该点，得到新的点集 $\{\boldsymbol{p}_{k,j}\mid j=0,1,\cdots,\boldsymbol{n}_k\}$，对应的 $r_{k,j}$ 为 $\boldsymbol{q}_{k,j}$ 点在平面 $\Pi_{Q_{s,k}Q_{m,k}}$ 上到曲面 $\boldsymbol{S}_{\text{part}}$ 的最短距离。令

$$
(\boldsymbol{C}_{k,j})_z=\|\boldsymbol{q}_{k,j}-\boldsymbol{Q}_{s,k}\|,j=0,1,\cdots,n_k \tag{6-108}
$$

则在 xOz 平面内得到点集 $\boldsymbol{R}=\{(r_{k,j},(\boldsymbol{C}_{k,j})_z)\mid j=0,1,\cdots,n_k;\ k=0,1,\cdots,a\}$。对上述

数据点按照$(\boldsymbol{C}_{k,j})_z$升序排列，得到点集$\{\boldsymbol{T}_f \mid f=0,1,\cdots,\sum_{k=0}^{a}(\boldsymbol{n}_k+1)-1\}$，以$z$坐标值为参数，对点集$\boldsymbol{T}_f$进行参数化，得到对应参数$\{\bar{u}_f\}$，之后利用统一平均技术(UAVG) 进行节点配置，即

$$u_i=\begin{cases}\bar{u}_0 & i=0,1,\cdots,p\\ \dfrac{1}{\sum_{k=1}^{a}(\boldsymbol{n}_k+1)-r+p-1}\sum_{f=i-p}^{\sum_{k=0}^{a}(\boldsymbol{n}_k+1)-r-2+i}\bar{u}_f, & i=p+1,p+2,\cdots,r\\ \bar{u}\sum_{k=0}^{a}(\boldsymbol{n}_k+1)-1 & i=r+1,r+2,\cdots,r+p+1\end{cases}\tag{6-109}$$

式中：$\sum_{k=0}^{a}(\boldsymbol{n}_k+1)$为待拟合点数；$r+1$为样条拟合时控制顶点数；$p$为拟合样条次数。

参照之前给出的方法，在不需要保证点集$\{\boldsymbol{T}_f\}$与得到拟合曲线控制点集首尾点重合的前提下，对点集$\{\boldsymbol{T}_f\}$进行最小二乘拟合，得到控制点集$\{\boldsymbol{V}_{t,i} \mid i=0,1,\cdots,r\}$，由此即可确定初始刀具轮廓参数$\boldsymbol{\tau}_0$，结合前面确定初始刀轴轨迹面控制参数$\boldsymbol{w}_0$的方法，即可确定同步优化模型初始变量$\boldsymbol{x}_0$。将其分别代入式(6-100)、式(6-103)和式(6-104)中并利用序列逼近方法求解，即可确定刀具轮廓和该刀具下满足加工要求的侧铣加工轨迹。

6.4.2　自由曲面多行侧铣加工分区原则

对于曲率变化较大的工件曲面，无论采用何种刀具轮廓，都很难在保证加工精度要求的前提下采用单行侧铣完成加工。这种情况下必须采用多行加工才能实现，因此需要按照一定的原则将工件曲面进行区域划分，并在每张子曲面上采用前述的侧铣加工轨迹规划方法生成侧铣轨迹，以实现多行侧铣加工。首先给出如下定义：

定义 6-1：(等辐区域) 曲面S上外法向$\boldsymbol{n}$与设定参考向量$\boldsymbol{f}$之间的夹角在预先给定范围ξ内的所有点组成的曲面S上的区域，称为等辐区域。

定义 6-2：(等倾角线) 等辐区域的边界曲线，该边界曲线上所有点与设定参考向量$\boldsymbol{f}$之间的夹角相同，且该角度为等辐区域内夹角的极值，称为等倾角线。

当指定参考向量$\boldsymbol{f}$和夹角范围ξ后，可将曲面S划分为数个等辐区域$\{\Psi_i \mid i=0,1,\cdots,n\}$，设等辐区域$\Psi_i$的两条等倾角线为$\beta_{i-1}$和$\beta_i$，则夹角范围$\xi=|\beta_i-\beta_{i-1}|$，等辐区域$\Psi_i=\sum(\beta_{i-1},\beta_i)$，如图 6-30 所示。

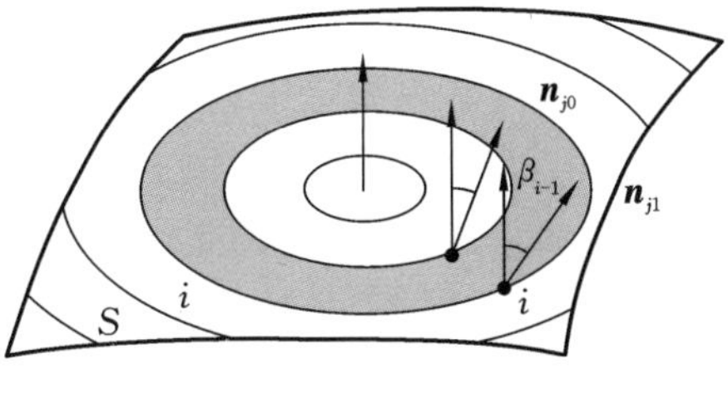

图 6-30　曲面等辐区域划分

若按照上述原则进行曲面划分，则得到如图 6-30 所示的嵌套型轨迹，即存在封闭的等倾角线 β_i，这种轨迹形式不适合侧铣加工。为改变该轨迹形式，可通过修改参考向量 $\boldsymbol{f}$ 将嵌套型轨迹修改为层叠型轨迹，因此参考向量的选择对轨迹形式非常重要。

设曲面 S 上任意点处的法矢为 $\boldsymbol{n}_j$，则 S 上所有点处法矢的集合 $\boldsymbol{\Omega}=\{\boldsymbol{n}_j \mid j=0,1,\cdots,m\}$，$m$ 为曲面 S 上离散点数量。如图 6-31 所示，与参考向量 $\boldsymbol{f}$ 夹角为 β_i 的所有向量均分布在以 $\boldsymbol{f}$ 为轴线，顶角为 $2\beta_i$ 的锥面 $\boldsymbol{\Lambda}_i$ 上，因此曲面等倾角线上所有向量 $\boldsymbol{C}_i=\boldsymbol{\Lambda}_i \cap \boldsymbol{\Omega}$。当参考向量 $\boldsymbol{f}\in\boldsymbol{\Omega}$ 时，锥面 $\boldsymbol{\Lambda}_k \cap \boldsymbol{\Omega}$ 形成的 $\boldsymbol{C}_k$ 中一定存在一条封闭曲线，使等倾角线为封闭曲线，相应的轨迹为嵌套型。同时，为保证得到的等倾角线曲率尽可能小，以使其尽量趋近直线，令曲面平均法矢 $\boldsymbol{n}=\dfrac{1}{m+1}\sum_{j=0}^{m}\boldsymbol{n}_j$，则参考向量 $\boldsymbol{f}$ 的选择应满足

$$
\begin{cases}
\boldsymbol{f}\times\boldsymbol{n}=\boldsymbol{n}^*\times\boldsymbol{n},\boldsymbol{n}\in\boldsymbol{\Omega}\\
\boldsymbol{f}\times\boldsymbol{n}=-\boldsymbol{n}^*\times\boldsymbol{n},\boldsymbol{n}\notin\boldsymbol{\Omega}\\
\boldsymbol{n}^*\cdot\boldsymbol{n}=\max\limits_{j\in[0,m]}(\boldsymbol{n}_j\cdot\boldsymbol{n})\\
\boldsymbol{f},-\boldsymbol{f}\notin\boldsymbol{\Omega}
\end{cases}
\tag{6-110}
$$

当限制走刀方向（轨迹线走向）为 $\boldsymbol{t}$ 时，参考向量 $\boldsymbol{f}$ 由下式确定

$$
\begin{cases}
\boldsymbol{f}\times\boldsymbol{n}=\boldsymbol{t}\times\boldsymbol{n}\\
\boldsymbol{f}\cdot\boldsymbol{n}=0\\
\boldsymbol{f},-\boldsymbol{f}\notin\boldsymbol{\Omega}
\end{cases}
\tag{6-111}
$$

若在给定条件下不能通过式(6-110)或式(6-111)计算得到 $\boldsymbol{f}$ 时，说明参考向量 $\boldsymbol{f}$ 或 $-\boldsymbol{f}$ 必定包含在集合 $\boldsymbol{\Omega}$ 中，则无论选取何种参考向量，对于该曲面必定会得到嵌套型轨迹。

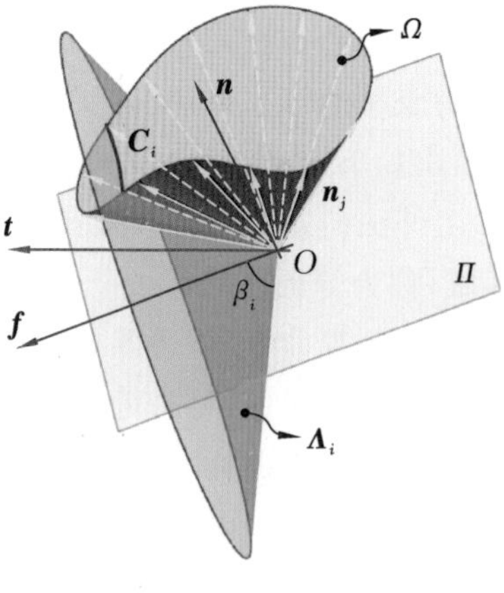

图 6-31　参考向量与轨迹形式的关系

由前面的分析可知，工件加工过程中的误差可以通过分析刀具包络面与工件曲面间的离差确定，离差越小，说明加工误差越小，当离差为 0 时，加工过程中没有误差，刀具包络面与工件曲面完全贴合，可以用刀具包络面表示工件曲面。因此，分析指定刀具能够切削的工件曲面区域范围，可以转换为分析该刀具加工过程中形成的刀具包络面的相关参数信息。

同一刀具上两不同位置处的法向夹角 φ 可表示为

$$\cos\varphi = \boldsymbol{n}_{\text{tool}}(u_i,\theta_i) \cdot \boldsymbol{n}_{\text{tool}}(u_j,\theta_j) = \frac{C'_z(u_i)C'_z(u_j)\cos\Delta\theta_{ij} + C'_x(u_i)C'_x(u_j)}{\sqrt{C'^2_x(u_i)+C'^2_z(u_i)} \cdot \sqrt{C'^2_x(u_j)+C'^2_z(u_j)}} \tag{6-112}$$

其中，

$$\begin{cases}\Delta\theta_{ij} = |\theta_i - \theta_j| \\ u_i, u_j \in [u_s, u_e] \\ \theta_i, \theta_j \in [0, 2\pi)\end{cases} \tag{6-113}$$

设刀具参与切削部分母线上的法向夹角为 $\Delta\alpha_{ij}$，则有

$$\cos\Delta\alpha_{ij} = \frac{C'_z(u_i)C'_z(u_j) + C'_x(u_i)C'_x(u_j)}{\sqrt{C'^2_x(u_i)+C'^2_z(u_i)} \cdot \sqrt{C'^2_x(u_j)+C'^2_z(u_j)}} \tag{6-114}$$

将其代入式(6-112) 中，有

$$\cos\varphi = \frac{\boldsymbol{C}'_z(u_i)\boldsymbol{C}'_z(u_j)(\cos\Delta\theta_{ij} - 1)}{\sqrt{\boldsymbol{C}'^2_x(u_i)+\boldsymbol{C}'^2_z(u_i)} \cdot \sqrt{\boldsymbol{C}'^2_x(u_j)+\boldsymbol{C}'^2_z(u_j)}} + \cos\Delta\alpha_{ij} \tag{6-115}$$

当刀具上述两个位置均在刀具包络面上时，刀轴轨迹面 $\boldsymbol{S}_{\text{axis}}$ 上对应位置处的法矢为 $\boldsymbol{D}(u_i, \theta_i, t)$ 和 $\boldsymbol{D}(u_j, \theta_j, t)$，则两法矢的夹角为

$$\cos d\theta = \frac{\boldsymbol{D}(u_i,\theta_i,t) \cdot \boldsymbol{D}(u_j,\theta_j,t)}{\| \boldsymbol{D}(u_i,\theta_i,t) \cdot \boldsymbol{D}(u_j,\theta_j,t) \|} \tag{6-116}$$

由于刀轴轨迹面 $\boldsymbol{S}_{\text{axis}}$ 反映刀轴的运动情况，其扭曲度越大，刀轴变化幅度越大。对于直纹面而言，可利用其“可展性”衡量扭曲程度。直纹面的可展性由该面上直纹线上点在该面上法矢的最大夹角 $\Delta\theta$ 来表征，如图 6-32 所示。

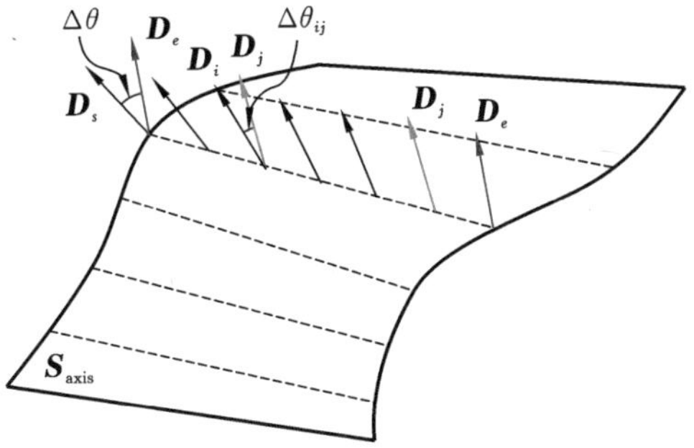

图 6-32　直纹面扭曲度度量

令刀具参与切削部分母线上的法向最大夹角为 $\Delta\alpha$，则有

$$\varphi \leqslant \arccos(\cos\Delta\theta + \cos\Delta\alpha - 1) \tag{6-117}$$

则同一刀具上两不同位置处的法向最大夹角 $\varphi_{\max}$ 为

$$\varphi_{\max} = \arccos(\cos\Delta\theta + \cos\Delta\alpha - 1) \tag{6-118}$$

则在 $\Delta\theta$ 和 $\Delta\alpha$ 约束下，能够加工的曲面范围为

$$\Delta\beta = k\varphi_{\max} \tag{6-119}$$

式中：k 为修正系数，有 $k \in (0,1]$。其中，当 k 越小时，刀具与工件曲面的加工误差越小，但相应的加工行数则增加；反之，加工行数减少，加工误差增大。

6.4.3 侧铣加工自由曲线母线刀具优化设计

对于多行侧铣加工而言，由于刀具轮廓受被加工曲面上每条切削行的影响，因此在刀具轮廓设计过程中应充分考虑所有切削行上的信息，继而通过优化确定最优刀具轮廓。下面给出多行侧铣加工中刀具轮廓优化流程。

(1) 为了尽量提高加工效率，减少加工行数，这里取 $k=1$。

(2) 令等辐区域 Ψ_i 两条等倾角线之间的夹角范围 $\Delta\beta = k\varphi_{\max}$，则可计算工件曲面上对应的等倾角线，由这些等倾角线即可将对应曲面划分成$(n+1)$个子区域。

(3) 定义变量 $\boldsymbol{x}=[\boldsymbol{w}_0^{\mathrm{T}},\cdots,\boldsymbol{w}_q^{\mathrm{T}},\cdots,\boldsymbol{w}_n^{\mathrm{T}},\boldsymbol{\tau}^{\mathrm{T}}]^{\mathrm{T}}$，其中，$\boldsymbol{w}_q=[\boldsymbol{V}_{s,0}^{\mathrm{T}},\cdots,\boldsymbol{V}_{s,j}^{\mathrm{T}},\cdots,\boldsymbol{V}_{s,nq}^{\mathrm{T}},\cdots,\boldsymbol{V}_{e,0}^{\mathrm{T}},\cdots,\boldsymbol{V}_{e,j}^{\mathrm{T}},\cdots,\boldsymbol{V}_{e,nq}^{\mathrm{T}}]^{\mathrm{T}}$ 为第 q 个等辐区域 Ψ_q 上刀轴轨迹曲面的控制参数，$\boldsymbol{\tau}=[\boldsymbol{V}_{t,0}^{\mathrm{T}},\cdots,\boldsymbol{V}_{t,g}^{\mathrm{T}},\cdots,\boldsymbol{V}_{t,r}^{\mathrm{T}}]^{\mathrm{T}}$ 为刀具轮廓参数，建立如下多行侧铣加工优化模型：

① 刀具轮廓与加工误差同步优化模型

设点集$\{\boldsymbol{p}_i \mid i=0,1,\cdots,m\}\in \boldsymbol{S}_{\mathrm{part}}$，对于$\{\boldsymbol{p}_i\}\in\Psi_q$ 的所有点与刀具的干涉状态均会影响曲面的加工精度，故可参考式(6-100)，建立如下刀具轮廓与加工误差同步优化模型：

$$\begin{cases}\min D(\boldsymbol{x})=\dfrac{1}{m+1}\sum\limits_{i=0}^{m}(\varepsilon_{p_i}^{a}(\boldsymbol{x}))^2\\ \text{s.t.}\quad \xi_1\leqslant\varepsilon_{p_i}^{a}(\boldsymbol{x})\leqslant\xi_2,i=0,1,\cdots,m\end{cases}\tag{6-120}$$

式中，$\varepsilon_{pi}^{a}(\boldsymbol{x})$ 为工件上 $\boldsymbol{p}_i$ 点到等辐区域 Ψ_q 上刀具包络面干涉量，有 $\varepsilon_{pi}^{a}(\boldsymbol{x})=d_{pi}^{a}(\boldsymbol{w}_q)$，$\boldsymbol{p}_i\in\Psi_q$。

② 刀具轮廓与刀轴整体光顺下的同步优化模型

由于不同切削行间刀轴光顺性是相互独立的，但优化过程中应保证每一行上的刀轴均达到尽可能光滑变化，因此参考式(6-77)，可给出如下曲面能量模型

$$E(\boldsymbol{x})=\boldsymbol{w}_0^{\mathrm{T}}\cdot\boldsymbol{M}_0\cdot\boldsymbol{w}_0+\cdots+\boldsymbol{w}_q^{\mathrm{T}}\cdot\boldsymbol{M}_q\cdot\boldsymbol{w}_q+\cdots+\boldsymbol{w}_n^{\mathrm{T}}\cdot\boldsymbol{M}_n\cdot\boldsymbol{w}_n=\boldsymbol{x}^{\mathrm{T}}\cdot\boldsymbol{H}\cdot\boldsymbol{x}\tag{6-121}$$

其中，

$$\boldsymbol{H}=\begin{bmatrix}\boldsymbol{M}_0 & & & & \\ & \ddots & & & \\ & & \boldsymbol{M}_q & & \\ & & & \ddots & \\ & & & & \boldsymbol{M}_n & \\ & & & & & \boldsymbol{O}_{3(r+1)\times 3(r+1)}\end{bmatrix}\tag{6-122}$$

参考式(6-103)，建立如下刀具轮廓与刀轴整体光顺下的同步优化模型：

$$\begin{cases}\min E(\boldsymbol{x})\\ \text{s.t.}\quad \xi_1\leqslant\varepsilon_{p_i}^{a}(\boldsymbol{x})\leqslant\xi_2,i=0,1,\cdots,m\end{cases}\tag{6-123}$$

③ 刀具轮廓与轨迹同步优化模型

参考式(6-104)，可以得到多行侧铣加工下刀具轮廓与轨迹同步优化模型：

$$\begin{cases}\min F(\boldsymbol{x})=\alpha\dfrac{D(x)-D^*}{D^*}+(1-\alpha)\dfrac{E(x)-E^*}{E^*}\\ \text{s.t.}\quad \xi_1\leqslant\varepsilon_{p_i}^{a}(\boldsymbol{x})\leqslant\xi_2,i=0,1,\cdots,m\end{cases}\tag{6-124}$$

④ 优化初值确定

对于每个 Ψ_q，要求使用同一把刀具加工，因此初始刀具轮廓参数 $\boldsymbol{\tau}_0$ 的确定与所有等辐区

域 $\{\Psi_q \mid q=0,1,\cdots,n\}$ 相关。参考刀具轮廓参数初值的确定方法，在每个等辐区域 Ψ_k 中计算得到 xOz 平面内的点集 $\boldsymbol{R}_k=\{(r_{i,j},(\boldsymbol{C}_{i,j})_z) \mid j=0,1,\cdots,n_i;\ i=0,1,\cdots,a_k\}$，其中，$(a_k+1)$ 为等辐区域 Ψ_k 的等倾角线 β_{k-1} 上离散点个数，(n_i+1) 为等倾角线 β_{k-1} 和 β_k 对应离散点处连线 $\boldsymbol{l}_{k,i}$ 上的离散点个数。令 $\boldsymbol{R}=\{\boldsymbol{R}_k \mid k=0,1,\cdots,n\}$，并根据 z 坐标值大小将 $\boldsymbol{R}$ 中的点按升序排列，得到点集 $\{\boldsymbol{T}_f \mid f=0,1,\cdots,\sum_{k=0}^{n}\sum_{i=0}^{a_k}(n_i+1)-1\}$，并以 z 坐标值为参数，对点集 $\boldsymbol{T}_f$ 进行参数化，得到对应参数 $\{\bar{u}_f\}$。参照式(6-109)配置拟合曲线的节点向量，并按照前面给出的样条曲线最小二乘拟合方法，在不需要保证点集 $\{\boldsymbol{T}_f\}$ 与得到拟合曲线控制点集首尾点重合的前提下进行拟合，得到控制点集 $\{\boldsymbol{V}_{t,i} \mid i=0,1,\cdots,r\}$，继而确定初始刀具轮廓参数 $\boldsymbol{\tau}_0$。参考初始刀位的计算方法得到每个等辐区域的初始刀位 $\{\boldsymbol{w}_{q,0}\}$，即可确定多行侧铣同步优化模型的初始变量 $\boldsymbol{x}_0$。利用序列逼近方法对多行侧铣加工下的优化模型求解，从而确定最优刀具轮廓和相应的多行侧铣加工轨迹。

(4) 当上述过程中能够得到优化结果时，结束程序；否则令 $k=0.9k$，返回(2)。

6.4.4　刀具轮廓与加工轨迹同步优化案例

以图 6-26 所示试件中的曲面 $\boldsymbol{S}$ 为加工对象，并取刀具平均半径的期望值 $R_0=5$ mm，则参考上面给出的初始刀具轮廓母线的计算方法可以得到图 6-33 所示刀具母线。

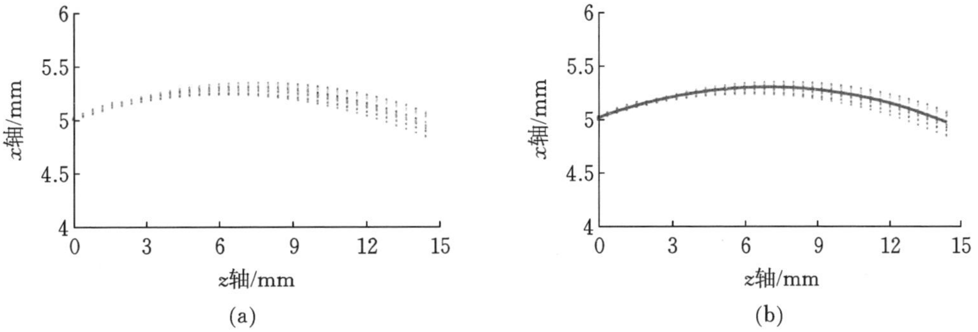

图 6-33　初始刀具轮廓母线

(a) 平面点集 R；(b) R 的 3 次 B 样条拟合

这时刀具切削刃长 14.5 mm，为保证刀具能够最大限度地切削被加工曲面，可将刀具母线适当向两端延伸，这里令刀具母线 $z\in[-5\text{ mm},20\text{ mm}]$，同时将刀具母线沿 z 轴向右移动 5 mm，则这时初始刀具轮廓母线上的控制点坐标如表 6.4 所示。

表 6.4　初始刀具轮廓母线上的控制点

$\boldsymbol{V}_1$(mm)	$\boldsymbol{V}_2$(mm)	$\boldsymbol{V}_3$(mm)	$\boldsymbol{V}_4$(mm)	$\boldsymbol{V}_5$(mm)
(3.52,0.000)	(5.84,5.97)	(6.57,12.53)	(5.73,19.07)	(3.32,25.000)

令加工过程中工件允许的偏差范围为[−0.02 mm,0.2 mm]，并取优化过程中的加权系数 $\alpha=0.8$，则根据刀具轮廓与加工轨迹的同步优化方法，可以得到表 6.5 所示的刀具轮廓母线上的控制点。

表 6.5 优化后刀具轮廓母线上的控制点

V_1'(mm)	V_2'(mm)	V_3'(mm)	V_4'(mm)	V_5'(mm)
(4.457,0.000)	(5.040,4.141)	(5.610,12.508)	(4.937,20.867)	(4.300,25.000)

由上述刀具轮廓母线上控制顶点即可构造如图 6-34(a)所示的刀具轮廓母线，同时为扩展刀头部分的可加工性，在刀具端部增加球头部分，得到如图 6-34(b)所示的刀具。

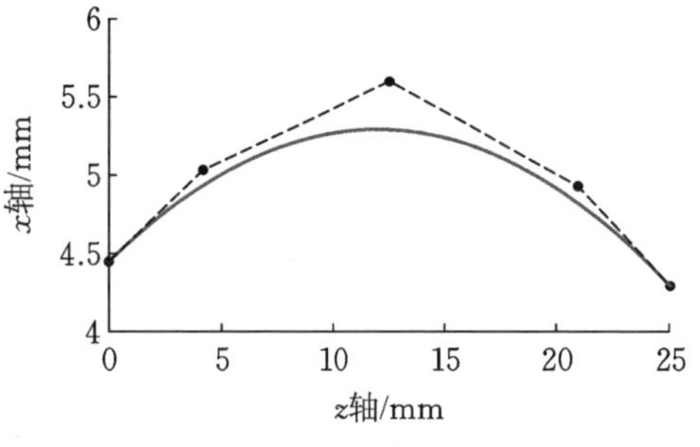

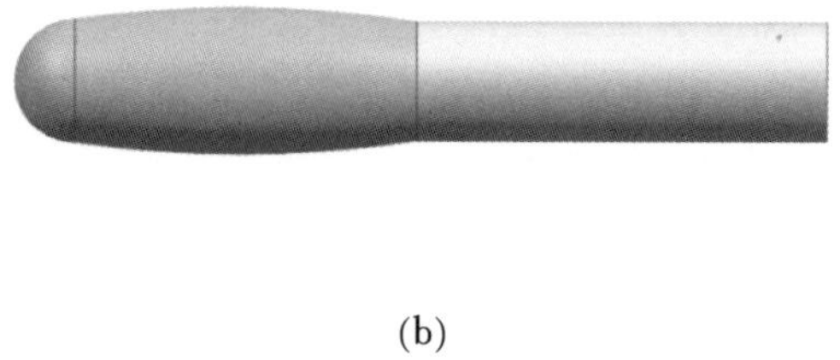

图 6-34 优化后的刀具形状

(a) 刀具轮廓母线；(b) 刀具模型

优化结果中同时还得到了图 6-35 所示的侧铣加工轨迹。

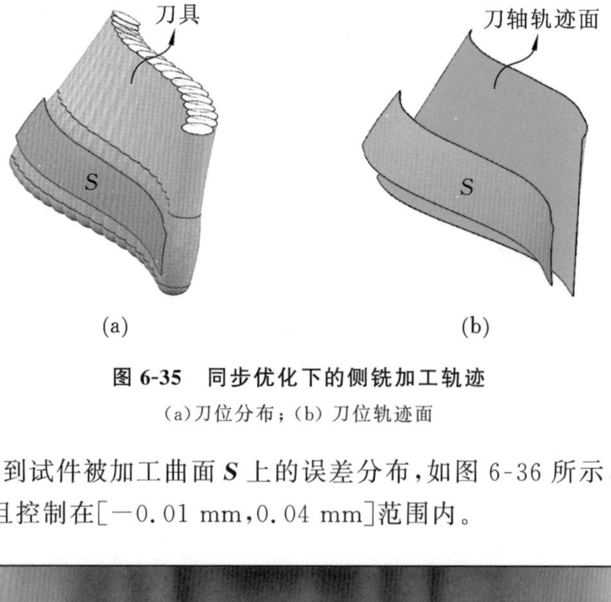

图 6-35 同步优化下的侧铣加工轨迹

(a)刀位分布；(b) 刀位轨迹面

通过测量可以得到试件被加工曲面 $\boldsymbol{S}$ 上的误差分布，如图 6-36 所示，可以看出工件上的加工误差整体较小，且控制在[−0.01 mm，0.04 mm]范围内。

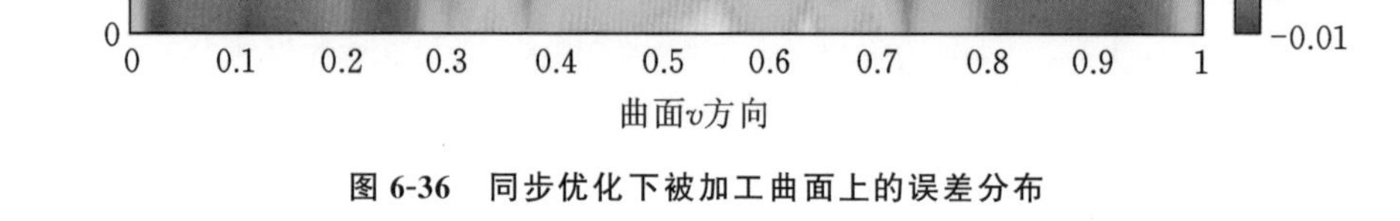

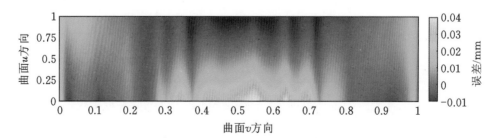

图 6-36 同步优化下被加工曲面上的误差分布

图 6-37 所示为加工过程中机床转轴 A 的变化情况，可以看出转动坐标的变化较平顺，这在一定程度上保证了被加工曲面的表面质量。

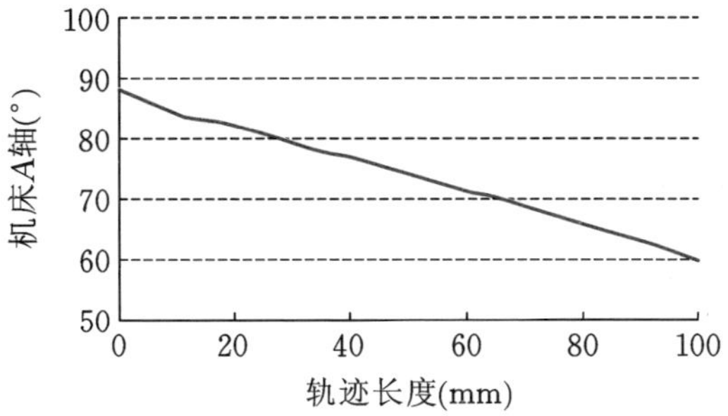

图 6-37　同步优化下的机床转动坐标变化情况

参 考 文 献

[1] 王晶. 基于等几何分析模型的数控编程 GPU 内核及应用优化算法[D]. 西安：西北工业大学，2019.

[2] 严冬青. 叶片宽行侧铣刀具轮廓设计方法研究[D]. 西安：西北工业大学，2016.

[3] LUO M，YAN D，WU B，et al. Barrel cutter design and toolpath planning for high-efficiency machining of freeform surface[J]. The International Journal of Advanced Manufacturing Technology，2016，85(9)：2495-2503.

[4] CHIOU C J，LEE Y S. A machining potential field approach to tool path generation for multi-axis sculptured surface machining[J]. Computer-Aided Design，2002，34：357-371.

[5] XU K，LUO M，TANG K. Machine based energy-saving tool path generation for five-axis end milling of freeform surfaces[J]. Journal of Cleaner Production，2016，139：1207-1223.

[6] 施法中. 计算机辅助几何设计与非均匀有理 B 样条 [M]. 北京：高等教育出版社，2013.

第7章 叶片类零件的自适应加工工程应用

7.1 自适应加工软件功能介绍

与传统的CAD/CAM软件功能不同，自适应加工软件系统需要将测量及其数据处理、三维建模和加工轨迹规划等功能进行集成使用。如图7-1所示，面向叶片类零件的自适应加工系统总体结构按照功能要求划分为三大基本模块：一是数字化检测模块，测量当前叶片类零件的几何信息；二是自适应工艺建模模块，其主要功能包括建立加工区域模型、余量优化模型以及工艺几何模型；三是自适应数控加工模块，目的是生成自适应的数控加工刀位轨迹或NC加工代码[1-2]。

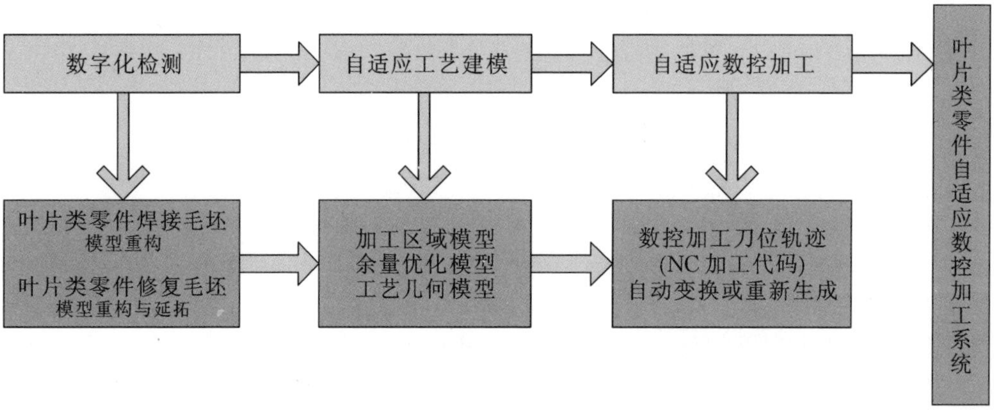

图7-1 自适应加工软件的功能组成

三大模块通过文件的传递转换相互联系、作用。按照自适应数控加工工艺流程和自适应工艺建模的要求，将系统的功能一般细分为以下几类：

（1）叶片CAD建模

叶片CAD建模模块用于对所加工的叶片、开式或闭式整体叶盘进行特征建模，为后续的刀位轨迹规划、自适应数控加工提供模型依据。

（2）刀位轨迹规划

刀位轨迹规划模块用于规划叶片类零件典型结构特征的刀位轨迹，经后置处理为自适应数控加工提供名义NC加工代码。

（3）数字化检测

数字化检测模块为叶片类零件的装夹定位、余量优化以及工艺几何建模等提供基础分析数据。一般有三坐标测量和在线检测两种检测方式供选择。通过测量路径规划实现叶片或叶盘零件的自动检测，并进行必要的测量预处理及分析。

(4) 装夹定位与余量优化

装夹定位与余量优化模块用于快速确定待加工叶片零件的方位基准，同时实现加工余量的自适应优化。目前的应用对象主要是精锻叶片、单一叶片毛坯以及焊接式整体叶盘毛坯。基于实际测量数据，通过预定位配准，并选取不同的定位方式，建立优化数学模型，实现叶片零件的装夹定位和余量自适应优化。

(5) 工艺几何建模

工艺几何建模模块的目的是建立适应于当前待加工叶片零件前期工艺变形或工作服役变形的几何模型。根据设计模型存在与否，可分为两种建模方式：曲面变形映射建模和截面曲线变形建模。

(6) 自适应数控加工

自适应数控加工模块用于修正刀位轨迹或加工代码，或重新生成刀位轨迹或加工代码，应用于叶片类零件的实际加工。按照方位及形状两种形式的变化，基于定位变换和工艺几何模型进行刀位轨迹的修正或重新生成。

7.2　自适应加工技术在焊接整体叶盘加工中的应用

线性摩擦焊通过往复运动及摩擦压力使叶片和轮毂紧密结合，形成整体叶盘结构，具有可节省材料、大幅提高加工效率的优点。通常，叶片的叶身型面为复杂曲面，在靠近叶盘轮毂的叶根区域扭曲较大。不考虑焊接工艺引起叶片的相对位置变化时，各组叶片的叶尖区域型面基本满足公差要求，但在前后缘及其邻近区域留有一定的余量，需做进一步的加工。

7.2.1　焊接整体叶盘的自适应加工

通过三坐标测量焊接叶盘的毛坯，分析误差，确定合适的加工定位基准，并自适应地建立叶片过渡区域的工艺几何模型，进而规划五轴加工刀具轨迹，实现焊接式整体叶盘的高效精密自适应数控加工。具体过程如下：

(1) 焊接叶盘毛坯三坐标测量

利用三坐标测量机对焊接叶盘毛坯的各组叶片进行全面检测，依次编号为 No. 1、2、3、…、20，所采用的测头半径为 2 mm。由于实际的焊接叶盘叶片叶根部位余量较大，且分布极其不均匀，因此仅以叶片的叶尖区域作为定位及工艺几何建模的参考，特别在靠近叶片的过渡区域，取邻近的五个截面进行更为细密的三坐标测量，如图 7-2 所示。

(2) 测量数据分析

首先将焊接叶盘所在的工件坐标系平移至测量坐标原点，导入测量数据并进行测头半径补偿；然后计算点到曲面的有向距离表示焊接变形误差，图 7-3 给出了实验叶盘中某一叶片的实际误差分布。

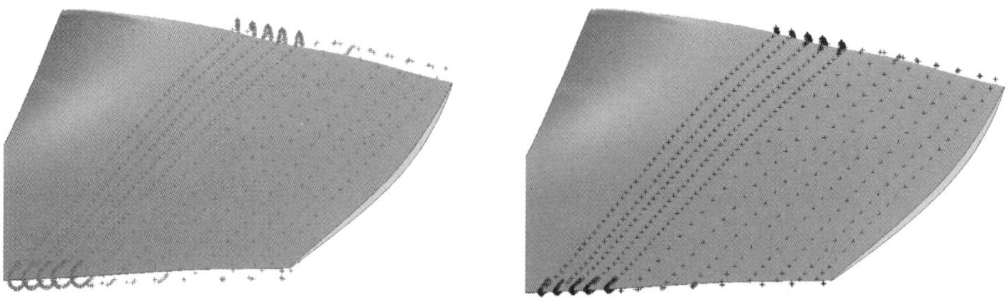

(a)　　(b)

图 7-2　焊接式整体叶盘毛坯三坐标测量结果

(a) 测头中心点分布；(b) 实际测量点分布

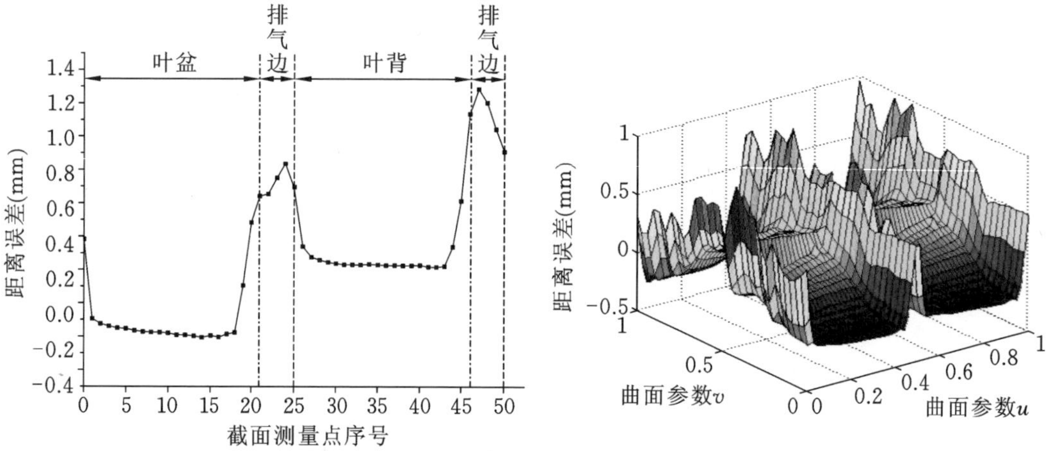

(a)　　(b)

图 7-3　某一叶片焊接变形误差分布

(a) 叶片某一截面误差分布；(b) 叶片叶尖区域变形误差分布

从图 7-3 可以看出，叶盘的叶片曲面发生了较大的变形，尤其在邻近缘头区域的正向偏差较大，这主要是由于实际叶片留有余量而引起的。另外，虽然叶盆曲面余量不足，平均误差达 −0.1713 mm，超出了公差允许范围，但是误差的分布还是较为均匀的；类似地，叶背曲面发生了欠切，平均误差为 0.2447 mm，也超出了公差范围，但是其误差的分布也较为均匀。根据叶片的这一整体变形性质，说明焊接变形主要引起了叶片在焊接叶盘中的相对位置变化，这与实际工艺作用相符。因此，必须进行适当的位置调整，以保证后续叶片过渡区域加工的一致性。

(3) 叶片加工相对定位基准的确定

由于叶片的焊接变形误差较大，远超出了公差范围，因此不再考虑整体叶盘的余量优化，而仅进行单组叶片的配准定位分析。利用叶片加工余量的自适应优化方法，依次确定 20 组叶片的相对定位基准。其中，为降低前后缘及邻近区域余量的影响，仅选取距离误差小于 0.35 mm 的测量点集进行分析。

图 7-4 给出了焊接叶盘 20 组叶片的相对定位基准变化，而图 7-5 则对比了叶片配准定位前后的误差变化。其中，叶片相对基准的变化为根据叶片积叠轴方向所建立的局部坐标系基准的变化。

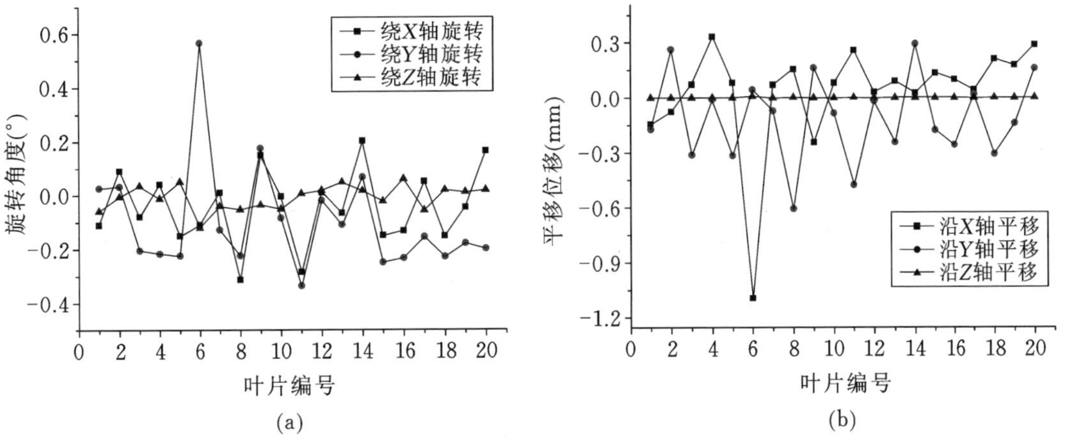

图 7-4　焊接叶盘叶片相对定位基准变化

(a) 旋转量变化;(b) 平移量变化

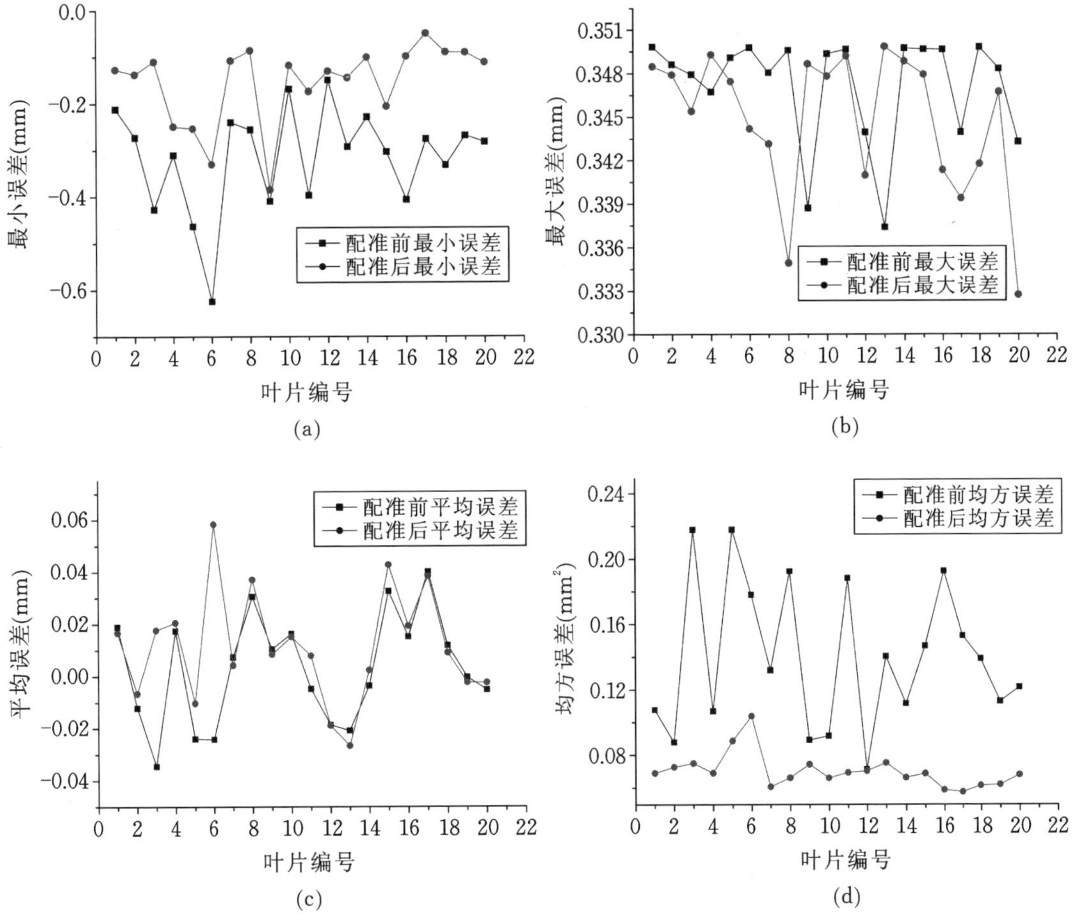

图 7-5　叶片配准定位前后误差对比

(a) 配准前后最小误差变化;(b) 配准前后最大误差变化;(c) 配准前后平均误差变化;(d) 配准前后均方误差变化

可以看出，配准后单组叶片的最小误差及均方误差均得到了不同程度地减小，尤其是均方误差减小幅度明显，这也正是叶片配准优化的目标。所有叶片中，No. 6 叶片的焊接误差最大，而 No. 12 叶片的误差最小，是焊接质量最好的叶片。而与配准前相比，最大误差变化不明显，这与前后缘及邻近区域留有余量相关。图 7-6 给出了焊接叶盘某一叶片配准前后的模型对比。

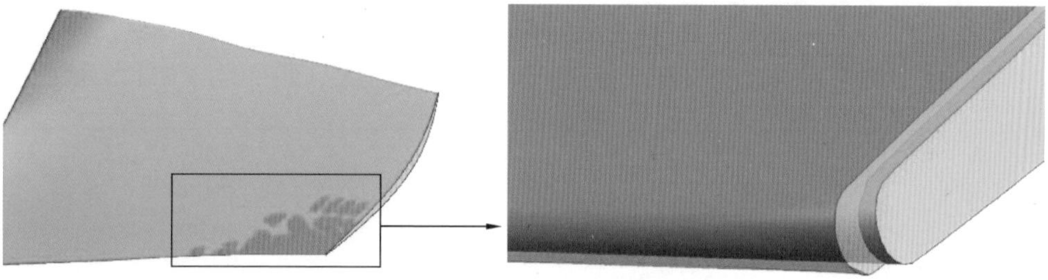

图 7-6 某一叶片配准前后模型对比

(4) 过渡区域自适应工艺几何模型建立

利用本书第 4 章的方法建立叶片过渡区域的工艺几何模型，如图 7-7 所示。

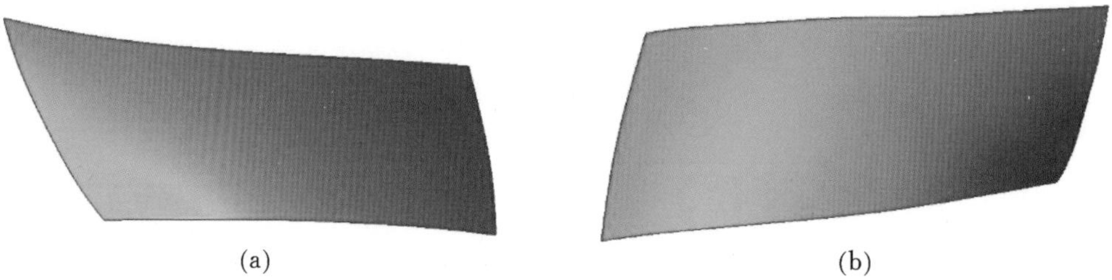

图 7-7 过渡区域工艺几何模型

(a) 叶盆过渡区域；(b) 叶背过渡区域

(5) 焊接叶盘五轴数控加工

基于所建立的工艺几何模型，进行焊接叶盘的五轴加工编程，并在加工中心中进行铣削加工。

(6) 焊接叶盘三坐标测量

最后，为了评定实际加工误差，以焊接叶盘中的六组连续叶片作为测量分析对象，依次编号为 No. 2、3、4、…、7（与前对应）。对每组叶片按 5 截面进行三坐标测量。图 7-8 所示为实际测量点集分布，测头半径为 1 mm。

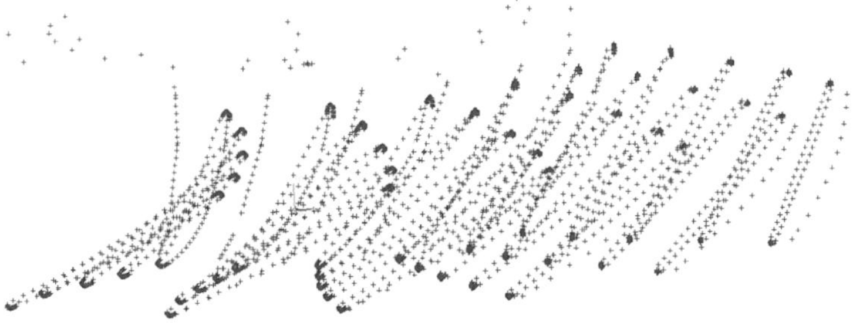

图 7-8 整体叶盘三坐标测量点集分布

7.2.2　加工结果分析

根据加工后的焊接叶盘三坐标测量结果，以加工前所建立的单组叶片刚体变换模型为基础，评定最终的叶盘加工精度，并分析叶片各截面参数。

(1) 单组叶片配准

根据本书第3章介绍的叶片类零件装夹定位与余量优化算法，进行焊接叶盘单组叶片的整体加工变形分析。图7-9给出了六组叶片配准定位变换的参数变化，它描述了实际加工所引起的叶盘叶片型面的整体变化。

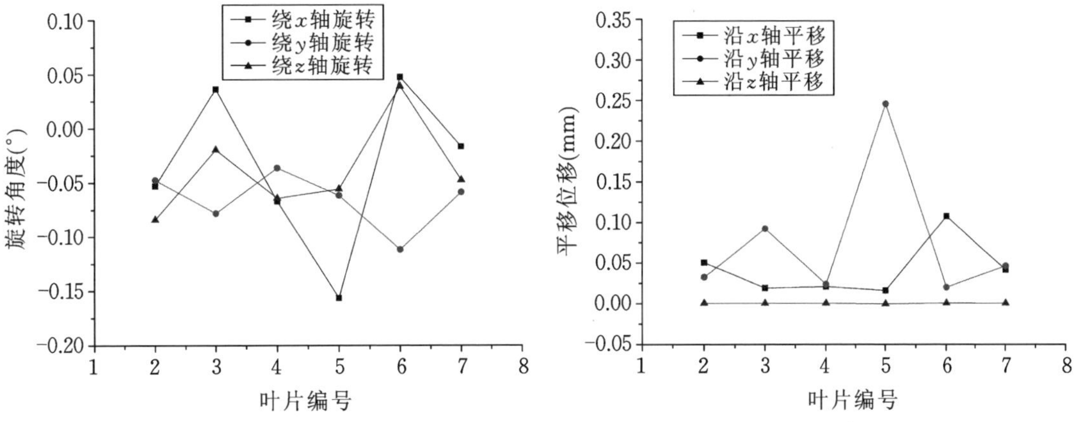

(a)　　(b)

图7-9　焊接叶盘叶片相对基准变化

(a) 旋转量变化；(b) 平移量变化

将图7-9与图7-4对比可以看出，实际加工所引起的焊接叶片整体相对变化较小，能够满足加工精度要求。而图7-9中，只有No.5和No.6叶片的旋转及平移位移稍大，这主要是由于加工前的焊接叶片配准后的误差较大而引起的。根据上述配准参数，在加工前的刚体变换模型基础上再次建立叶片刚体变换模型。

(2) 叶片截面分析

以单组叶片配准所建立的叶片刚体变换模型为参考，进一步分析焊接叶盘的叶片截面加工误差，包括截面的扭转角度 θ 及沿 x、y 轴的平移位移。图7-10和图7-11分别给出了六组叶片在五个截面上的参数变化及误差分布。

由图7-11可以看出，叶片的截面加工误差较小，且分布较为均匀。然而，有时为了保证叶片型面的光滑过渡，在已有焊接误差的基础上加工误差偏大，如No.5和No.6叶片，这能够保证焊接叶盘叶片的已完成加工区域与过渡区域的光滑衔接。

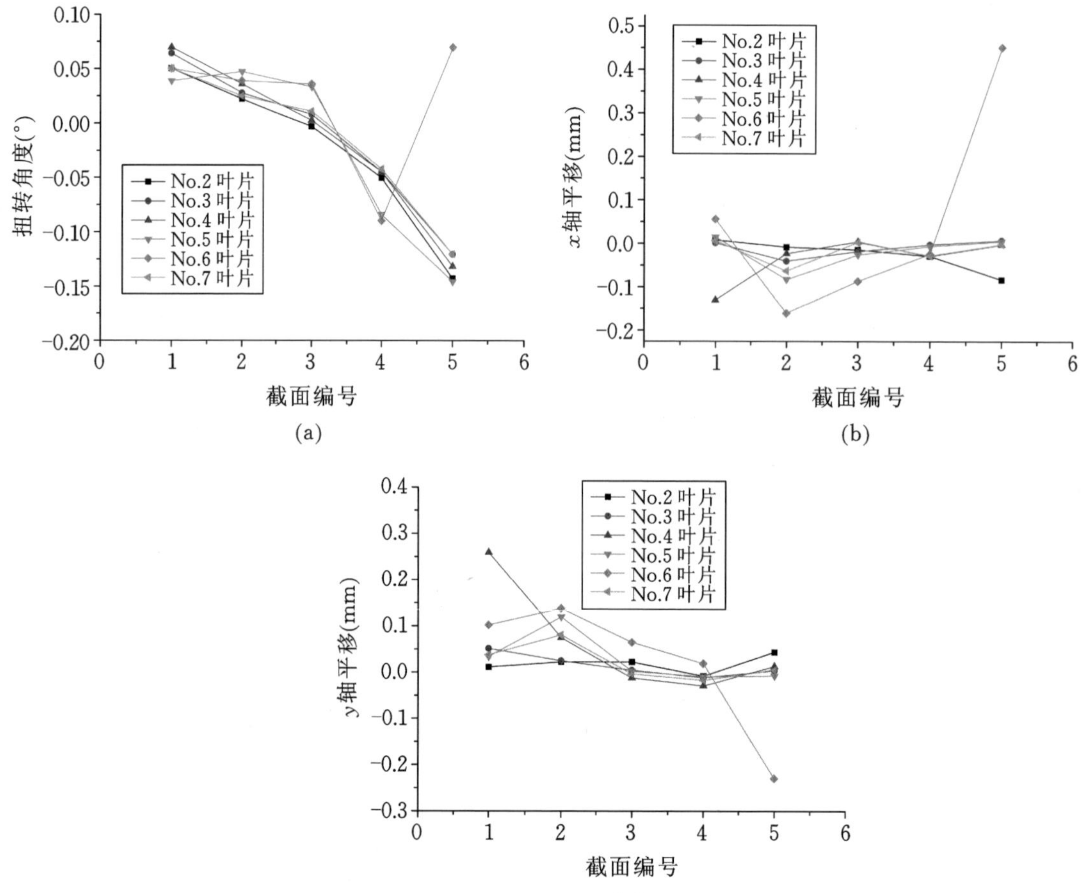

图 7-10 不同叶片各个截面的参数变化

(a) 扭转角度变化；(b) 沿 x 轴平移变化；(c) 沿 y 轴平移变化

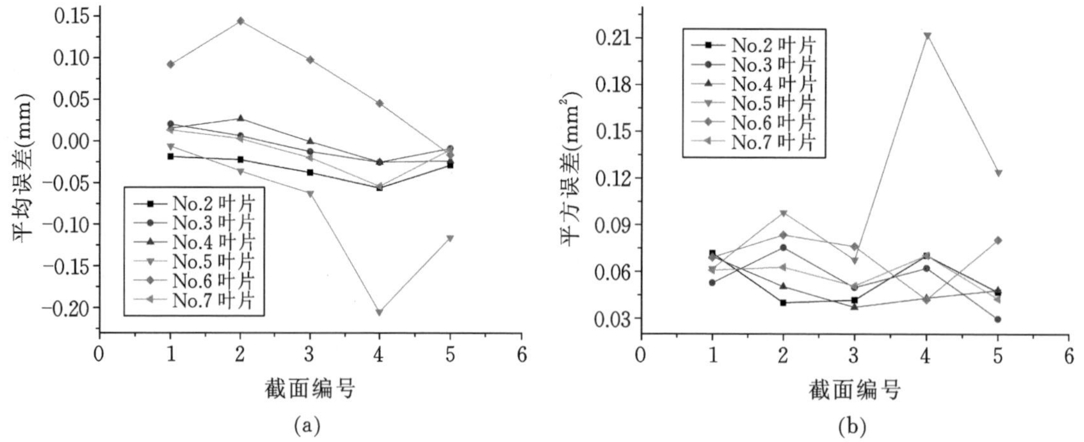

图 7-11 不同叶片各个截面的误差分布

(a) 平均误差分布；(b) 均方误差分布

7.3　自适应加工技术在叶片类零件中的应用

从上述应用可以看出，焊接式整体叶盘加工涵盖了自适应数控加工的基本过程，包括测量、定位、建模、数控加工以及最终的测量分析。除焊接式整体叶盘的加工之外，自适应加工技术还在以下航空发动机零件的加工中有广泛应用：

（1）精锻与辊轧叶片加工

精锻和辊轧叶片属近净成形叶片，叶身余量较少，主要加工区域为进/排气边。加工过程中一般需要先对叶片进行测量、配准、余量分布优化，然后进行进/排气边工艺曲面的建模与自适应加工轨迹的规划，最后进行铣削加工并实现进/排气边与叶身曲面的光滑过渡。

精锻与辊轧叶片加工的难点包括：带余量约束的配准、工艺几何模型的构建、进/排气边加工区域与叶身的光滑过渡。

（2）修复叶片加工

航空发动机服役过程中会造成整体叶盘上的叶片发生不同程度的损伤，包括叶尖损伤、缘头损伤、叶身损伤等。为减少损失，这类损伤一般可采用先修复再加工的方式实现整体叶盘的重用。修复叶片加工时，先对服役后叶片的形状进行测量，结合设计模型或非损伤叶片的测量模型建立损伤叶片的工艺模型，进而进行自适应加工轨迹的规划与修复后机械加工。

修复叶片加工的难点包括：损伤叶片工艺模型的构建、修复区域与非修复区域的光滑拼接。

（3）空心风扇叶片加工

为减轻发动机重量，大型航空发动机的风扇叶片采用空心结构进行减重。部分空心风扇叶片在成形后仍有少量余量，仍需进行后续加工。空心风扇叶片加工过程中需要先对叶片叶盆和叶背的壁厚进行测量，然后进行自适应加工轨迹的规划。

参考文献

[1] 张莹.叶片类零件自适应数控加工关键技术研究[D].西安：西北工业大学，2011.

[2] 张定华，张莹，吴宝海，等.自适应加工技术在整体叶盘制造中的应用[J].航空制造技术，2008(13)：51-55.